Principle and Practice of Cold Chain Logistics Technology for Agricultural Products

农产品冷链物流技术原理与实践

张玉华 王国利 主编

中国轻工业出版社

图书在版编目(CIP)数据

农产品冷链物流技术原理与实践/张玉华，王国利主编. —北京：中国轻工业出版社，2018. 12

ISBN 978-7-5184-2140-4

Ⅰ. ①农… Ⅱ. ①张… ②王… Ⅲ. ①农产品－冷冻食品－物流管理 Ⅳ. ①F252. 8

中国版本图书馆 CIP 数据核字(2018)第 235851 号

责任编辑：伊双双　钟　雨　责任终审：劳国强　封面设计：锋尚设计
版式设计：砚祥志远　责任校对：吴大鹏　责任监印：张　可

出版发行：中国轻工业出版社（北京东长安街 6 号，邮编：100740）
印　刷：三河市万龙印装有限公司
经　销：各地新华书店
版　次：2018 年 12 月第 1 版第 1 次印刷
开　本：720 × 1000　1/16　印张：13
字　数：240 千字
书　号：ISBN 978-7-5184-2140-4　定价：42. 00 元
邮购电话：010-65241695
发行电话：010-85119835　传真：85113293
网　址：http://www. chlip. com. cn
Email：club@ chlip. com. cn
如发现图书残缺请与我社邮购联系调换
170563K1X101ZBW

本书编写人员

主　编：张玉华　王国利

副主编：张长峰　孙崇德　姜沛宏

参　编：程丽林　黄宝生　陈东杰　聂小宝

郭风军　孟　一　于怀智　范志强

序

国务院于2017年4月12日和10月13日分别发布了两个带“链”字的文件，即《关于加快发展冷链物流保障食品安全促进消费升级》的意见(国办发[2017]29号)和《关于积极推进供应链创新与应用的指导意见》(国办发[2017]84号)，这也是国务院第一次专门针对冷链物流这样一个专业物流业态和供应链创新出台的文件。中国物流与采购联合会相关专业委员会深度参与了两个文件的前期调研和起草。为了更好地贯彻落实党的“十九大”报告提出的“人民健康是民族昌盛和国家富强的重要标志”精神和两个文件提出的具体任务目标，我们特编写了本书。

可以说，从原始人类食物有了剩余后，就有了贮藏保鲜和品控的技术需求，随着商品交换的时空跨度、速度和范围的扩大，为保障农产品贮运移动价值的实现，技术进步一天也没有停止过。2016年，我国从事冷链物流的企业法人单位数量约为3500家，冷链物流岗位吸纳的从业人员超过12万人。但是由于冷（制冷技术）、链（供应链）、物（生物学）、流（贮、运、配）学科的交叉性和边缘性，现有的企业人员岗位设置和知识结构不足以支撑和服务我国巨大市场需求。知识、人才和产业标准体系建设严重滞后，并制约着产业的快速发展。冷链物流三大标准体系的构建，也是一个“政产学研用”“五位一体”相结合，一、二、三产业融合发展和复合型人才培养的过程，对实现国家农业、食品产业供应链战略有着重要意义和作用。

要实现三大标准体系的良性循环，我们首先要有一个知识标准体系，因为在冷链物流高度交叉的学科领域内目前还没有一个相对完善的知识标准体系。首先要建立知识标准体系的研究架构，如品类、时空、装备、工艺、信息、供应链环节业态要素关系的共性基础和分类研究。只有建立相对完善的知识标准体系，才能有效促进复合型人才专业水平的不断提升；人才掌握了相对完善的知识标准体系，才能正确高效地去执行产业标准体系；产业标准体系在实践中逐步完善的进程，又可以对知识标准体系进一步修正、补充和提升。

知识、人才和产业三大标准体系在否定之否定的扬弃上升中，进而实现“冷链物流知识标准”“冷链物流人才标准”和“冷链物流产业标准”三大标准体系的良性循环。

不论是传统商贸冷链、温控物流，还是电子商务的品控物流，最终要回归到优质优价商业价值的实现。农产品商业价值实现，最终要回归到不同品类的品质、卖相和品牌提升，技术、装备和管理都是保障手段，是为了实现其贮运交易价值。所以说，农产品、食品的优质优价是冷链物流的需求基础，透明供应链是优质优价的实现基础，互联网、大数据、云计算、政策环境提供实现安全的温控双向追溯支撑的透明供应链的装备技术及生态圈基础。我们相信,冷链物流的快速发展必将促进我国“从无害消费向品质消费”的跨越，这也是科技工作者面对新时代的责任和担当，人们对美好生活和安全优质食品的向往，就是我们永远的奋斗目标。

本书中的大量数据，都是本领域科技工作者长期艰辛工作的成果，在此，也向他们表示衷心的感谢。

王国利

2018 年 1 月

前　言

近年来，随着农业供给侧结构调整和居民消费水平的提高，农产品的产量和流通量逐渐增加。果蔬、水产和畜禽等生鲜农产品需要通过冷链物流才能最大限度地降低损耗，保持新鲜度，包括色泽、风味和营养品质。冷链物流具有技术集成度高、跨时空、多环节、多业态和学科高度交叉的特点，加强对农产品冷链物流基础知识的认知、开展品控技术装备的研发和探索农产品物流产业的发展规律，是满足农产品流通精准需求，保障食品安全和促进消费升级，实现品质消费的重要举措。

本书基于农产品冷链物流多品类、全链条的技术需求，从理论和实践两方面对冷链物流体系进行构建，旨在为读者提供一个比较系统、全面的农产品冷链物流知识框架和应用范例。全书分为三部分，第一部分介绍了果蔬从“枝头到舌头”全过程的物流基础知识和实用技术；第二部分介绍了水产品流通中的环境控制、病害防治方法、各品类的运输技术要点以及本实验室在水产应用方面的成功案例；第三部分介绍了畜禽产品宰后生物学特性、品质控制方法等基础知识和冷链物流技术。

本书由张玉华、王国利担任主编，张长峰、孙崇德、姜沛宏担任副主编。编写分工如下：果蔬物流技术由姜沛宏、张玉华、程丽林、陈东杰、张长峰、孙崇德、郭风军撰写；水产物流技术由黄宝生、张长峰、聂小宝、张玉华撰写；畜禽肉物流技术由张玉华、孟一、于怀智、范志强撰写。全书由张玉华、姜沛宏、程丽林统稿，王国利审定。

在本书编写过程中参考和引用了国内外同行的部分研究成果，在此一并表示诚挚的感谢！

张长峰

2018 年 3 月

缩略词

2，4-D	2，4-dichlorophenoxyacetic acid	2，4- 二氯苯氧乙酸
CCP	critical control point	关键控制点
PVC	polyvinyl chloride	聚氯乙烯
PE	polyethylene	聚乙烯
PET	polyethylene terephthalate	聚对苯二甲酸乙二醇酯
PPO	polyphenol oxidase	多酚氧化酶
CA	controlled atmosphere	气调
MA	modified atmosphere	自发气调
1-MCP	1-methylcyclopropene	1- 甲基环丙烯
TSS	total soluble solids	可溶性固形物总量
SSC	soluble solids content	可溶性固形物含量
TA	titratable acid	可滴定酸
SOD	superoxide dismutase	超氧化物歧化酶
MDA	malondialdehyde	丙二醛
PME	pectin methylesterase	果胶甲酯酶
PG	polygalacturonase	多聚半乳糖醛酸酶
ABA	abscisic acid	脱落酸
NAA	naphthalene acetic acid	萘乙酸
GA3	gibberellin	赤霉素
IAA	indole acetic acid	吲哚乙酸
BA	6-benzyl adenine	6- 苄基腺膘呤
POD	peroxidase	过氧化物酶
SOD	superoxide dismutase	超氧化物歧化酶
CAS	cellulase	纤维素酶
CAT	catalase	过氧化氢酶

PAL	phenylalanine ammonia lyase	苯丙氨酸解氨酶
SA	salicylic acid	水杨酸
PVP	polyvinylpyrrolidone	聚乙烯吡咯烷酮
LOX	lysyl oxidase	赖氨酰氧化酶
DPPH	1，1–diphenyl–2–picrylhydrazyl	1，1– 二苯基 –2– 三硝基苯肼
LDPE	low density polyethylene	低密度聚乙烯
HDPE	high density polyethylene	高密度聚乙烯
PVA	polyvinyl alcohol	聚乙烯醇
CMC	carboxymethyl chitosan	羧甲基壳聚糖
AsA	ascorbic acid	抗坏血酸
UV–C	ultravioletray–C	短波紫外线
*A*w	water activity	水分活度
BHT	2，6–di–tert–butyl–4–methylphenol	2，6– 二叔丁基 –4– 甲基苯酚
BHA	butyl hydroxy anise	丁基羟基茴香醚
ATP	adenosine triphosphate	三磷酸腺苷

目录

目录

目录

目录

目录

目录

1 果蔬篇

中国是农业生产和农产品消费大国，目前蔬菜产量约占全球总产量的60%，水果和肉类产量占30%，水产品产量占40%。近年来中国生鲜农产品产量快速增加，每年约有4亿t生鲜农产品进入流通领域。随着人们生活质量的提高，人们对食品质量和安全日益重视，对果蔬、肉类和水产品等生鲜农产品的消费要求逐渐提高。因为这类产品对环境的要求高，易变质、易腐损，所以与其相关的贮藏、运输、配送、末端销售等冷链物流需求也随着人们对食品质量和安全的重视而递增。另一方面，生鲜电商的逐渐兴起也加速带动冷链物流需求。数据显示：2016年，我国有超900亿元的生鲜电商交易额，同比增长80%。预计到2018年，生鲜电商物流行业将达到274.2亿元的市场规模，1500亿元的交易规模，年均将有超50%的复合增长率。然而，目前我国冷链物流发展仍处于起步阶段，各环节发展不全面，规模化、系统化的冷链物流体系尚未形成，导致生鲜农产品冷链流通率较低。2016年我国果蔬、水产品和肉类的冷链流通率分别达到22%、41%和34%，冷藏运输率分别为35%、69%、57%。而发达国家肉禽冷链流通率已经达到100%，蔬菜、水果冷链流通率达95%以上。

近年来，国家相继发布了《物流业调整和振兴规划》《农产品冷链物流发展规划》《关于开展农产品冷链流通标准化示范工作》《关于积极推进供应链创新与应用的指导意见》等文件，都强调了农产品物流产业发展的重要性。2017年中央一号文件《关于深入推进农业供给侧结构性改革加快培育农业农村发展新动能的若干意见》中，加强农产品冷链物流建设再次成为促进我国农业发展的重点。其中，第十四条明确指出，要加强冷链物流基础设施网络建设。特别是2017年4月12日国务院办公厅出台的29号文件《关于加快发展冷链物流保障食品安全促进消费升级的意见》（国办发［2017］29号），这是国务院第一次专门针对冷链物流业态出台的文件，要求加强对冷链物流基础设施建设的统筹规划，逐步构建覆盖全国主要产地和销地的冷链物流基础设施网络，鼓励农产品产地和部分田头市场建设规模适度的预冷、贮藏保鲜等初加工冷链设施，加强先进冷链设备应用，加快补齐农产品产地“最先一公里”短板，并发展城市“最后一公里”低温配送。在冷链物流标准方面，商务部和国标委出台了《关于开展农产品冷链流通标准化示范工作的通知》，要求进一步建立健全冷链流通标准体系。国家发改委正式发布了《肉与肉制品冷链物流作业规范》《水产品冷链物流服务规范》《道路运输食品冷藏车功能选用技术规范》等行业标准，细分领域的标准更加完善。商务部、国家标准化管理委员会联合开展农产品冷链流通标准化示范工作，重点围绕肉类、水产、果蔬等生鲜农产品，培育一批农产品冷链流通标准化示范企业和示范城市。国家政策的扶持、各级标准的规范和市场自我推动都将推动农产品冷链物流进入新的时代。未来我国冷链物流系统将加速完善，冷链流通率及运输率有望逐步向发达国家水平靠拢。《中国农产品冷链物流行业投资规划分析报告》预计，到 2020 年我国冷链物流行业市场规模将达 4700 亿元，年复合增速超过 20%。

目前我国农产品冷链物流存在诸多问题，如冷链物流企业缺乏先进的物流设备、技术，致使物流过程不可控且无法实时追踪，保鲜条件得不到有效控制；从采摘到销售运输周期长、环节多，导致果蔬物流时间增加；缺乏完整的冷链，经常出现冷链“断链”现象；国家、地方、物流行业缺乏统一标准和有效的监督机制；物流供应链的上下游整合不到位，缺乏统一规划和有机整合等。其中冷链物流人员专业知识缺乏已成为制约我国冷链物流发展的瓶颈，冷链物流为新兴产业，从业人员大多从普通物流或其他行业转行而来，对农产品生物特性、冷链物流特性和操作规范不熟悉，导致服务质量不高。鉴于此，本书以果蔬、水产品和畜禽肉三大类易腐生鲜农产品为对象，介绍了各类农产品的生物学特性、物流保鲜原理以及品控实用技术，目的是补齐现有从业人员的知识短板，提高技术服务能力。

我国现已成为世界最大的水果和蔬菜生产国，2016 年水果总产量达 2.84 亿 t，蔬菜总产量达 8.00 亿 t，其中蔬菜的产量与产值均超过粮食，成为我国第一大农产品。果蔬产品的特性决定了果蔬产业面临着生产的季节性与区域性、产品的易腐性和需求的周年性等问题。目前，我国水果、蔬菜采后流通过程中的损耗高达 20%~35%，每年都有超过 1 亿 t 果蔬腐烂变质，直接经济损失 1800 亿元人民币以上，而发达国家损耗仅为 1%~5%，原因是果蔬冷链流通率低，因此迫切需要建立起完善的果蔬采后冷链物流品控技术体系。

我国许多地区果蔬生产规模化、专业化、合作化程度大，冷链需求进一步增长，“冬季南菜北运、夏季北菜南运”的流通特点突出，运输半径的扩大直接导致流通成本相应提高。就蔬菜来看，目前我国蔬菜呈现两大特点。一是蔬菜就近自给，根据《2011—2020 年中国蔬菜产业规划》内容，我国将会合理布局大城市蔬菜生产基地，稳定提高自给能力和应急供应能力。全国36个大城市，自给蔬菜主要是叶类菜和特色蔬菜，由于很大一部分是当地消费，所以未来冷链需求将主要集中在特色蔬菜部分。二是建立优势区域蔬菜基地，以保证全国蔬菜平衡供应。目前，我国主要有华南和西南地区冬春蔬菜、长江流域冬春蔬菜、黄土高原夏秋蔬菜、云贵高原夏秋蔬菜、北部高纬度夏秋蔬菜、黄淮海与环渤海设施蔬菜六大蔬菜基地。由于运输距离远，所以未来冷链需求将会集中在冬春蔬菜部分。

本篇主要介绍果蔬冷链物流的相关基础知识以及围绕物流过程中影响果蔬品质的诸多因素进行分类说明，提出了果蔬冷链物流各环节的具体品控技术方法和工艺参数，以期为果蔬物流相关企业、从业人员和科研人员提供参考依据。

1.1 果蔬物流基础知识

1.1.1 果蔬冷链物流

果蔬冷链物流是指将果蔬产品的采收、加工、包装、运输、贮藏、配送、销售、信息处理等各方面有机结合成完整的供应链，保证果蔬产品从采收后到消费前始终处于其生理所需要的低温环境下，形成采后预冷—产地冷藏—冷藏运输—销地冷藏—零售冷柜—家庭冰箱的一条冷链。果蔬冷链物流流程见图1–1。

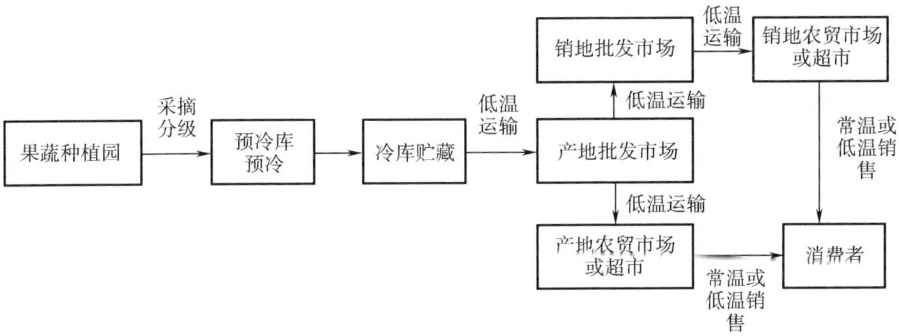

图1–1 果蔬冷链物流流程

1.1.2 采收

1.1.2.1 采收原则及注意事项

采收是果蔬产品生产上的最后一个环节，也是贮藏加工的第一个环节。

果蔬产品种类繁多，大小形状变化较大，成熟习性也不一样，既可以直接用于消费，也可以作为加工材料进行利用。因此，为了尽可能减少果蔬的损失，保持其新鲜度，应根据需要进行适时采收。

果蔬采收的总原则是：及时无损、保质保量、减少损耗。在采收中最主要的是采收成熟度和采收方法，了解和掌握果蔬采收成熟度的判定、采收方法及采后处理技术对果蔬产品贮藏运销具有重要意义。

为了保证采收质量，采收过程中应注意以下几点：一是采收人员最好事先经过技术培训，采收时应剪短指甲，轻拿轻放，轻装轻卸，保证果实的完整性。二是采收前应根据果蔬种类特性，事先准备好采收工具，如采收袋、篮、筐、箱、梯和运输工具等。采收容器要结实，内部加上柔软的衬垫物，尽可能避免机械损伤。三是果蔬采收时间应选择晴天的早晨露水干后进行，避免在雨天和正午采收，还要避免采前灌水。四是采收时按“先下后上，先外后内”的原则逐步进行，以免因上下树或搬动梯子碰掉果实。五是采后应避免日晒雨淋，迅速加工成件，运到阴凉场所散热或贮藏库内贮藏。六是采收时必须剔除受伤果，不可包装入箱，并在运输装卸中继续防止受伤带来的损失。

1.1.2.2 采收成熟度

成熟度可分为生理成熟度和园艺成熟度，两者有明显的差别。生理成熟度是植物器官在生理上达到充分成熟的程度，指果蔬生理已经达到成熟，离开母体后，可以单独维持很久的寿命，色、香、味等方面完全表现出该品种固有特征的成熟度。园艺成熟度是根据食用目的、加工要求或其他园艺学要求所确定的成熟度。

在果蔬采收工作中，主要的问题是果蔬产品商业成熟度的鉴定。果蔬产品的种类很多，各个品种的生理特性各不相同，采收后的用途也各不相同，采收成熟度要求很难一致，所以不便定出统一的标准。现介绍一般判断果蔬成熟度采用的方法作为参考。

（1）表面色泽的显现和变化　许多果实在成熟时都显现出它们特有的果皮颜色，因此果皮的颜色可作为生产上判断果实成熟度的重要标志之一。未成熟果实的果皮中有大量的叶绿素，随着果实成熟度的提高，叶绿素逐渐被分解，底色（如类胡萝卜素、花青素等）便显现出来。如甜橙果实在成熟时显现出类胡萝卜素，血橙呈现出花青素，红橘果皮中含有红橘素和黄酮，所以它们的果皮表现出红色或橙色；苹果、桃等的红色为花青素，柿的血红色为橙黄色素和番茄红素；板栗成熟的标准是栗苞呈黄色，苞口开始开裂，坚果呈棕褐色。

一些果菜类蔬菜也常用色泽变化来判断成熟度。如作远途运输或贮藏的番茄，应在绿熟阶段（果顶呈现奶油色）采收；就地销售的番茄可在着色期（果顶为粉红色或红色）采收；甜椒一般在绿熟（果皮深绿而有光泽）时采收；茄子应在表皮明亮而有光泽时采收；黄瓜应在瓜皮深绿色时采收；豌豆从暗绿色变为亮绿色，菜豆由绿色转为发白表示成熟；甘蓝叶球的颜色变为浅绿色时成熟，花椰菜的花球白色而不发黄为适宜采收期。

果蔬色泽的变化一般由采收者目测判断，也有一些地方用事先编好的一套从绿色→黄色→红色变化的系列比色卡，用感官比色法来确定成熟度。由于果蔬的色泽经常受到气候，特别是光照条件的影响，因此这个指标在应用时往往要结合其他方法，而较为准确的是用反射或透射分光光度计或色差计来测量。

（2）硬度和质地　果实的硬度是指果肉抗压力的强弱，抗压力越强，果实的硬度就越大。一般随着果实成熟度的提高，硬度会逐渐下降。因此，根据果实的硬度，可判断果实的成熟度，在最佳质地时采收。

一般情况下，蔬菜不测其硬度，而是用坚实度和质地来表示其发育状况，确定采收期。有一些蔬菜的坚实度大，表示发育良好，充分成熟并达到采收的质量标准，如甘蓝的叶球和花椰菜的花球都应该在充实坚硬、致密紧实时采收，品质好，耐贮藏性强。但也有一些蔬菜坚实度高表示品质下降，如莴笋、芥菜应在叶片变得坚硬以前采收，黄瓜、茄子、豌豆、菜豆、甜玉米等都应在幼嫩时采收。

（3）主要化学物质含量　果蔬在生长成熟的过程中，其主要化学物质如，淀粉、有机酸、维生素 C，以及可溶性固形物含量等都在不断地发生变化，它们的含量变化情况可以作为衡量产品品质和成熟度高低的标志。

可溶性固形物中主要是可溶性糖，其含量高标志着含糖量高，成熟度也高。实践中常以可溶性固形物含量、糖酸比（总含糖量与总酸含量的比值）或固酸比（可溶件固形物与总酸的比值）来衡量果实的品质和风味，判断果实的成熟度。果实在成熟和晚熟过程中酸度逐渐下降，但糖酸比和固酸比与果实可食性的关系往往比单一的糖或酸含量更为密切。

一般情况下，随着水果的成熟，果实内的淀粉不断转化为小分子单糖，含量逐渐下降，所以有些果实可用淀粉含量的变化来判断成熟度。例如，根据淀粉遇到碘溶液呈现蓝色，蓝色越深，表示淀粉含量越高的特性，可以把苹果横切开，将其横切面浸入配好的碘溶液中一定时间，观察果肉变蓝的面积及程度。苹果成熟度越高，淀粉含量越少，果肉变蓝的面积也越小，颜色也越浅。不同品种的苹果成熟过程中淀粉含量的变化不同，可以制作不同苹果品种成熟过程中淀粉变蓝的图谱，作为判断成熟度的参考。

小分子单糖和淀粉含量也常常作为蔬菜成熟度的指标，如青豌豆、甜玉米、菜豆都是以食用其幼嫩组织为主的蔬菜，小分子单糖含量高，淀粉含量低时采收，风味品质好，小分子单糖转化为淀粉则组织老化，品质变劣。然而马铃薯、甘薯、芋头则应在淀粉含量高时采收，品质好，耐贮藏，加工淀粉时出粉率高。

（4）生长期　果蔬从开花至成熟都有一定的生长期，目前许多果园采用从盛花期开始计算果实生长日期，作为采收的重要参数。如苹果一般早熟品种在盛花后 100d 内采收，中熟品种 100~140d 采收，晚熟品种 140~175d 采收。应用生长期判断成熟度，有一定的地区差异，如陕西延安、洛川等地元帅系列苹果在盛花后 150d 左右采收，国光苹果 175d 左右，富士、秦冠 180d 以上采收为宜；而山东元帅系列苹果的生长期为 145d 左右，国光苹果为 160d 左右，因而各地可根据气候条件和多年经验获得适合当地采收的平均生长期。西瓜可计算该品种从雌花开放至果实成熟所需时间适时采收，一般小果型早熟品种约需 28d，中熟品种需 28~32d，大果型完熟品种需 32~35d。

（5）果梗脱离的难易度　有些种类的果实如苹果、梨、桃、李、杏、枣、猕猴桃等在成熟时果柄与果枝之间产生离层，稍一振动或用手拖拉果实就会脱落，所以常根据其果梗与果枝脱离的难易程度来判断果实的成熟度。离层形成时是果实品质最好的时期，此时应及时采收，否则果实会大量脱落。但有些果实，如柑橘，萼片与果实之间离层的形成比成熟期晚，也有些果实受环境因素的影响提早形成离层，对于这些种类，不宜将果实脱落难易作为成熟度的标志。

（6）种子颜色和生长状态　一些果蔬可以根据种子的变色程度来判断成熟度，如苹果、梨、葡萄、青椒，种子从尖端开始由白色逐渐变褐、变黑是其充分成熟的标志之一。豆类蔬菜应在种子膨大硬化之前采收，食用和加工品质才好，但作为种用的则应在充分成熟时采收。

（7）果实形态和成熟特征　果实的形态也可以作为判断成熟度的指标，因为不同种类、品种的果蔬都具有其固定的形状及大小。例如，香蕉未成熟时，果实的横切面呈多角形，充分成熟时，果实饱满，横切面为圆形。邻近果梗处果肩的丰满度可以作为芒果和其他一些核果成熟的标志。

不同果蔬在成熟过程中往往会表现出不同的特征。如西瓜的瓜秧卷须枯萎，冬瓜在表皮茸毛消失并出现蜡质白粉，南瓜表皮硬化并在白粉增多时采收；

苹果、葡萄等果实成熟时表面产生一层白色粉状蜡质，也是成熟的标志之一。产品生长在地下的鳞茎、块茎类蔬菜，可根据地上部分植株生长状况来判断其成熟度，如洋葱、大蒜、马铃薯、芋头、荸荠、生姜等在地上部分枯黄倒伏时为最适采收期，耐贮性强；莴笋茎顶与最高叶片尖端相平时为适宜采收期。

判断果蔬采收成熟度的方法很多，而果蔬的种类、品种繁多，成熟特性各异，在判断某品种成熟度时，应根据果蔬的特性，综合考虑栽培、气候、市场、贮藏、运输等各种因素，并抓住其主要方面，采用两种或两种以上方法较为准确地判断其最适采收期，从而达到长期贮运、保鲜的目的。

1.1.2.3　采收方法

果蔬的采收方法可分为人工采收和机械采收两大类。

（1）人工采收　用手摘、采、拔，用采果剪剪，用刀割切，用锹镢挖等方法都属于人工采收。作为鲜销和长期贮藏的果蔬，最好人工采收。人工采收可以做到轻拿轻放，减少机械损伤；另外，果蔬生长情况复杂，成熟度很难均匀一致，人工采收可以边采边选，分期采收，这样既不影响果蔬的产量，又保证了采收品质。目前世界上很多国家和地区都采用人工采收，即使使用机械，同样要有手工操作配合。

具体的采收方法应根据果蔬的种类而定。如仁果类和核果类果实成熟时，果梗和果枝之间产生离层，采收时以手掌将果实向上托，果实即可自然脱落（注意防止折断果梗）；果柄与果枝结合牢固的葡萄、枇杷等成穗的果实，可用果剪齐穗剪下；柑橘类果实一般采用一果两剪法，即第一剪距果蒂 1cm 处剪下，第二剪齐萼剪平，做到保全萼片不抽心、一果两剪不刮脸；香蕉采收时，用刀切断假茎，扶住母株让其轻轻倒下，再按住蕉穗切断果轴；柿子采收用修枝剪剪取，要保留果柄和萼片，果柄要短，以免刺伤果实；枣、山楂等小型果实，可摇动树枝使之脱离，但长期贮藏的最好用手摘；坚果类的核桃、板栗可用竹竿打落。

地下根茎菜类的采收都用锹或锄挖，有时也用犁翻，但要深，否则会伤及根部，如胡萝卜、萝卜、马铃薯、芋头、山药、大蒜、洋葱等；山药的块根较细长，采收时要小心，以免折断；有些果蔬用刀割，如石刁柏、甘蓝、大白菜、芹菜、西瓜和甜瓜等；菜豆、豌豆、黄瓜和番茄等用手摘。

（2）机械采收　机械采收的效率高，可以节省很多劳力，适用于在成熟时果梗与果枝之间形成离层的果实。一般使用强风压或强力振动机械（用一个器械夹住树干并振动），迫使果实脱落，在树下布满柔软的帆布传送带，以盛接果实，并自动将果实送至分级包装机内。目前，美国使用机械采收樱桃、葡萄和苹果，采收效率高。与人工采收相比，上述三种产品机械采收的成本分别降低66%、51%和43%。对于地下根茎类蔬菜如马铃薯、洋葱、胡萝卜等，国外已开始用挖掘机采收，并配有收集器、运输带等，边采边运。豌豆、甜玉米等都可机械采收，但要求成熟度大体一致。机械采收前也常喷洒果实脱落剂，如放线菌酮、维生素C、萘乙酸等，用以提高采收效率。此外，采后及时进行预处理可将机械损伤减小到最低限度。

1.1.3 预冷

1.1.3.1 预冷作用及原则

预冷的作用一是快速排除果蔬采后带的田间热，节省运输和贮藏中的制冷负荷；二是在运输或贮藏前尽快降低产品品温，快速抑制呼吸作用和降低生理活性,以便更好地保持产品的生鲜品质；三是减少贮运期初期的温度波动，防止结露现象发生；四是减少营养损失和水分损失，延缓变质和成熟的过程，延长贮藏寿命；五是抑制微生物的侵染和生理性病害的发生，提高耐贮性。

预冷应遵循的原则一是采后要尽早进行预冷处理，并根据果蔬种类和特性选择最佳预冷方式。一次预冷的数量要适当，要合理包装和码垛，尽快使产品达到预冷要求的温度。二是预冷的最终温度要适当，一般各种果蔬的冷藏温度就是预冷终温的大致标准。还可以根据销售时间的长短、产品的易腐性等适当调整终温。预冷要注意防止产品的冷害和冻害。三是预冷后必须立即将产品贮入已经调整好温度的冷藏库或冷藏车内。

1.1.3.2 预冷方法

目前国际上比较先进的预冷技术主要有冷风预冷、冷水预冷、冰预冷、真空预冷、差压预冷。

（1）冷风预冷　冷风预冷是使冷空气迅速流经产品周围使之冷却。风冷可以在低温贮藏库内进行，将产品装箱，纵横堆码于库内，箱与箱之间留有空隙，冷风循环时，流经产品周围将热量带走。这种方式适用于任何种类的水果蔬菜，预冷后可以不搬运，原库贮藏，但该方式冷却速度较慢，短时间内不易达到冷却要求。

（2）冷水预冷　冷水预冷是以水为介质的一种冷却方式，将果蔬浸在冷水中或者用冷水冲淋，达到降温的目的。冷却水有低温水（一般在0~3℃）和自来水两种，前者冷却效果好，后者生产费用低。目前使用的水冷却方式有流水系统和传送带系统。水冷却降温速度快，产品失水少，但要防止冷却水对果蔬的污染。因此，应该在冷却水中加入一些防腐药剂，以减少病原微生物的交叉感染。商业上适合于用水冷却的果蔬有柑橘、胡萝卜、芹菜、甜玉米、网纹甜瓜、菜豆等。

（3）冰预冷　冰预冷是通过冰的融化，吸收果蔬的热量，使果蔬降温，它包括在包装箱或托盘内放入冰块，或用冰覆盖在托盘上。冰和产品的接触会促使其快速冷却，这种冷却方法经常结合运输进行。一般来说，把产品由35℃降至2℃所需冰的质量为该产品质量的38%。这种冷却方法适用于与冰接触不易产生伤害的产品，或需要在田间立即进行预冷的产品。但降低温度和保持产品品质的作用有限，只能作为其他预冷方式的辅助措施。适用于抱子甘蓝、西蓝花、甜玉米、胡萝卜、芹菜、菠菜、葱等。

（4）真空预冷　真空预冷是将果蔬放在真空室内，迅速抽出空气至一定真空度，使产品体内的水在真空负压下蒸发而冷却降温。压力减小时水分的蒸发加快，如当压力减小到533.29Pa时，水在0℃就可以沸腾，在真空冷却中，大约温度每降低5.6℃失水量为1%。真空冷却的效果在很大程度上取决于果蔬的比表面、组织失水的难易程度以及真空室抽真空的速度，因此不同种类的果蔬真空冷却的效果差异很大。生菜、菠菜、莴苣等叶菜最适合于用真空冷却，纸箱包装的生菜用真空预冷，在25~30min可以从21℃下降至2℃，包心不紧的生菜只需15min。还有一些蔬菜如石刁柏、西蓝花、甘蓝、芹菜、葱、蘑菇和甜玉米也可以使用真空冷却，但一些比表面小的产品，如多种水果、根茎类蔬菜、番茄等果菜由于散热慢而不宜采用真空冷却。真空冷却对产品的包装有特殊要求，包装容器要求能够通风。

（5）差压预冷　差压预冷是在产品垛靠近冷却器的一侧竖立一隔板，隔板下部安装一风扇，风扇转动使隔板内外形成压力差。产品垛上面设置一覆盖物，覆盖物的一边与隔板密接，使冷空气不能从产品垛的上方通过，而要水平方向穿过包装上缝或孔，在产品缝隙间流动，将热量带走。差压风机为压头较高的叶轴流风机，采用抽吸气流的方式，因此库内气流均匀，无死角。但由于冷风与果蔬直接接触，存在干耗失水现象。差压预冷是在冷风预冷的基础上弥补了其不足而研究发展起来的预冷技术，差压预冷与冷风预冷成本相当，但预冷效率可较冷风预冷提高2~6倍，预冷时间仅为冷风预冷的1/10~1/4，是一种适宜大多果蔬且成本较低的预冷方式，在发达国家其应用量仅次于冷风预冷位居第二位。

1.1.3.3　不同果蔬的预冷方式

应根据果蔬的原产地、栽培地、加工处理方式、设备条件、贮藏时间、包装类型、市场对象和市场对品质的要求不同而确定不同的预冷终温。同时，不同的果蔬形态对于预冷方式也有不同的要求。因此，掌握各种果蔬基本的预冷指标就显得十分重要。表 1–1 列出了各种果蔬的贮运温度与预冷方式，供参考。

表 1–1　各种果蔬的贮运温度与预冷方式

果蔬产品	贮运温度 /℃	预冷方法	预冷重要性	果蔬产品	贮运温度 /℃	预冷方法	预冷重要性
红富士苹果	0~1	差、库	★	豇豆	3~5	真、差	★★
嘎拉苹果	1~3	差、库	★★★	荷兰豆	0	真、差、冰	★★★★
新红星苹果	0~2	差、库	★★	胡萝卜（粗）	0	水、冰、差	★★
砀山梨	0~10	库	★★	西葫芦	5~10	库、差	★★★
黄金梨	0~1	差、库	★★★	黄瓜	10~13	差、库	★★★★
西洋梨	0	差、库	★★★	豆薯	13~18	水、冰	★
蓝莓	–0.5	差、真	★★★★	芹菜	0	真、湿、真	★★★★
草莓	0	差、真	★★★★	甘薯	13~16	库、差	★
红提葡萄	–1~–0.5	差	★★★	芋头	7~10	差、库	★
秦美猕猴桃	–0.5	差	★★★★★	番茄	8~10	库、差	★★
柿（涩）	0	差、水	★★	樱桃番茄	3~4	库、差	★★★★
水蜜桃	–0.5	差、库	★★★	马铃薯（早熟）	7~10	库、水	★★
油桃	–0.5	差、水	★★★	马铃薯（晚熟）	4~7	库、水	★
樱桃（甜）	–0.5	水、差	★★★★	菠菜	0	真、水、差	★★★★
枣	0	水、差	★★★	西蓝花	0	冰、水、差	★★★★
李	–0.5	水、差	★★★★	韭菜	0	真	★★★★
杏	0~1	差	★★★★	大白菜	0	真、差	★★
杨桃	9~10	差	★★★	甘蓝（早熟）	0	真、差	★★★
荔枝	1.5	水、差	★★★★	茄子	8~12	差、库	★★
龙眼	1	差	★★★★	洋葱	0	库、差、真	★★
杧果	13	差	★★	甜椒	7~13	差、真	★★
菠萝	7~13	差	★★	大蒜	0	库、差	★★★
甜橙	3~9	库、差	★	西芹	0	真、湿、真	★★
蜜柑	4~6	库、差	★★★	结球生菜	0	真、差	★★★★★
柠檬	11~13	库、差	★	大葱	0	冰、真	★★★★
西瓜	10~15	水、差	★	芦笋	0~2	真、水	★★★★★

续表

果蔬产品	贮运温度/℃	预冷方法	预冷重要性	果蔬产品	贮运温度/℃	预冷方法	预冷重要性
哈密瓜	3~7	水、差、冰	★★	蒜薹	0	真、差	★★★★
冬瓜	10	库、差	★★	甜玉米	0	水、冰、真、差	★★★★★
甜瓜	10	水、差、冰	★★★	生菜	0	真、差	★★★★★
佛手瓜	3~5	差、库	★★	辣椒	0~10	差、真	★★★
南瓜	10~13	库	★★	蘑菇	0	差、真	★★★★★

注：①库——冷库预冷；水——水预冷；冰——加冰预冷；差——差压预冷；真——真空预冷；湿——加湿真空预冷。

②五角星越多，代表采用预冷的重要性越强。

1.1.3.4　常见的预冷装备

根据预冷对象的特性，有不同的预冷方法，现分别对其装备进行介绍。

（1）空气预冷装备　根据流程的不同，冷风预冷可分为强制通风预冷和差压通风预冷，适合所有果蔬的预冷。强制通风预冷设备较便宜，但冷却时间较长，一般需要10~24h；差压通风预冷设备投资也不大（只比强制通风预冷多一个静压室和一台差压风机），但操作简单，运行费用比较少，适用于多种果蔬，是现行的较为快速、有效的预冷方法，其冷却速度比强制通风冷却快2~6倍。

（2）水预冷装备　冷水预冷设备可分为浸泡式和喷淋式两种。最简单的浸泡式预冷就是将水和冰一起放置在一个大容器中，让水和冰充分混合，得到温度接近0℃的冰水混合物，直接将果蔬箱放入冰水中浸泡一段时间，待果蔬温度降低后取出。浸泡式预冷可采用图1-2所示的装置进行，在冰水槽中设有传送带，使果蔬在通过传送带的过程中被冷却，传送带的速度可根据果蔬要求达到的预冷温度决定。冰水槽内可设置制冷系统的蒸发器以对水进行冷却，将产品热负荷

图1-2　水预冷装置

带走，也可不设置蒸发器，通过加入冰块保证冰水槽中的温度。在实际操作中，经常在冰水中加入消毒杀菌剂或保鲜剂对果蔬进行化学处理以延长保鲜期。

喷淋预冷设备则可分为连续式与批次式两种。连续式喷淋预冷装置主要由冷却隧道、传送带、喷淋水系统和制冷系统组成，在隧道内喷淋 0~1℃的水，果蔬在隧道内的传送带上走 25~30min，温度可从 30℃降到 5℃左右。传送装置可以选用不同的速率，以适应不同的冷却需要。

在批次式水预冷装置中，产品一批批地放入冷却空间，大量的冷水连续喷淋到产品表面，然后汇集到底部的水箱，经过滤冷却后循环使用。许多产品采用水预冷可以达到很好的冷却效果，类似玉米、苹果、哈密瓜和桃等体积与表面积比率大，并且表面无孔的产品非常适合这种预冷方法。体积小的产品，如樱桃，也可以很好地使用水预冷，但喷淋水的力度不应对产品造成物理伤害。冷水预冷冷却速度快，只需要 10~40min，适合果类和根块类蔬菜。但由于果蔬要接触水，果蔬表面沾有大量的水后，利于微生物的生长，容易造成腐烂，所以限制了其推广应用。

（3）冰预冷设备　冰预冷是较容易实现的产地预冷方法之一，大多数果蔬产地都可以在附近方便地购买到冰块，对于产量不是很大的果蔬，碎冰及加冰预冷可以由农民手动完成，对于处理量大的果蔬，冰预冷可以由可移动的注冰机来完成，注冰机如图 1–3 所示。

注冰预冷时必须要有碎冰设备，将块冰或板状冰研磨成直径不大于 5mm 的冰粒，并与水混合成冰水混合物，注冰机将冰水混合物通过软管导入纸箱或其他容器内，直接覆盖在产品表面。采取这种方法可以大大提高冷却效率。堆积在货盘上的货物放置在舱门之间的导轨上，然后将舱门紧闭。使用泵将注冰机底部存储箱中的冰水混合物吸至设备的顶部，通过门上的注冰管道并借助上部液压夹具，从货物四周流入包装的开口，进入产品包装箱内。目前在美国加利福尼亚州，超过 90% 的西蓝花使用这种冷却方式。冰的熔解热为 355kJ/kg，而预冷果蔬所需的用冰量主要取决于预冷果蔬的量和果蔬预冷前后温差以及设备与外部少

图 1–3　注冰机

量热交换而引起的冷负荷，因此用冰量可以很容易计算出来。在美国容纳一个货盘的注冰机的注冰泵设计流量一般为 24m^3/h，电机功率为 1150~2125kW。冰水混合物存储箱的容积约为 1.2m^3，搅拌器转速在 300r/min 左右，注冰仓液压系统产生的压力不大于 200kPa。

（4）真空预冷装备　真空预冷设备主要包括真空货仓、真空系统、制冷系统（含捕水器）、水喷淋系统和电气控制系统等（图 1–4）。在电源易于获得的场所使用的移动式真空预冷装置可以直接接入电源，在无电力供应的场所需自配发电机。真空系统是实现真空快速预冷的核心系统，其关键部件为真空泵，需根据真空货仓的容积、预冷果蔬的量以及货仓漏风率等计算而定。从理论上说，蒸发的水蒸气可全部由真空泵抽吸排空，但在常压下 1mL 的水，当压力变为 1073Pa（8℃）时，体积要增大 12 万倍，如果所有的水蒸气只靠真空泵抽吸，不仅消耗很多电能，而且也不能使真空箱内压力快速降下来，因此，在真空预冷设备中设置有制冷系统，制冷系统不是用于直接冷却果蔬的，而是将制冷系统中的蒸发盘管用作捕水器，使真空箱内蔬菜在减压过程中产生的大量水蒸气重新凝结成水，极大地减轻了真空系统抽气负荷，使真空箱内快速达到所需的真空度并保持稳定。捕水器可放置于真空箱内，也可外置于真空箱体，通过管道与真空箱体相连。

由于预冷产品多样，使用地点变化，移动式真空预冷装置一般配有水喷淋系统，一方面可以保证温度要求；另一方面也可以使果蔬保持良好的新鲜度和外观色泽。由于移动式真空预冷设备所有部件都在一个底板上，而底板

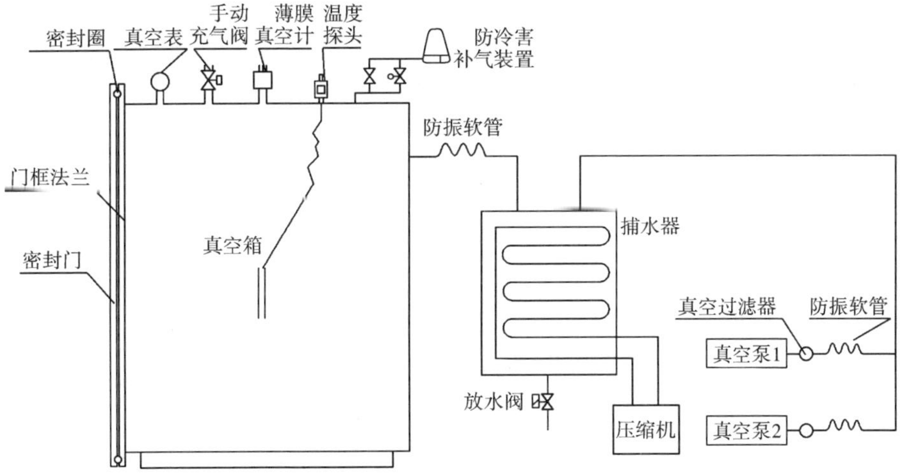

图 1–4　真空预冷设备装置结构图

的大小是固定的，如果其他部件加大将减小真空室的容积，从而减少有效装货量，影响经济效益，因此，在设计移动式真空预冷设备的时候，要充分考虑各部件能力的优化，合理匹配主要部件。真空预冷对水分不易蒸发的果蔬几乎不能冷却，其投资成本也较高，但冷却速度快，只需要 20~30min，适合叶菜类蔬菜。

图 1–5　移动式冷却装置

（5）预冷库　在普通小型保温库的基础上加上机械制冷装置也可以组成移动式冷库用于果蔬预冷，图 1–5 所示为美国农业部一个研究团队开发的移动式冷却装置，它使用了 110V，制冷量为 315kW 的窗式空调器安装在保温库侧面的库板上，设备投资为 1200 美元，对空调器的电气控制系统进行了改装，以达到 15℃以下的温度。制冷装置由制冷机组、冷风机等组成，制冷机组固定在库体的外侧，冷风机设置在库体内侧壁上，制冷机组通过管道与冷风机连通。电气自动控制装置设置在库体外侧，其传感器设置在库体内（图 1–6）。使用时，接通电源，由电气自动控制装置根据库内的温度自动调控制冷装置运行，冷风机向库内提供冷量，可通过电气自动控制装置实现高、低温冷藏保鲜、预冷、速冻及化霜等功能。图 1–7 是国家农产品现代物流工程技术研究中心（以下简称工程中心）和山东省农产品贮运保鲜技术重点实验室（以下简称重点实验室）研发的移动式果蔬真空预冷厢，该装置用于樱桃的保鲜实验研究取得了很好的效果。

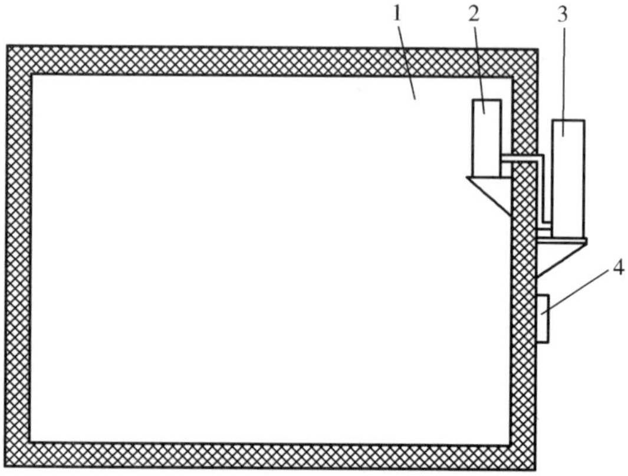

图 1–6　移动式冷却装置结构示意图

1—库体　2—冷风机　3—制冷机组　4—电气自动控制装置

（6）采用蓄冷板的预冷装置　蓄冷板冷藏车是冷藏车辆发展的一种新的方式，具有运输温度恒定、运输温度较低、运输成本较低的特点，在国外发达国家已普遍应用于冰淇淋冷饮行业，它是利用蓄冷板中的蓄冷剂液体冷却凝固成共晶冰而蓄存大量冷量并用于货物

图 1–7　移动式果蔬真空预冷厢

的冷却。将蓄冷板与移动式差压预冷车配套，可实现果蔬等易腐产品的产地预冷。蓄冷板一般用铝合金制成 50~100mm 厚的中空壳体，内装蓄冷剂，常用的蓄冷剂为低熔点的无机盐混合溶液。在蓄冷板中设有制冷蒸发盘管，蓄冷剂直接与盘管接触，借助制冷盘管内的制冷剂吸热冻结而贮存冷量。通常蓄冷板安装在保温厢体的顶板内表面，蓄冷板的蓄冷能力根据预冷一箱果蔬所需制冷量的大小而定。预冷前，先用蓄冷制冷机组接通地面交流电源对蓄冷板中的蓄冷剂进行蓄冷，即冷却冻结；预冷时，利用蓄冷剂的融化吸热，对保温厢体内不断放冷。采用蓄冷板移动式预冷装置的预冷方式容易实现，可以在有电源供应的产地实现蓄冷放冷过程，而对于无电源供应的果蔬产地，可以先在产地外有电源的地方将蓄冷板蓄冷，再将装置移动至产地对果蔬进行预冷，很好地解决了产地能源供应困难的问题。

（7）蒸发冷却预冷设备　在干燥地区，也可以采用水蒸发冷却的方法来进行预冷，图 1–8 是蒸发冷却预冷设备的示意图，将水供到多孔的湿帘材料上，水润湿整个湿帘，空气在风机的作用下横向流过湿帘，与水进行热湿交换，进行热湿交换后，空气的温度约比当地空气的湿球温度高 1~2℃，由于干燥地区空气的干湿球温差很大，用这种方法可以获得较低温的空气对果蔬产品实现预冷。

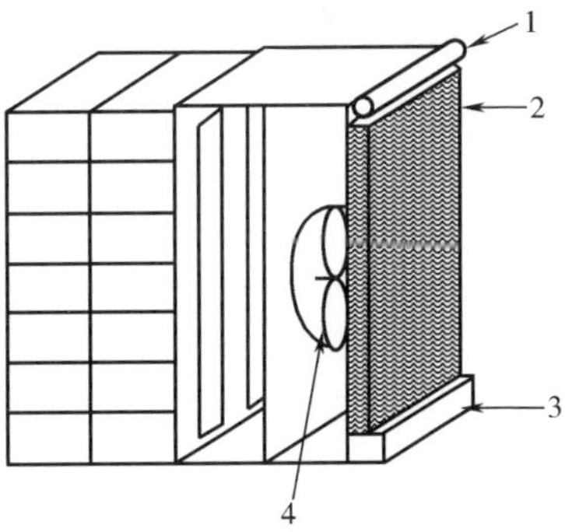

图 1–8　蒸发冷却预冷设备

1—供水　2—多孔湿帘　3—水被收集并再循环　4—风机

蒸发冷却预冷设备简单，投资小，使用方便，但在我国预冷领域暂未得到应用。由于蒸发冷却技术已广泛应用于空调行业，有

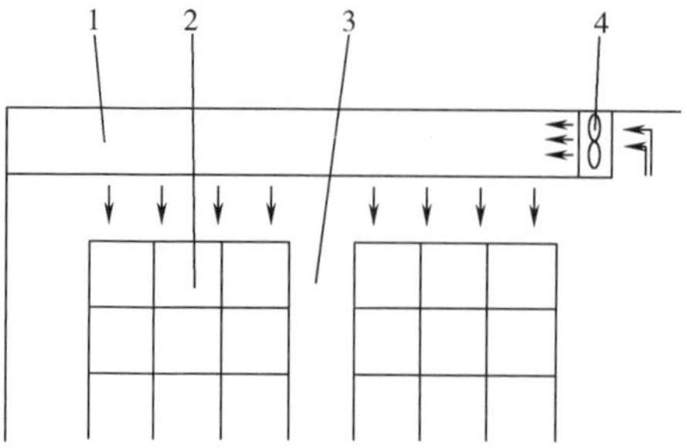

图 1–9　预冷保鲜库示意图
1—夹层（静压箱）　2—货物　3—库体　4—风机

关湿帘材料的特性、空气、水流量比对冷却效果的影响等相关研究也非常多，可以参考借鉴用以开发该类预冷设备。

（8）预冷保鲜一体化装备　预冷保鲜库集预冷和贮藏于一体，采用类似差压通风预冷的夹层式送风方式，如图 1–9 所示。该方式是在冷库的顶部吊顶形成夹层，然后由冷风机把冷风吹入夹层中，再通过吊顶上的送风口（直径为 5~10mm）进入到库内，从而达到库内送风均匀无死角的效果。这种送风方式的主要原理是冷库吊顶内的夹层起静压箱的作用，冷风到达贮藏区后，由于速度与重力的关系，由上而下均匀通过预冷贮藏的果蔬，使冷风充分接触果蔬，从而使果蔬得到均匀的冷却，能快速降低果蔬的温度，对预冷贮藏果蔬的品质有较好保证。

预冷保鲜库主要由库体、制冷系统、蒸发器、控制系统等组成。我国大部分地区果蔬生产分散，专业化程度低，规模小，若用大规模预冷设备，集货时间较长，且在果蔬产地拥有预冷贮藏设备的还很少，适合采用小型的预冷保鲜库。小型库既具有预冷功能，又能贮藏保鲜，这样就可以避免预冷后再转库，减少果蔬表面沾水和结露的机会，减少了果蔬变质和腐烂的机会，还可以减少劳动力，节约成本。库体容积的大小按可预冷 2t、贮存 10t 果蔬为标准确定。$1m^3$ 的体积可存放 230kg 果蔬，10t 果蔬要占用 $43m^3$ 的体积，再考虑到冷库的容积率为 50%，故一般将预冷保鲜库的容积设计为 $90m^3$。考虑到某些地区的高温高湿，库体采用聚氨酯保温板拼装而成。预冷保鲜库的主要技术参数见表 1–2。

表 1–2　预冷保鲜库的主要技术参数

项目	参数	项目	参数
库温 /℃	0~10	传热系数 /m^2K	≤ 0.38
库体容积 /m^3	90	库内温度不均匀性 /℃	≤ 1.5
功率 /kW	8.5		

（9）差压预冷装备　差压通风预冷试验装置主要由制冷系统、控制系统

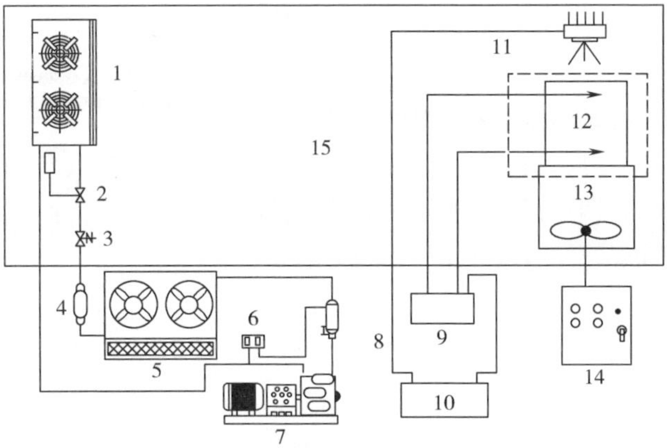

图 1–10 差压预冷装备结构图

1—蒸发器 —2 节流阀 3—电磁阀 4—过滤器 5—冷凝器 6—压力控制器 7—压缩机 8—油分离器 9—温度巡检仪 10—计算机 11—温湿度检测仪 12—预冷箱 13—差压风机 14—风机变频器 15—低温试验冷库

和测试系统三大部分构成。制冷部分主要是试验冷库；控制系统分为低温冷库库温控制和差压风机转速控制；测试系统由实验段差压预冷箱部分、温度自动采集部分和库内环境数据采集部分组成，如图 1–10 所示。

工程中心对差压预冷装置进行了大量的实验和研究，完成了移动式差压预冷装置的整体设计及试制工作。该装置箱体采用外尺寸约为（12.2 × 2.44 × 2.59）m 的超高冷藏集装箱，箱内设挡风帆布帘，货物沿箱体两侧摆放，中间留出风道，货物整齐摆放完毕，将帆布帘由前端伸展至后端，使得中间风道封闭；一次处理量 10t（以甜糯玉米计），包装箱（300 × 250 × 200）mm，8.4kg/ 箱，电控柜设在机组箱体一侧，可自动控制库体内温度及冷却时间；总装机功率 26.14kW，冷量 40.2kW（–7.5℃蒸发，50℃冷凝）。

对预冷过程的研究主要集中在装置试制完成后，用西蓝花、甜糯玉米和芦笋进行了预冷性能测试试验。在实验条件下，10t 西蓝花从 30℃预冷至 5℃的平均预冷时间为 4.5h，处理能耗成本为 5.3 元 /t；10t 甜糯玉米从 30℃预冷至 5℃的平均预冷时间为 4h 45min，处理能耗成本为 5.42 元 /t；10t 芦笋从 30℃预冷至 5℃的平均预冷时间为 4h 38min，处理能耗成本为 5.37 元 /t。

1.1.4 商品化处理

采后商品化处理是为了保持或改进果蔬品质，使其从农产品转化为商品所采取的一系列措施的总称，包括果蔬采收后所经过的挑选、修整、分级、清洗、预冷、愈伤、药物处理、吹干、涂蜡抛光、催熟、精细包装等技术环节。果蔬的商品化处理是一项系统工程，根据果蔬的特性和市场要求，有的可选用全部措施，有的则可只选用几种处理。事实上，这些程序中的很多步骤在设计好的包装生产线上可一次完成，即使目前条件尚不具备，暂不能实现全部自动化流水作业，也应该使用简单的机械或手工完成商品化处理，进而改善果蔬的商品性状，使田间生长的农产品转化为商品。

（1）预冷　预冷是指将收获后的果蔬产品尽快冷却至适合贮运要求低温的措施。它是去除田间热、减少呼吸热的有效措施，是果蔬贮藏保鲜的一项关键采后处理措施。预冷最好在产地进行，而且越快越好，预冷不及时或不彻底，都会增加产品的采后损失。

（2）分级　分级是根据果蔬产品的大小、重量、色泽、形状、成熟度、新鲜度、清洁度、营养成分以及病虫害和机械损伤等情况，按照一定的标准，进行严格的挑选，并分为若干等级。果蔬分级的目的是使之达到商品标准化，实行优级优价，同时，也便于贮藏、销售和包装。通过挑选分级，剔除有病虫害和机械伤的产品，可以减少贮藏中的损失，减轻病虫害的传播和提高产品质量。果蔬的分级是果蔬产品实现标准化的重要操作步骤，是生产、销售和消费三者之间相互联系促进的纽带，是增强果蔬产品市场竞争力的有效措施，应高度重视，并按国家等级标准认真执行。

（3）清洗　清洗是采用浸泡、冲洗、喷淋等方式水洗或用毛刷刷净某些果蔬产品（特别是块根、块茎类蔬菜），除去附着的污泥物，减少病菌和农药残留，使之清洁卫生，符合商品要求和卫生标准，提高商品价值。果蔬的清洁一般是在产品贮藏之前，或销售之前进行。大部分果蔬采用水洗法，水洗程序包括入池、洗涤、干燥三个过程。经过清洗后的果实不仅外观质量高，而且能够直接食用，经过清洗加工的蔬菜半成品（净菜）对卫生要求更高，这就要求采后处理清洁用水必须符合国家饮用水标准。在清洗过程中，可在清水中加入防腐杀菌剂和保鲜剂，如次氯酸钠、漂白粉、氯化钙等，以减少产品的带菌数，延缓果蔬衰老以达到延长货架期的效果。所以，清洗常常和防腐保鲜等化学处理一并进行。近年来，含有聚乙烯、合成树脂、防腐剂、保鲜剂、乳化剂和湿润剂的配方逐渐普遍起来，这些涂料常常用作杀菌剂及果实衰老、果皮褐烫病和发芽抑制剂的载体。

（4）包装　果蔬作为特殊的商品，脆嫩多汁，易遭受机械损伤及腐烂变质，对其进行必要的包装是必不可少的。包装是使果蔬产品标准化、商品化、保证安全运输和贮藏、便于销售的主要措施。

（5）其他处理　为了提高某些果蔬销售时的商品质量，增强市场竞争力，或为了促进果实的后熟作用，达到提早应市，获得更好经济效益，或由于内销外贸的需要，可在销售之前对果蔬进行一些处理。常见的有愈伤、催熟、脱绿、脱涩等处理方法。

1.1.4.1　分级方法

（1）人工分级　这是目前国内普遍采用的分级方法。这种分级方法有两种，一是单凭人的视觉判断，按果蔬的颜色、大小将产品分为若干级。用这种方法分级的产品，级别标准容易受人心理素质的影响，往往偏差较大。二是用选果板分级，选果板上有一系列直径大小不同的孔，根据果实横径和着色面积的不同进行分级。用这种方法分级的产品，同一级别果实的大小基本一致，偏差较小。

（2）机械分级　适用于那些不易受伤的果蔬产品，其分级过程大多由计算机控制，分级标准一致，最大的优点是工作效率高。目前发达国家及我国一些地方已开始使用全自动光电比色分级机，从果实的清洗、涂膜、上蜡到根据其大小、颜色、营养成分进行分级，全部实现自动化。

重点实验室与北京伟创英图科技有限公司联合开发了果蔬综合品质快速无损在线分选系统（图 1-11、图 1-12），该系统基于近红外光谱、机器视觉和自动称重等多种传感技术，获取表征果蔬品质的多种不同信息，对来自多个传感器的信息进行多方面、多层次、多级别的处理，能够实现更加准确地识别与判断。该系统可同时实现果蔬内部品质（糖度、酸度、硬度、病变等）、外部品质（外形、着色、表面缺陷等）和重量的在线检测，并根据检测结果进行分级、分选。

图 1-11　果蔬综合品质快速无损在线分选设备

果蔬分选传动机采取分

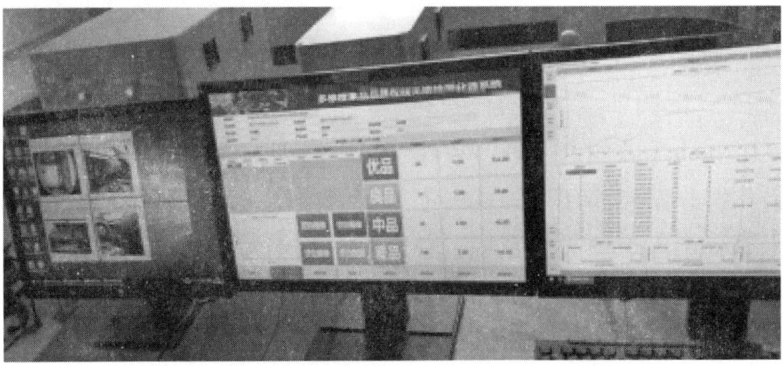

图 1-12　果蔬综合品质快速无损在线分级软件

布式硬件架构，利用千兆网络实现三套检测单元（测重单元、图像单元、近红外单元）和一套主控分选单元之间的数据交互；图像单元采取四方位高速工业相机并联模式，提高果品图像覆盖率，结合图像分析软件可实现果蔬外部表观评价；近红外单元采取底部测样模式，有效避免果蔬表皮漫反射光的干扰，内置光路切换器，具有参比自动测量功能，可实现果蔬内部品质检测评价；具有自动优化功能的化学计量学分析软件，可实现百万级模型参数优化筛选，提高模型预测精密度；独有延时检测技术，通过缓存任务队列模式将数据采集和数据分析两者分离，为果蔬在高速检测下采用耗时优化算法提供时间保障；组合式分选参数以及定价模式，满足不同用户分选需求，直观显示不同分级条件下的果蔬数量以及总价。

1.1.4.2　果蔬包装

合理的包装可减少或避免在运输、贮藏、销售中的相互摩擦、碰伤和挤压等造成的机械损伤；减少产品水分的蒸散损失；防止尘土和微生物等的污染和产品腐烂；缓冲外界温度剧烈变化引起的产品损失；使产品新鲜饱满、延长贮藏和货架期。包装还可以使果蔬在流通中保持良好的稳定性，美化商品，宣传商品，提高商品价值及卫生质量。所以，良好的包装对生产者、销售者和消费者都是有利的。果蔬包装的要求是科学、经济、美观、牢固、方便、适销，有利于长途运输。

（1）包装要求　包装应在冷凉的条件下进行，避免风吹、日晒和雨淋。包装时应轻拿轻放，装量要适度，防止过满或过少而造成损伤。不耐压的果蔬包装时，包装容器内应添加衬垫物，减少产品的摩擦和碰撞。易失水的产品应在包装容器内加衬塑料薄膜等。由于各种果蔬抗机械伤的能力不同，为了避免上部产品将下面的产品压伤，果蔬的最大装箱（筐）高度为：苹果、梨 60cm，柑橘 35cm，洋葱、马铃薯和甘蓝 100cm，胡萝卜 75cm，番茄 40cm。

包装标准化已经越来越受到人们的重视，世界各国果蔬贮运包装的形式、大小、规格及箱内装盛要求各不一致。东欧国家采用的包装箱标准一般是（600×400）mm 和（500×300）mm，包装箱的高度根据给定的容量标准来确定，易伤害果蔬装量不超过 14kg，仁果类不超过 20kg。我国外销柑橘、苹果等水果都采用单果包纸后装箱，种类品种规格及装箱排列等都有明文规定。我国出口鸭梨每箱净重 18kg，纸箱规格有 60、72、80、96、120、140 这 6 个等级，数字代表每箱鸭梨个数。蔬菜包装也多为纸箱，形状规格依种类而异，如西蓝花内隔为日字或田字形，每格装 1 个；莲藕、胡萝卜则为长条形纸箱，箱外装潢标记鲜明。

（2）包装方式　果蔬经过挑选分级后即可进行包装，包装方法可根据果蔬的特点来决定。包装方法一般有定位包装、散装和捆扎后包装。不论采用哪种包装方法，都要求果蔬在包装容器内有一定的排列形式，目的在于避免物品相互碰撞、挤压或松散、滚动而造成伤害，同时还能通风透气和充分利用容器空间。这对于柔嫩质软、承受振动冲力差的新鲜果蔬是必要的。装箱排列方式如下。

①直线排列。产品在箱内直线排齐，不互相错位、上下层对齐，便于计数统计，适用于小型、条形果蔬。缺点是底层直接承受上层重量，压力大，通风透气差。

②对角线排列。将产品逐个错列排放在空隙中，适用于大中型果蔬装箱，装盛量多，在箱内稳定不易滚动，底层承受力小，通风透气好。

③同心圆式排列。多用于圆形篓筐包装，将果实从底层沿篓边顺序排列呈同心圆式直装到沿口，充分利用间隙，装量较多。

④格板式排列。箱内有定形隔板，果蔬逐个放入板格内定位，操作简单，便于计数，安全可靠。

⑤散装排列。马铃薯、洋葱、大蒜等蔬菜常采用散装方式排列。

果蔬的包装除了具备一般商品包装容器应具备的卫生、美观无污染、无异味、内壁光滑、质量轻、成本低、便于取材、易于回收，包装外便于注明商标、品名、等级、质量、产地、包装日期及特定标志等特点和要求外，还要具备如下特点：一是具有一定的保护性，在装饰、运输、堆码时有足够的机械强度，防止果蔬受挤压碰撞影响品质。二是具有一定的通透性，利于产品呼吸热的排放及氧、CO_2、乙烯等气体的交换。三是具有一定的防潮性，避免由于容器的吸水变形而致内部产品的腐烂。

（3）包装容器及材料　根据包装的用途可分为外包装和内包装。果蔬的外包装包括筐、袋、木箱、瓦楞纸箱、塑料箱等。内包装主要有衬垫、铺垫、浅盘、包装膜、包装纸及塑料小盒等。

①外包装容器及材料。外包装也称贮运包装，目的是保护商品，便于装卸和运输。外包装的发展历程是从散装（捆或不捆）到普通容器（箱、袋）、托盘、托盘箱，最后发展到集装箱。常用普通容器的种类及优缺点如下：

筐类价格低廉、大小却难以一致；木箱大小规格便于一致，抗压强度大，能长期周转适用，适于大批量运输，但较沉重，易碰伤擦伤产品；塑料箱轻便防潮、牢固耐用，便于清洗消毒，可长期反复使用，但造价较高；瓦楞纸箱重量轻，可折叠平放，便于运输、印刷各种图案，外观美观，用后易于处理，而且纸箱通过上蜡，可提高其防水、防潮性能，因此瓦楞纸箱最为理想。

②内包装容器及材料。内包装也称零售包装，它要与消费者直接见面，所以除要求保护商品外，还要注意造型与装潢美观，且具有宣传功能，起到促进销售的作用。内包装有小袋或网袋，由纸、薄膜、棉纱和塑料丝制成；盒或浅盘，由塑料或泡沫塑料、纸板和胶合板制成；篮，有长方形、圆形或扁形，由木条或塑料制成；混合型，网袋加盒或浅盘；蜂窝纸，由塑料或纸制成。对其主要材料介绍如下。

包果纸的主要作用是抑制果蔬体内水分的损失，减少霉烂和减少病害果蔬的传染；减少运输果蔬在容器内的振动和相互挤压碰撞；具有一定隔热作用，有利于果蔬保持较为稳定的温度，有利于延长贮运期和货架期，而且漂亮的纸张可以增加商品的吸引力。包果纸要求是质地柔软、干净、光滑、无异味和有韧性的薄纸。常用的有皮纸、毛边纸、光纸等。还可在包果纸中加入化学药剂预防某些病害的发生。

塑料薄膜由于具有适宜的透湿性和透气性，内容物看得见，容易作业，密封等优点，近年来普遍应用于果蔬的包装。

使用筐类容器包装果蔬时，应在容器内铺设柔软清洁的衬垫填充物，以防止果蔬直接与容器接触而造成机械伤害，另外衬垫填充物还有防寒、保湿作用。衬垫与填充材料要求柔软、质轻、清洁卫生。常用衬垫物有蒲包、塑料薄膜、碎纸、牛皮纸等，也可就地取材选用廉价易得、轻软适用的材料，如细刨花、稻壳、锯末、草屑等。

抗压托盘上有一定数量的凹坑，凹坑与凹坑之间有时还有漂亮的图案，凹坑的大小和形状以及图案的类型可以根据包装的具体果实来设计，果实的层与层之间由抗压托盘隔开，可避免贮运中损伤，美化商品。

1.1.5 贮藏

1.1.5.1 呼吸类型

有些果实在发育成熟至衰老的过程中，其呼吸强度的变化模式是在果实发育定型之前，呼吸强度不断下降，此后在成熟开始时，呼吸强度会骤然升高，当到达一个峰值后又快速下降，这一现象称为呼吸跃变，这类果实称为跃变型果实。呼吸强度的最高值称作呼吸高峰，在呼吸跃变期间，果实体内的生理代谢发生了根本性的转变，是果实由成熟向衰老转化的转折点，所以，跃变型果实贮运时，一定要在呼吸跃变出现以前进行采收。

与跃变型果实不同，另一类果实在其发育过程中没有呼吸高峰的出现，呼吸强度在其成熟过程中缓慢下降或基本保持不变，此类果实称为非跃变型果实，贮运这类果实时，可适当晚收。

一般来说，跃变型果实对乙烯很敏感，成熟期间自身能产生乙烯，只要有微量的乙烯，就足以启动果实成熟，随后内源乙烯迅速增加，达到释放高峰，此期间乙烯累计在组织中的浓度可高达10~100mg/kg。虽然乙烯高峰和呼吸高峰出现的时间有所不同，但就多数跃变型果实来说，乙烯高峰常出现在呼吸高峰之前，或与之同步，只有在内源乙烯达到启动成熟的浓度之前采用相应的措施，抑制内源乙烯的大量产生和呼吸跃变，才能延缓果实的后熟，延长产品贮藏期。非跃变型果实成熟期间自身不产生乙烯或产量极低，因此后熟过程不明显。另外，生产上采用气调贮藏可明显延长跃变型果实的贮藏保鲜期。

（1）跃变型果蔬　李、苹果、杏、鳄梨、香蕉、面包果、柿、大蕉、猕猴桃、榴梿、无花果、费约果、甜瓜、番木瓜、人心果、桃、油桃、梨果、番石榴、番荔枝、红毛丹、西番莲、番茄、蓝莓、南美番荔枝等。

（2）非跃变型果蔬　黑莓、杨桃、樱桃、茄子、葡萄、柠檬、枇杷、荔枝、秋葵、豌豆、辣椒、菠萝、草莓、西葫芦、枣、桂圆、柑、橘、橙、黄瓜、橄榄、石榴、西瓜、刺梨、树莓、海枣等。

1.1.5.2　乙烯作用

乙烯是一种引起果实成熟的植物激素，对果蔬的耐藏性、果蔬贮藏期间生理及品质的影响主要有以下几方面。

（1）对果实呼吸作用的影响　果实成熟时自身可以产生乙烯并向外释放，空气中的乙烯浓度增大，又反过来促进果实的呼吸代谢，加速后熟衰老。

（2）对果实品质的影响　如乙烯促进淀粉含量下降转化为可溶性糖，使果实变甜；促进果胶酶活力增加，使原果胶含量下降，水溶性果胶含量增加，果实变软；使叶绿素减少，有色物质增加。在贮藏中应尽量避免乙烯的这些影响，但在销售时，商业上为使果实成熟度一致，色泽、风味和口感良好，有时也用乙烯催熟。

1.1.5.3　贮运病害

果蔬贮运病害也称贮藏病害，一般是指在贮运过程中发病、传播、蔓延的病害，包括田间已被侵染，但尚无明显症状，在贮运期间发病或继续危害的病害。

果蔬贮运病害与作物的田间病害一样，可分为两大类：一类是非生物因素造成的非侵染性病害，即生理性病害；另一类为微生物侵染引起的侵染性病害。果蔬贮藏过程中，常见的生理性病害如下。

（1）冷害和冻害 果蔬都有一个能耐受低温的临界温度，在此温度以下就会发生低温伤害，即冷害。冷害表现为内部组织崩解败坏，出现褐斑、黑心和烂心，外部色泽变暗，水浸状，稍下陷；果实不能成熟或成熟度差，香味减少，风味变劣。若温度低于冰点，进一步成为冻害，组织呈半透明，甚至结冰。容易发生冷害的果品蔬菜，大多源于热带和亚热带。如鳄梨、香蕉、杧果、菠萝、柑橘类、番木瓜、番茄、菜豆、黄瓜、茄子、甜瓜、甜椒、西葫芦、甘薯、芋头、山药、生姜及某些种类的苹果、梨和桃等。

（2）营养成分的变化 果蔬营养成分的变化随着果蔬化学成分的变化而发生。在采后的贮运中，水解作用在果蔬的新陈代谢中起着主导作用，常导致许多营养素的损耗。呼吸作用将底物（呼吸基质）缓慢氧化，分解为简单物质，同时释放能量，用以维持水果、蔬菜的生命活动。因此，呼吸作用消耗底物，使果蔬在贮运中发生失重、失鲜等自然损耗和变味。如在贮藏中，仁果类果实所含的淀粉可水解为糖，同时，因水分的蒸发，果实糖的浓度也有所增加，所以，短期贮藏的苹果常变得更甜。但随着贮藏期的延长，一般趋势为总糖量下降，酸分消耗更快，导致果实风味变淡（糖酸比变大），失鲜、甜度下降也可因糖、淀粉的转化而引起，如青豌豆采收 2d 后淀粉由 5%~6% 升到 10%~11%。

（3）CO_2 中毒或低 O_2 伤害 一般果蔬气调贮藏要求 O_2 含量不低于 3%~5%，热带、亚热带水果不低于 5%~9%。CO_2 含量不应超过 2%~5%。否则会造成 CO_2 中毒或低 O_2 伤害。迫使果蔬进行无氧呼吸，产生有毒物质如乙醇、乙醛等，使果蔬组织变褐、变坏。

（4）失水 新鲜果蔬一般含有很高的水分，其细胞都有较强的持水力，可阻止水分渗出细胞壁。但当水分的分布及变化关系失常，田间就出现病害，并在贮运期间继续发展。如马铃薯空心病往往是由于雨水或灌溉过多，使块茎含水量激增，以致淀粉转化为糖，逐渐形成空心。

（5）高温热伤 果蔬都有各自可耐受的最高温度，超过最高温度，产品会出现热伤，细胞内的细胞器变形，细胞壁失去弹性，细胞迅速死亡，严重时蛋白质凝固，其表现出凹陷或不凹陷的不规则形褐斑，内部全部或局部变褐、软化、淌水，也会被许多微生物侵入，发生腐烂。特别是一些多汁的水果对强烈的阳光特别敏感，极易发生日灼斑，影响贮运。

（6）SO_2 伤害 SO_2 常用于贮藏库消毒或将其充满包装箱内的填纸板以防腐，但处理不当，浓度过高，或消毒后通风不彻底，容易引起果蔬中毒。环

境干燥时 SO_2 可通过产品的气孔进入细胞，干扰细胞质与叶绿素的生理作用，出现漂白现象。如环境潮湿，则形成 H_2SO_3，进一步氧化为 H_2SO_4，使果实灼伤，产生褐斑。

（7）乙烯伤害　果蔬自身在成熟过程中会产生乙烯，即内部乙烯。但乙烯又是常用的水果催熟剂，为外源乙烯。外源乙烯使用不当，或贮藏库环境控制不善，会使产品过早衰变。症状通常是果皮变暗变褐，硬度下降，绿色组织变黄，组织纤维化加重等。

（8）色泽的变化　大部分果实在贮藏中，随着成熟过程，叶绿素分解、花色素合成而呈现成熟果实特有的颜色。在贮藏中，色彩变化有各种含义。首先，色彩变化是成熟的直观指标，不利的贮运条件会影响果实的着色。而在贮藏中，最理想的状况是贮藏期不变，而贮藏后仍能充分着色。但对许多蔬菜来说，绿色是一个重要的品质因素或新鲜度指标，在这种情况下，任何变化都是有害的。贮藏在不利环境条件中时（如高温、干燥、微生物侵染），脱绿或黄化是导致绿叶蔬菜失鲜的一个重要因素。

（9）质地的变化　果蔬组织在贮藏中，伴随着果蔬的成熟而出现，细胞开始离析、质地变软。这种变化同果胶物质在果蔬组织内部的消长变化密切相关。例如，在未成熟的苹果和梨中，果实硬度在很大程度上取决于细胞壁中原果胶的含量。随着原果胶在各种果胶酶的作用下转化为可溶性的果胶，果肉便开始变软。衰老过程所导致的细胞及细胞器崩溃，也会使果蔬的硬度丧失。因此，贮藏中可溶性果胶含量或硬度，可作为鉴定果蔬能否继续贮藏的标志之一。

（10）机械损伤与腐烂　在采收和采后处理的过程中造成的各种机械损伤及贮藏运输过程中的腐烂，常常是构成采后损耗的主要因素。机械损伤包括内伤和外伤。外伤是指开放性的创伤，严重的外伤本身会使果蔬的消费品质下降，直到商品价值的消失。外伤还直接破坏果蔬的表面保护组织，加速内部组织的气体交换，使代谢失常，呼吸消耗剧增；并为微生物的侵入打开大门，导致腐烂。内伤是指由各种机械作用造成的内部组织的损伤，可破坏代谢的平衡，最终导致组织的死亡，从根本上丧失对微生物的抵抗性。因此，尽量减少果蔬采收及采后处理中造成的损伤，是保证贮运安全的一个重要前提。

侵染性病害由于侵染源的不同，可分为真菌性病害、细菌性病害、病毒性病害、线虫性病害、寄生性种子植物病害等多种类型。

（1）从病原菌的分类地位来看　常见的有真菌病害、细菌病害及病毒病害。

①真菌病害。一类是卵菌类的晚疫病、绵疫病、猝倒病、绵腐病；卵菌所致病害的发生一般要求较高的湿度，在持续阴雨天气，高湿多雨季节发生较重。当环境条件适宜时，病菌的潜育期短，通常仅需数日，可在短期内大范围蔓延，引起病害流行。

②细菌病害。主要是皱纹假单胞菌引起的细菌性髓部坏死病、青枯假单胞菌引起的青枯病、胡萝卜软腐欧式杆菌引起的软腐病。

③病毒病害。主要有烟草花叶病毒、黄瓜花叶病毒、苜蓿花叶病毒等。烟草花叶病毒和苜蓿花叶病毒主要引起番茄花叶症状，黄瓜花叶病毒主要引起番茄蕨叶症状，烟草花叶病毒与黄瓜花叶病毒或其他病毒复合侵染引起番茄条斑症状。常用的抗病毒制剂：0.5% 抗毒丰（抗毒剂 1 号）水剂、20% 克毒星（病毒 A）、5% 菌毒清水剂、1.5% 植病灵乳剂、10% S-83 增抗剂。

（2）从病菌的来源看　种子带菌的有早疫病、斑枯病、炭疽病、绵疫病、病毒病；土壤带菌的有晚疫病、叶霉病、灰霉病、灰斑病、立枯病、青枯病、细菌性髓部坏死病；病残体带菌的有晚疫病、早疫病、灰霉病、灰斑病、斑枯病、斑点病、茎枯病、茎基腐病、炭疽病、猝倒病、绵疫病、软腐病、青枯病、病毒病。

1.1.5.4　果蔬保鲜剂

果蔬保鲜剂按其作用和使用方法可分为以下八类。

（1）乙烯脱除剂　通过抑制乙烯发生，防止后熟老化。包括物理吸附剂、氧化分解剂、触媒型脱除剂。

（2）防腐保鲜剂　利用化学或天然抗菌剂防腐。

（3）涂被保鲜剂　通过隔离抑制呼吸，减少水分散发，防止微生物入侵，如石蜡、虫胶等。

（4）气体发生剂　可催熟、着色、脱涩、防腐，如 SO_2 发生剂、卤族气体发生剂、乙烯发生剂等。

（5）气体调节剂　能产生惰性气体，抑制呼吸，如 CO_2 发生剂、脱氧剂等。

（6）生理活性调节剂　通过调节果蔬的生理活性降低代谢，如抑芽丹、2，4- 二氯苯氧乙酸（2，4-D）等。

（7）湿度调节剂　如脱水剂。

（8）其他类保鲜剂　如明矾等。

1.1.5.5　果蔬不混存的原因及混装注意事项

对于自身产生乙烯少的非跃变型果实或其他蔬菜等产品，绝对不能与跃变型果实一起存放，以免受到这些果实产生的乙烯的影响。同一种产品，特别对于跃变型果实，贮藏时要选择成熟度一致，以防止成熟度高的产品释放的乙烯刺激成熟度低的产品，加速后熟和衰老。另外，果蔬种类不同，贮藏条件往往不同，如果混存在一起，给生产管理带来极大困难。基于上述两点，果蔬在贮藏过程中最好不要混存。

不同果蔬产品混装时应注意的事项如下。

（1）温度　在一批货物中应考虑各种产品要求的运输温度差异。例如，接近0℃的草莓不能与青椒或番茄一起运输，因为后者对10℃以下的低温特别敏感。

（2）释放乙烯的量及其对乙烯的敏感性　应注意不要把乙烯释放量大的产品（如苹果、梨、鳄梨和甜瓜）与对乙烯非常敏感的产品（西蓝花、胡萝卜、冰山形莴苣和某些花卉）一起运输。

（3）产品的异味　一些产品产生异味（如洋葱、大蒜）可被其他产品吸收，导致后者出现异味，降低市场的接受性。

（4）湿度　一些果蔬（如叶菜、甜玉米、浆果等）要求在相对湿度高的条件下贮运；而另一些产品（如大蒜、圆葱等）要求在相对湿度较低的条件下贮运，这两类产品不可混装运输。

1.1.5.6　贮藏方式

新鲜水果和蔬菜的贮藏方式概括起来可以分为自然降温（简易贮藏）和人工降温（机械冷藏）两种。自然降温贮藏是一种简易的、传统的贮藏方式，常用的方法有堆藏（垛藏）、沟藏（埋藏）、冻藏、假植贮藏和通风窖藏（窑窖、井窖），它们都是利用外界自然低温（气温或土温）来调节贮藏环境温湿度。如沟藏适用于贮藏萝卜；冻藏适用于菠菜；假植贮藏适用于芹菜、莴笋、菜花；大白菜、苹果、梨等可以窖藏；白菜、洋葱可以堆藏或垛藏。它们多在北方有外界低温的冬季和早春使用，适用产品的贮藏温度在0℃左右。我国其他地区也可以，如南通地区柑橘的地窖贮藏等。

人工降温贮藏是利用机械制冷来调节贮藏环境温度的贮藏方式，使用时不受季节和地区的限制，可以比较精确地控制贮藏温度，适用于各种水果和蔬菜，如果管理得当可以达到满意的贮藏效果。一般情况下，呼吸跃变型果实气调贮藏的效果较好，而非跃变型果实气调贮藏对保持产品品质作用不大。此外，不同的水果和蔬菜对气体的敏感程度不同，要求的氧和CO_2配比也不一样。由于气调贮藏的成本较高，操作管理的难度也比较大。因此，应该选择那些适合长期贮藏或经济价值高的水果和蔬菜进行气调贮藏。

（1）机械冷藏　机械冷藏是在具有良好隔热性能的库房中，通过机械制冷装置产生冷量，维持库内稳定低温的贮藏方式。机械冷藏的优点是不受外界环境条件的影响，可终年维持冷库所需的低温，便于调节库内空气湿度和通风换气，贮藏效果好，可实现长年利用。

（2）气调贮藏　采后果蔬是活的生命体，仍然在进行代谢活动。果蔬采后的代谢主要是呼吸、分解营养物质的过程，它们不断地吸收 O_2，分解、消耗体内的营养物质，同时产生 CO_2。当营养物质不断消耗、减少时，果蔬的品质不断下降，对各种病害的抗性逐渐降低，导致最终的衰亡或腐败。果蔬的采后保鲜就是要采取各种有效手段，抑制其呼吸强度，减少营养物质的消耗，从而达到减缓衰老、延长果蔬保质期的目的。

抑制果蔬采后呼吸强度的主要方法是降低环境温度和降低环境中的氧含量。降低环境中氧含量的手段有两种——气调库贮藏和自发气调包装。

①气调库贮藏。当今最先进的果蔬保鲜贮藏方法，它是在冷藏的基础上，增加气体成分调节，通过对贮藏环境中温度、湿度、CO_2 浓度、O_2 浓度和乙烯浓度等条件的控制，抑制果蔬呼吸作用，延缓其新陈代谢过程，更好地保持果蔬新鲜度和商品性，延长果蔬贮藏期和货架期。

②自发气调包装。指将果蔬密封在具有特定透气性能的塑料薄膜制成的包装袋中，利用果蔬自身的呼吸作用和塑料薄膜的透气性能，在一定的温度条件下，自行调节密封环境中的 O_2 和 CO_2 含量，使之符合气调贮藏的要求，从而延长果蔬贮藏期的贮藏方式。

果蔬气调贮藏保鲜的工艺条件是指保证贮藏物质的品质最好、贮藏期最长的最佳气体成分。正确地利用气调贮藏保鲜技术就可以延缓果蔬衰老，保持水果硬度，保持蔬菜的绿色，减轻或缓解果蔬的某些生理失调，控制虫害的发生。但若工艺条件不合理，就会对贮藏的果蔬产生有害的影响。如 O_2 浓度过低会引起马铃薯黑心症状；O_2 分压低于 1% 时，由于发酵作用会使果蔬失去原有的风味。由此可见，确定果蔬气调贮藏保鲜工艺条件是气调贮藏成功与否的关键。

1.1.5.7　气调库与冷藏库的特点

气调库，也称为气调冷库、气调保鲜库等，它是在冷藏库的基础上进一步调节和控制库内气体成分的保鲜设施。气调库需要像冷藏库那样维持稳定的低温环境，同时维持特定的、不同于普通大气的气体成分。气调库中根据产品的不同需求，O_2 含量通常低于 21%，CO_2 含量高于 1%，气调库比冷藏库要求更好的密封条件。

一个完整的气调库可分为五部分，即围护结构、制冷系统、气调系统、控制系统和辅助性建筑。气调库的制冷系统与一般冷库基本相同，因为气调库气密性强，不方便出入，要求制冷设备有更好的可靠性、无故障运转和更高的安全性。气调库的气调系统与制冷系统同为气调库的关键部分，它的作用是维持气调库内 O_2 和 CO_2 等气体成分的特定比例，主要通过相应的造气、调气设备和测控仪器、仪表进行。

气调库与冷藏库相比有以下特点。

（1）保鲜效果好，推迟果蔬衰老　在贮藏过程中，果蔬的后熟和衰老与其本身的生理变化有着密切的关系。在气调贮藏环境中，通过调节 O_2 和 CO_2 的浓度，可以降低呼吸强度与乙烯的生成率，能够达到推迟果蔬后熟和衰老的目的。如冷藏苹果一般 4 个月后开始发绵，而采用气调贮藏 6 个月后的苹果仍可保持香脆。

（2）减少贮藏损失　由于气调贮藏能有效降低果蔬的呼吸作用、蒸发作用和抑制微生物生长，使贮藏中的果蔬产品近似处于休眠状态，正常的生理活性降至最低程度，从而使气调贮藏果蔬产品总损耗率明显下降。

（3）减轻或缓和某些生理失调　气调贮藏在完全密闭的环境中采用低 O_2、高 CO_2 气体成分进行保鲜，对果蔬产品生理抑制作用明显，故贮藏环境温度可以适当提高，加之空气湿度较高，有利于减轻某些果蔬冷害的发生。如在 5℃条件下，提高 CO_2 浓度至 10%~20%，能显著降低辣椒的冷害症状。由于降低了 O_2 浓度，使果蔬组织对乙烯的敏感性下降，在一定程度上阻止了苹果等果蔬褐斑病的发生。

（4）保鲜期长　在达到相同保鲜品质的情况下，气调贮藏果蔬的保鲜期要比冷藏果蔬的保鲜期长得多。在气调贮藏中，由于低温、低 O_2、高湿、高 CO_2 的特殊环境，果蔬的生理代谢降至最低程度，营养物质和能量消耗最少，抗病能力较强，从而推迟了果蔬的后熟和衰老，贮藏保鲜期大大延长。同时，在流通销售过程中，气调贮藏果蔬品质明显优于冷藏等其他贮藏方法，食品销售的货架期也较长。

（5）安全性好，无任何污染　气调贮藏过程中不使用任何化学药物处理，贮藏环境的气体组成与空气相近，果蔬贮藏中不会产生对人体有害的物质。贮藏环境温、湿度调节和机械冷藏一样，不会对果蔬造成任何污染。

虽然气调贮藏具有许多明显的优点，但是，当我们使用条件不适当时，不但达不到保鲜效果，反而有害于果蔬等食品的保鲜。例如，O_2 浓度过低会引起马铃薯出现黑心症状，当温度上升至 3℃以上，呼吸作用加强，需氧量增大，这种生理失调则更为明显。O_2 浓度为 2% 以下或 CO_2 浓度在 2% 以上时，会引起番茄后熟不均匀。O_2 浓度低于 1% 时，由于无氧呼吸作用会使果蔬失去正常风味。当 CO_2 浓度上升至 15% 以上时，香蕉、柑橘、苹果等水果会失去正常香气。所以，必须根据果蔬产品固有的特性来选择合适的贮藏工艺条件。

1.1.6 运输配送

1.1.6.1 运输基本要求

果蔬只有通过运输才能调剂果蔬市场供应，互补余缺，因此，只有具备良好的运输设施和技术，才能保证应有的社会效益和经济效益。

运输可看作是动态的贮藏，运输过程中产品的振动、环境中的温度、湿度和空气成分都对运输效果产生重要影响。新鲜果蔬水分含量大，采后生理活动旺盛，易腐烂，因此，为了达到理想的效果，确保运输安全，要做到“三快、两轻、四防”的基本要求。

（1）“三快” 指快装、快卸、快运。果蔬采后仍然是一个活的有机体，新陈代谢旺盛，果蔬呼吸越强，营养物质消耗越多，品质下降越快。一般而言，运输过程中的环境条件，特别是气候的变化和道路的颠簸极易对果蔬品质造成不良影响。因此，运输中的各个环节一定要快，使果蔬迅速到达目的地。装车过程特别是搬运过程中货物将直接暴露于大气之中，这必然引起货温的升高。加快装卸速度、改善搬运条件、加大每次搬运的货物数量、采取必要的隔热防护措施，对减少货物的升温是十分必要的。因此，应尽量缩短运输时间，这就要求快装、快运、快卸，尽量减少周转环节。积极采用机械装卸和托盘装卸是加快装卸速度的有效手段。积极推行汽车和铁路车辆的对装、对卸也是加快装卸速度的有效措施。

（2）“两轻” 指轻装、轻卸。合理的装卸直接关系到果蔬运输的品质，因为绝大多数果蔬的含水量为 80%~90%，属于鲜嫩易腐性产品。如果装卸粗放，产品极易受伤，导致腐烂，这是目前运输中存在的普遍问题，也是引起果蔬采后损失的一个主要原因。因此装卸过程中一定要做到轻装轻卸，严禁野蛮装卸。如果有条件实现装卸工作自动化，则既可减小劳动强度，又可保证质量和缩短装卸时间。

（3）“四防” 指防热、防冻、防晒、防淋。任何果蔬对运输温度都有严格的要求，温度过高，会加快果蔬的腐败变质，加快新鲜果蔬的衰老，使品质下降；温度过低，产品容易产生冻害或冷害，所以要防热、防冻。另外，日晒会使果蔬温度升高，加快某些维生素的降解和损失，提高果蔬的呼吸强度，加速自然损耗；雨淋则影响产品包装的完美，过多的含水量也有利于微生物的生长和繁殖，加速腐烂。现代很多交通工具都配备了调温装置，如冷藏卡车、铁路的加冰保温车和机械保温车、冷藏轮船以及近几年来发展的冷藏气调集装箱、冷藏减压集装箱等。然而，我国目前这类运输工具应用还不是很普遍，因此必须重视利用自然条件和人工管理来防热防冻。敞篷车船运输时应覆盖防水布或芦席以免日晒雨淋，冬季应盖棉被进行防寒。

1.1.6.2 运输方式

从我国现有的情况来看，果蔬运输形式通常有以下几种。陆运（包括公路、铁路）、水运（包括内河运、海运）、空运以及以上几种形式的联运。各种运输方式都有自身的优缺点，所以要在充分了解各种运输工具的优缺点后加以选择利用。

（1）公路运输　公路运输是我国最重要和最常见的短途运输方式。公路运输机动方便，可直达目的地实现上门服务，中间搬运少，量少时短距离运输成本低，但存在振动大、运量小、能耗大的缺点。主要工具有各种大小汽车、双挂车、拖拉机等。对需要保持低温的货物，可以使用保温车、冷冻车或冷藏车、冷藏集装箱。

（2）铁路运输　铁路运输运载量大、速度快、效率高、不受季节影响，但机动性差，没有铁路的地方不能直接运达。

（3）水路运输　利用船舶运输运载量大、成本低（各种运输方式中最低）、行驶平稳；但受地理条件限制，运输速度慢，受季节影响运输连续性差。发展冷藏船、集装箱专用船和车辆轮渡是水路运输的发展方向。

（4）航空运输　航空运输优点是不受地形条件限制，运行速度快、损伤少，但运量少、运费高，适用于特供高档生鲜果蔬。空运由于时间短，只要提前预冷采取一定保温措施即可，一般不用制冷装置。

（5）多式联运　多式联运是指果蔬从产地至目的地的运输全过程，采用两种或两种以上不同运输工具的相互衔接的运送过程，如铁路公路联运、水陆联运、江海联运等。联运可以充分利用运输能力，简化托运手续，缩短途中滞留时间，节省运费。现在推行集装箱运输，是用集装箱为装卸容器，将果蔬装进各种不同规格的集装箱内，直接送到目的地卸货，可适用于多种运输工具，具有安全、迅速、简便、节省人力、便于机械化装卸的特点，有利于果蔬品质的保持和联运的发展。

1.1.6.3 新鲜果蔬运输流向

果蔬采后从田间到贮库，从产地到销地，南北调运，东西流通，运输流通便在不同季节，依产品种类的不同，形成了不同方向、不同大小的洪流。

果蔬的运输流向，一般因季节而有差别。

（1）一季度　北方果蔬收获的淡季，而南方广东、广西、福建、海南等地区正是茄果类、荚果类果蔬的生产旺季。这一季节正好是新年、春季、元宵节三大节日时期，果蔬需求量很大，这时的运输流向是由南向北运输为主，也包括这些地区的柑橘类水果大量北上；与此同时，北方辽宁、山东、河北、山西、陕西等地区贮藏的苹果、梨、葡萄也大量的流通运输到东南沿海城市。此间价值高、潜力大的运输流向是海南省向邻近省和北方城市运输反季节果蔬，如冬瓜、苦瓜、丝瓜、黄瓜、青椒、菜豆、香蕉、菠萝、西瓜等，运销差价悬殊。

（2）二季度　北方正值果蔬淡季，当地蔬菜主要靠保护地生产。此间华中、华东地区正值梅雨季节，华南、西南地区气温迅速回升，这期间各地蔬菜价相差不大，但南方的甘蓝、西蓝花、大白菜等叶菜类仍有相当数量运往北方。还有江苏、安徽、山东等地的蒜薹、大蒜要大量运往东北贮藏。此间水果流量不大。5 月末，南方李、桃，6 月的荔枝等水果运往北方，其中一部分是空运。

（3）三季度　夏季南方高温、台风、暴雨天气，对其蔬菜生产极为不利。而此期北方正是蔬菜收获旺季，甘蓝、西蓝花等蔬菜开始向南方运输流通，具有创利时机。此间，南方荔枝、龙眼、杧果、香蕉、菠萝、早橘等水果大量运往北方。而北方的桃、李、杏、葡萄等也大量南下。其中大量上市的西瓜，先是由南向北运输，接着就是北方向南方的反季节运输。这时期西部和西北地区的甜瓜等价格低、品质好，大量由西向东、向南、向北运输，利润较高。

（4）四季度　果蔬运输流通最大的季节，南方的蔬菜、水果大量北运。而北方的苹果、梨、葡萄、马铃薯、胡萝卜等果蔬也大量南运。此外，近年来随着台湾水果的大量进入，云南的高档果蔬、广州等地的进口水果等一年四季不停地运往全国各地。其中相当数量是空运，利润也很可观。

1.1.7 销售

1.1.7.1 销售模式

（1）传统销售方式　在传统销售方式下，农产品从生产者到达消费者，中间需要经过多层级的流转。首先从田间收购到一级批发市场，再由一级批发市场到销售区域的二级批发市场，再从二级批发市场到超市、菜市和其他零售商，最终送达消费者的手中。这一方式的优点是从产地到销售地的大批量运输，物流成本较低，并且用户在购买时，可以看到实物，对产品的满意度较好；缺点是经由的中间环节较多，各层级均需要分拣和贮运，损耗较大，效率较低。

（2）网络销售方式　互联网企业经过多年的线上快速发展，已经遭遇瓶颈。传统企业挣扎在激烈的竞争中，寻求突破。网络改变了商业的模式，却并不改变商业的本质，商品仍然是要从供应方向需求方流动，消费者对购买过程的体验和对产品品质的要求，一如既往，甚至更高。互联网企业的逐渐成熟和传统企业对互联网认知的日渐深入，使得“互联网 +”成为线上和线下企业共同认可的模式。采用线上提供产品信息和购买，线下展示和配送，形成线上和线下的互动，利用 O2O 的模式，能够为互联网企业和传统企业带来合作的机遇和发展的契机。

通过网络销售的方式，用户直接从网上浏览产品信息，并做出购买的决定，产品由产地直接发送给消费者。无论销售方是做网络销售的企业，还是产地的农户，都可以通过快递将产品送达。这一方式的优点是中间交易环节少，效率较高；缺点是小批量的运输导致单位物流成本较高，特别是不规范的物流装运，会导致不可预估的损耗。另一方面，网上展示图片的效果与实际产品间的感受差异，也会影响用户的消费体验和满意度。

1.1.7.2　商用果蔬冷藏展示柜

冷柜的分类：按销售方式分为开启式、封闭式、半封闭式及组合式；按压缩机方式分为内藏式、分体式；按使用温度分为冷藏式、冷冻式、双温式；按结构形式分为岛式、货架式、平式、组合式、拉门式、后补式；按柜内温度分为高温 /G、中温 /Z、低温 /D 和其他 /Q 四类。

商用冷柜的特点：冷柜的使用环境相差较大，冷柜的热负荷变动大，不同地区、不同季节，居民的冷冻冷藏食品结构不同，要求冷柜能够设定不同的柜内温度，存放不同种类的食品。冷柜具有制冷效果强、贮存量大、耗电少三大优势。

1.1.8　基于 HACCP 的果蔬冷链物流品质安全控制

由于果蔬采收和流通设施落后，造成果蔬采后腐损严重，尤其是在流通环节存在不少问题，在果蔬供应链的各个环节上问题频频发生，令人担忧。而在发达国家，果蔬采收后大多经过商品化处理，在贮藏、运输、销售及销售后消费者短暂存放的过程中，一直保持果蔬新鲜所要求的温度、湿度和 O_2 含量，果蔬品质得到有效保障。与国外相比，我国的果蔬生产目前比较注重产中这一环节，而国外则是从整个果蔬产业供应链来考虑产前、产中和采后诸多环节的配套。

1.1.8.1　果蔬冷链物流环节的危害分析

果蔬冷链物流作业环节可能产生的危害主要有温度过高或频繁变温引起的微生物污染、营养成分损失、衰老加速等，表 1–3 对果蔬冷链物流进行了危害分析。

表 1–3　果蔬冷链物流危害分析

物流环节	潜在危害
产地预冷	未预冷或预冷不及时加速“后熟”，增加后期冷链投入。
分拣	作业环境温度过高、作业时间过长导致微生物生长，酶活力、呼吸作用加强。
车厢预冷	未预冷至规定温度范围导致上述危害。
装卸、搬运	作业环境温度过高、作业时间过长导致上述危害。作业操作不合理造成货物遗失、破损、引发机械伤害。
运输	温度过高或频繁波动导致上述危害，与其他非食品货物混装造成交叉污染，车辆行驶速度过快引起的振动胁迫造成物理伤害。
收货	货物温度过高导致上述危害。
销售	陈列柜温度过高导致上述危害。

1.1.8.2　关键控制点确定及其关键限值

关键控制点（CCP）控制是根据所控制危害的风险与严重性，分析影响商品质量的关键因素，通过控制这些关键控制点并确立关键限值，可以减小或预防食品安全危害的发生。果蔬的冷链物流主要作业活动包括产地预冷、分拣、装卸、搬运、运输、销售等。

（1）产地预冷　产地预冷是果蔬冷链物流的第一步，也是最为关键的一步。不预冷或预冷不及时不仅加速果蔬的“后熟”作用，加速衰老、缩短货架期，还会增加后期的冷链成本。

（2）分拣　分拣是物流作业中费时较长的一个环节，需在低温条件下操作，否则会导致微生物生长、酶活力和呼吸作用加强。

（3）车厢预冷　果蔬冷链物流车辆厢体预冷温度至 7℃以下（部分蔬菜、水果 10℃以下），否则会影响货品温度进而导致上述危害。

（4）装卸、搬运　果蔬冷链物流要求在≤ 10℃的缓冲区进行装卸、搬运，时间控制在 30min 内；野蛮装卸会造成包装破损从而引发机械伤害。

（5）运输　果蔬冷链物流要求全程冷藏运输。运输相对历时较长，如中间冷机停止工作或温度频繁波动，会造成微生物的迅速繁殖和酶活力上升。

与非食品货物混装可能会造成交叉污染。

（6）收货　货物到达后，接受方应检测货物温度，果蔬温度不高于 7℃，高于规定温度可拒收。

（7）销售　超市、便利店等销售终端的贮藏条件直接影响果蔬的质量和货架期，也是较易忽略的环节。

当关键控制点出现偏差时，采取正确的行动把危害及时排除是 HACCP 的核心内容。表 1–4 针对各个关键控制点明确了其控制限值以及纠偏措施。

表 1–4　果蔬冷链物流关键控制点的控制限值和纠偏措施

CCP	控制限值	纠偏措施
产地预冷	预冷至≤ 7℃	及时预冷
分拣	工作环境≤ 10℃	严格控制作业环境温度在规定范围内
车厢预冷	厢体温度≤ 15℃	车厢内温度预冷至规定范围内方可装货
装卸、搬运	工作环境≤ 10℃，操作时间＜ 30min，合理装卸搬运	严格控制缓冲区温度，严格控制作业时间，避免野蛮作业
运输	冷藏车温度≤ 10℃，独立存放	实时进行温度监测避免和非食品货物混装
销售	陈列柜≤ 7℃	陈列柜配有温度计

1.2　果蔬物流实用技术

1.2.1　水果

1.2.1.1　苹果

苹果（Apple），蔷薇科，落叶乔木，叶椭圆形，有锯齿；果实球形，味甜，是最常见的水果之一，富含丰富的营养，位列世界四大水果（苹果、葡萄、柑橘和香蕉）之首。苹果的果实通常为红色，也有黄色和绿色。

中国是苹果生产大国，其产量约占世界苹果总产量的 65%。主要品种有甘肃天水花牛苹果、陕西洛川富士、乾县红富士、山东红星、山西万荣、辽伏、早捷、夏绿、伏帅、安娜、藤牧 1 号、杰西麦克、珊新嘎拉及其芽变系、首红、新红星、超红、红玉、千秋、华冠、新世界、乔纳金及其芽变系、秦冠、王林、首红、灵宝苹果——华冠、栖霞苹果——红富士、花牛、北斗、金帅、大沙等。

按成熟期分，苹果分为早熟品种、中熟品种和晚熟品种。早熟品种，成熟期在 6~7 月。主要品种有黄魁、红魁、祝光、辽伏等；中熟品种，成熟期在 8~9 月。主要品种有元帅、红星、新红星、金冠、首红、红玉等；晚熟品种，成熟期在 10~11 月。主要品种有国光、富士、红富士系列品种、青香蕉、倭锦、印度、鸡冠、秦冠等。

（1）采收

①采收期的确定。苹果采收时的成熟度根据果实品种和果实的贮藏期来确定。用于短期贮藏的可适当晚采，长期贮藏的应适当早采。为了保证苹果的品质和耐贮性，需要适期采收。采收过早，苹果尚未充分发育，产量和品质较低，外观色泽和风味较差，采后易失水萎蔫，耐贮性明显下降；采收过晚，虽能在一定程度上提高果实的食用品质，但采后易发生果肉发绵、裂果、衰老褐变等生理病害，品质下降快，极不耐贮藏。确定苹果采收适期主要从以下八个指标考虑。

a. 果实颜色。果面达到苹果品种固有的色泽是果实成熟的主要标志。如新红星果面由淡红转为浓红或紫红；金冠由绿变白绿、浅绿；红富士由绿变淡红、深红；乔纳金果皮底色透黄时便可采收。

b. 果实生长天数。每个品种从盛花期到成熟期都有一个相对稳定的天数，一般早熟品种为 100~120d，中熟品种 125~150d，晚熟品种为 160~180d。因不同地区果实生长期积温不同，采收期会有所差异，各地最好在自己习惯采收期前后 10d 左右内分期采收。

c. 果实硬度。果实成熟时果肉变软，硬度下降。短期贮藏的红富士，采收期硬度 5.90~6.8kg/cm^2，长期贮藏的硬度为 6.36~7.26kg/cm^2。山东提出红星适采期硬度 6.5~7.0kg/cm^2，日本确定元帅系列苹果的适采期硬度为 6.8~7.7kg/cm^2。

d. 果实可溶性固形物含量。果实近成熟时可溶性固形物含量提高，可用糖量计测定。如红富士苹果达 14.0% 以上时说明果实已经成熟，可以采收。

e. 果实呼吸强度。果实近成熟时，吸强度增强称呼吸跃变期，达一定强度后又开始下降。用仪器测定乙烯发生量可推算呼吸跃期出现的时间，一般认为跃变期前 3~4d 为适采期。

f. 果实淀粉含量。随果实接近成熟，淀粉水解为糖而含量下降。将碘与淀粉反应级别确定果实采收期，大部分苹果品种在 3~4 级时采收，个别品种在 1.5~2 级，还有的品种达 5 级时采收。红富士苹果长期贮藏达 1~2 级时就采收。

g. 果柄。果实真正成熟时，果柄基部与果枝间形成离层，果实稍受一点外力，即会脱落。

h. 种子颜色。在果实发育过程中，种子有一个颜色逐渐褐化的规律。剖开果实，如果实种子变褐色，说明已成熟。

②采收方法。采摘宜在晴天上午露水干后或傍晚气温低时进行，不宜

在有雨、有雾或露水未干前进行。同一田地或同一株树的产品不可能同时成熟，分期进行人工采收，既可提高产品品质，又可提高产量。采收做到有计划，做好准备工作，避免了采收时的忙乱，产品积压、野蛮装卸和流通不畅。

采收时提倡采用采果袋、采果梯、盛果箱（筐）等采收工具，采果前必须剪短指甲，穿软底鞋；操作时，用手托住果实，食指顶住果柄末端轻轻上翘，果柄便与果台分离，切忌硬拉硬拽；应本着轻摘、轻放、轻装、轻卸的原则；采摘顺序是先采树冠外围和下部，后采内膛与上部。

（2）预冷　苹果入库前 4~5d 开机降温，使库房温度降至 -2~0℃并稳定在此温度范围内。果实采收后，立即运回进预冷间或冷藏间预冷，在 24h 内将果温降至 1℃左右，迅速消除田间热。预冷的终温要控制在稍高于该品种适宜贮温，如多数苹果贮温在 -1~0℃，则预冷至 1~2℃为宜。有的早熟品种对温度比较敏感，过低的冷却会造成冷害。

苹果预冷方法主要有以下几种。

①普通冷却法。采后苹果堆放在阴凉通风的地方，利用空气自然的对流，带走产品的热量而达到降温的目的。目前，我国苹果产区主要利用采收期间夜间气温较低的优势，采用田间预冷方法预冷。如陕西苹果在贮藏实践中多采用冷库库房预冷或分批入库的做法，原因是苹果的大量贮藏对象是晚熟品种，本身耐贮性较好，贮期较长，快速预冷对其商品品质的正面影响并不是很显著。在这种情形下，企业觉得没有必要增加设备和工艺。苹果的早熟品种耐贮性较差，衰老速度快，贮期短，又在高温季节采收，品温和环境温度都很高，很有必要采用快速预冷的方式。

②冷藏间（预冷间）冷却法。这种方法在国内外都很常见，即采后苹果经挑拣后，直接入冷库，包装容器多不封口，并加速库内空气循环，待降至要求温度后封箱堆垛。大型冷库设计有预冷间的，在预冷间预冷完成后，再移入冷藏间内堆垛贮藏。

③强制通风冷却。采用专门的快速冷却装置，通过强制空气高速循环，使产品温度迅速降低，在国外使用非常普遍，在国内也有采用。苹果强制通风预冷时，4℃以下、相对湿度在 80% 以上的气流具有较好预冷效果。陈存坤等研究了冷库内不同风速和不同包装对富士苹果预冷速率的影响，在 -1~0℃的冷库内，采用 5 种不同包装方式和 3 种风速，进行降温时间记录和降温速率计算。结果表明，果实品温从 16℃降为 0℃，在相同风速条件下，不同包装方式的降温速率由快到慢依次为：塑料周转箱内无内衬＞塑料周转箱内衬

薄膜袋>开孔纸箱内衬薄膜袋>无孔纸箱内衬薄膜袋>纸箱无孔内衬薄膜袋外套薄膜袋；同时，风速对降温速率有显著的影响，在0.2~0.4m/s的低风速下，纸箱无孔内衬薄膜袋外套薄膜袋的包装，降温速率最慢，果实品温由16℃降至0℃需要77h，但在1.5~2.0m/s的中风速和4.5~5m/s的高风速下，该包装形式的降温时间可分别缩短至54.5h和51.5h。塑料周转箱由于5面具孔，1面敞口，所以，热交换特性最好，即使在0.2~0.4m/s的低风速下，塑料周转箱内无内衬和塑料周转箱内衬薄膜袋的降温时间分别是8.5h和20.5h；风速为1.5~2.0m/s时，降温时间分别缩短至6.0h和16.5h；而风速为4.5~5.0m/s时，降温时间分别缩短至4.5h和15h。试验表明，纸箱开孔与不开孔相比，对加快降温速率有明显的作用。

④差压预冷。韩佳伟等以富士苹果两层瓦楞纸包装箱为研究对象，通过对比不同送风速度下冷却时间、瞬时冷却速率以及瞬时温度均匀性的变化规律得出：随预冷送风风速的增大，1/2与7/8冷却时间、冷却速率及冷却均匀性不断提高。送风速度从0.5m/s提高到2.5m/s时，1/2与7/8冷却时间可降低70%左右，但当风速超过2.5m/s以后，其相应的冷却时间、冷却速率以及冷却均匀性虽有少许改善，但其带来经济效益的提高可能比预冷过程中风机运转维持相应风速所需的能耗量要低。因此，针对此规格苹果包装箱的预冷，选用2.5m/s左右的送风速度较佳。

（3）分级　按照GB/T10651—2008《鲜苹果》规定，苹果分为三个等级，各品质等级要求见表1–5。

表1–5　鲜苹果品质等级要求

指标	优等品	一等品	二等品
果形	具有本品种应有的特征	允许果形有轻微缺点	果形有缺点，但仍保持本品基本特征，不得有畸形果
色泽	红色品种的果面着色比例按具体规定划分，其他品种具有本品种成熟时应有的色泽		
果梗	果梗完整（不包括商品化处理造成的果梗缺省）	果梗完整（不包括商品化处理造成的果梗缺省）	允许果梗轻微损伤
果面缺陷	无缺陷	无缺陷	允许下列对果肉无重大伤害的果皮损伤不超过4项
刺伤（包括破皮划伤）	无	无	无

续表

指标		优等品	一等品	二等品
碰压伤		无	无	允许轻微碰压伤，总面积不超过 $1.0cm^2$，其中最大处面积不得超过 $0.3cm^2$，伤处不得变褐，对果肉无明显伤害。
磨伤（枝磨、叶磨）		无	无	允许不严重影响果实外观的磨伤，面积不超过 $1.0cm^2$
日灼		无	无	允许浅褐色或褐色，面积不超过 $1.0cm^2$
药害		无	无	允许果皮浅层伤害，总面积不超过 $1.0cm^2$
雹伤		无	无	允许果皮愈合良好的轻微雹伤，总面积不超过 $1.0cm^2$
裂果		无	无	无
裂纹		无	允许梗洼或萼洼内有微小裂纹	允许有不超过梗洼或萼洼的微小裂纹
病虫果		无	无	无
虫伤		无	允许不超过 2 处 $0.1cm^2$ 的虫伤	允许干枯虫伤，总面积不超过 $1.0cm^2$
其他小疵点		无	允许不超过 5 个	允许不超过 10 个
果锈		本品种果锈应符合下列限制规定		
褐色片锈		无	不超出梗洼的轻微锈斑	轻微超出梗洼或萼洼之外的锈斑
网状浅层锈斑		允许轻微而分离的平滑网状不明显锈痕，总面积不超过果面的 1/20	允许平滑网状薄层，总面积不超过果面的 1/10	允许轻度粗糙的网状果锈，总面积不超过果面的 1/5
果径（最大横切面直径）/mm	大型果	≥ 70		≥ 65
	中小型果	≥ 60		≥ 55

（4）包装　侯雪倩等对陕西苹果贮藏、运输和销售过程的包装进行了调研，陕西苹果贮藏包装主要以木箱、铁箱、纸箱、塑料箱、保鲜袋及大塑料袋为主，分别占总贮藏比例的 30.1%、34.2%、12.8%、10.2%、7.8%、3.7%。其中保鲜袋、

大塑料袋是简易贮藏的主要包装形式，不使用包装直接堆放院落是礼泉县传统的贮藏方式，在三个苹果主产区中应用比例较小，仅占1.2%。传统贮藏包装方式逐渐被新型贮藏形式代替，苹果贮藏包装的种类及保护、甚至保鲜性能越来越好，体现了农户和经营者对包装的选择和应用的重视度有所提高。

结合对不同包装果实进行的质量测定结果，发现在相同条件下，PVC保鲜膜包装贮藏效果好于PE保鲜膜；发泡网贮藏效果优于保鲜纸；塑料箱的贮藏效果好于木箱。因此贮藏应用中，推荐使用塑料箱+PVC保鲜膜、发泡网包装苹果。

（5）贮藏　不同成熟期苹果的耐贮性不同。早熟品种质地松、味多酸、果皮薄、蜡质少，由于在6~7月高温季节成熟，呼吸强度大，果实内积累不多的养分很快被消耗掉，果实容易腐烂，不耐贮藏，并且品质、风味较差，此类品种的果实一般不进行贮藏。中熟品种多甜中带酸，肉质较早熟种硬实些，耐藏性比早熟品种好，但在一般的简易贮藏条件下，不能进行长期贮藏。采用冷藏或气调贮藏技术可以延长贮藏期。其中红玉、黄元帅易失水皱皮，红星、红冠、倭锦果肉易发绵，鸡冠果皮、果肉、果心易褐变。晚熟品种内质紧实、脆甜稍酸，由于晚熟积累养分较多，最耐长期贮运，冷藏或气调贮藏可达7~8个月。其中国光、富士及红富士系列品种最耐贮藏，采用适合的贮藏场所，可以实现周年供应。

苹果属典型呼吸跃变型果品，采后具有明显的后熟过程，果实内的淀粉会逐渐转化成糖，酸度降低，果实褪绿转黄，硬度降低，充分显现出本品种特有的色泽、风味和香气，达到本品种最佳食用品质。继续贮藏，会因果实内营养物质的大量消耗而变得质地绵软、失脆、少汁，进而衰败、变质、腐烂。苹果常用的贮藏方法包括：简易贮藏、低温贮藏和气调贮藏等。

①简易贮藏。沟（窖）、堆藏适用于晚熟品种。苹果采收后，一般不要直接入沟（窖），或进行堆码。应先在阴凉通风处散热预冷，白天适当覆盖遮阴防晒，夜间揭开降温，待霜降后气温降下时再行入贮。贮藏期间应根据外部自然条件的变化，利用通风道、通风口，通过堆码时留有空隙，在早晚或夜间进行曲通风降温防热。利用草帘、棉被、秸秆等进行覆盖保温防冻。一般可贮至第二年3月。

通风库贮藏适用于晚熟品种。入库时分品种、分等级码垛堆放，堆码时，垛底要垫放枕木（或条石），垛底离地10~20cm，在各层筐或几层纸箱间应用木板、竹篱笆等衬垫，以减轻垛底压力，便于码成高垛，防止倒垛。码垛要牢固整齐，码垛不宜太大，为便于通风，一般垛与墙、垛与垛之间应留出

30cm 左右空隙，垛顶距库顶 50cm 以上，垛距门和通风口（道）1.5m 以上，以利通风、防冻。贮期主要管理是根据库内外温差来通风排热。贮藏前期，多利用夜间低温来通风降温。有条件最好在通风口增加装轴流风机，并安装温度自动调控装置，以自动调节库温尽量符合其贮藏要求。贮藏中期，减少通风，库内应在垛顶、四周适当覆盖，以免受冻。通风库贮果，中期易遭受冻害。贮藏后期，库温会逐步回升，还需期间要每天观测记录库内温度、湿度，并经常检查苹果质量；检测果实硬度、糖度、自然损耗和病、烂情况。出库顺序最好是先进的先出。

②低温贮藏。适用于中晚熟品种。入冷库前应在走廊散热预冷一夜再入库。码垛应注意留有空隙。尽量利用托盘、叉车堆码，以利堆高，增加库容量。加强温湿度调控，通过制冷系统经常供液、通风循环，调控库温上下幅度最好不超过 1℃；保持相对湿度在 90%~95%。冷库贮藏元帅系苹果可到新年、春节，金冠苹果可到 3~4 月，冷库贮藏国光、青香蕉、红富士等可到 4~5 月，品质仍较新鲜。但若想保持其色泽和硬度少变化，最好是利用聚氯乙烯透气薄膜袋衬箱装果，并加防腐药物，有利于延迟后熟、保持鲜度、防止腐烂。

③气调贮藏。气调库贮藏适用于中晚熟品种。温度在 0~1℃，相对湿度 95% 以上。苹果适宜低 O_2、低 CO_2 气调贮藏，一般苹果气调贮藏适宜的气体条件 O_2 为 2%~3%，CO_2 为 0%~5%，但不同品种具体要求的 O_2 和 CO_2 指标有不同，黄元帅苹果要求 O_2 为 1%~5%，CO_2 为 1%~6%，国光苹果要求 O_2 为 2%~6%，CO_2 为 1%~4%，红富士苹果 O_2 为 2%~7%，CO_2 为 0%~2%。气调贮藏苹果应整库（帐）贮藏，整库（帐）出货，中间不便开库（帐）检查，一旦解除气调状态，即应尽快调运上市供应。

塑料大帐简易气调贮藏适用于中晚熟品种。可在普通冷库内安装碳分子筛气调机来设置塑料大帐罩封苹果，调节其内部气体成分，塑料大帐可用 0.16mm 左右厚的聚乙烯或无毒聚氯乙烯薄膜加工热合成，一般帐宽 1.2~1.4m、长 4~5m、高 3~4m，每帐可贮苹果 5~10t。还可在塑料大帐上开设硅橡胶薄膜窗，自动调节帐内的气体成分，适合苹果的气调贮藏。一般帐贮每吨苹果需开设硅窗面积 0.4~0.5m^2。因塑料大帐内湿度大。因此，不能用纸箱包装的苹果，只能采用木箱或塑料箱装，以免纸箱受潮倒垛。气调贮藏的苹果要求后 2~3d 内完成入贮封帐操作，并即时调节帐内气体成分，使 O_2 降至 5% 以下，以降低其呼吸强度，控制其后熟过程。

塑料小包装气调贮藏适用于中晚熟品种。用 0.04~0.06mm 厚的聚乙烯或无毒聚氯乙烯薄膜密封包装，贮藏中熟品种如金冠、红冠、红星等最适；一般制成装量 20kg 左中的薄膜袋，衬筐、衬箱装。果实采收后，就地分级，树下入袋封闭，及时入窖初（库），最好是冷库贮，没有冷库，窖温不能高于 14℃，入窖初期每 2d 测一次气，进入低温阶段每旬测气 1~2 次。入窖后半个月要进行一次抽查果实品质，以后每月一次抽查。如出现 O_2 低于 2% 超过 15d，或低于 1% 果实有酒味，应立即开袋。

（6）运输配送　苹果运输过程中容易发生的问题包括两个方面。一是环境条件控制不力，温度过低或过高，造成冻伤或促进衰老，实践中更易出现后者情况；二是路况不好包装不当，由于颠簸磕碰，造成机械损伤。

在运输的第一阶段，从采收产地到果品冷库：各冷库收购的原料均为富士苹果，10 月上旬开始采收、收购。运输工具采用普通货运汽车，每车装载 10t 苹果。包装工具为 7.5kg、15kg 瓦楞纸箱或 20kg 塑料筐。纸箱内层装，层间用隔板（瓦楞纸板），果间用隔条，单果用发泡网套，箱内个数因果实大小而不定。塑料筐底层用 1.5mm 聚对苯二甲酸乙二醇酯（PET）发泡布衬垫，装 3 层，80~100 个果，每个果实用发泡网套保护。

第一阶段存在的主要问题是，没有形成集货点收购，果农习惯于果园地头交货。10t 卡车需要频繁地奔波于田间地头，道路颠簸，造成原料果碰伤压伤的现象较为普遍。

在运输的第二阶段，从果业公司至销售地批发市场：目前发往国外的成品采用冷藏集装箱工具运输至港口，再用货船运往目的地；发往国内的成品采用保温货运汽车或普通卡车运输；国内批发市场普遍采用普通箱式货车运输。运输的时间依路途远近而定。到国外的，从果业公司到发货港口需 1~2d，再从发货港口到国外不同目的地，需 20~35d；到国内的，从果业公司到各城市批发市场，需 1~2d。

第二阶段存在的主要问题是：第一，12 月之前，都是从土窑洞、地窖出的货。经营者为了降低成本，无论发往国内或国外均不预冷，直接用普通货车发往国内批发市场或港口，到港口再上船装冷柜运往国外，但柜内果品降温缓慢。到国外目的港如东南亚或印度、巴基斯坦，船期需要 7~12d，在此运输过程中，极容易造成果面腐烂。第二，国内销售运输中，往往成品在运输车上堆码过高，纸箱堆码超过 12 层，造成下层果品压伤严重。第三，纸箱经过冷库贮藏后，由于在冷库中吸潮，造成纸箱变软，出库运输过程中造成果实碰伤压伤严重。第四，目前内销产品装车和批发市场卸车多为人工方式，在装或卸的过程中极容易产生人为碰压伤。第五，国内运输中，司机为了降低运输成本，在个别路段不走高速公路，由于路况较差有时会造成颠簸伤害很严重。

1.2.1.2 梨

梨（Pear），蔷薇科梨属植物，多年生落叶乔木果树，一般颜色为外皮呈现出金黄色或暖黄色，里面果肉则为通亮白色，鲜嫩多汁，口味甘甜。梨分布在华北、东北，西北及长江流域各省。其种类和品种极多，我国是梨属植物中心发源地之一，主要分为白梨系统：鸭梨、雪花梨、黄县长把梨、栖霞大香水梨、秋白梨、金川雪梨、苹香梨。秋子梨系统：京白梨、鸭广梨、南果梨。沙梨系统：四川苍溪梨、威宁大黄梨、云南宝珠梨、严州雪梨、黄花梨。西洋梨系统：巴梨、茄梨。新疆梨系统：香蕉梨、花长把梨、可克二介。褐梨系统：糖梨、麦梨。软肉型系统：大南果梨、五九香梨、北丰梨、冬蜜梨，伏香梨。

（1）采收

①采收期的确定。当梨呈现本品种固有的色泽、果肉由硬变脆、种子颜色变为褐色、果梗容易从果台上脱落时就要及时采收。如果采收过早，果实尚未成熟，糖、酸含量较低，可供消耗的成分少，所以不耐贮藏；如果采收过晚，果肉细胞已趋衰老，果实的衰老进程加快，不耐贮藏，只有适期采收的梨果才能长期贮藏。

②采收方法。梨果的采收目前仍主要是人工采摘，采收前要准备好采收工具。采收可以用果篮、果筐，也可以用塑料筐，这些容器有一个共同的特点，就是透气，因为梨是怕热的水果，所以选用的容器一定要透气。在筐里面，要铺上一层蒲草包或草片等柔软的物品，防止梨果与筐子碰撞产生伤痕。因梨果果肉脆嫩，很容易造成碰压，果肉褐变等伤害，因此，采收过程中应加倍仔细操作，小心轻放，尽量避免擦伤等硬伤，保持果实完好。篮筐内不要装太满，以免梨果相互挤压或掉落。采收的顺序应当先外后里，先上后下，这种采摘的顺序有利于避免碰掉果实。采收时间以晨露已干、天气晴朗的午前和下午 4 时以后为宜，这样可以最大限度地减少田间热。下雨、有雾或露水未干时不宜采收，因果面附有水滴容易引起腐烂。为提高优质果率，可根据果实成熟情况进行分期采收。

（2）预冷　黄冠梨预冷的温度为 8~10℃。试验结果表明，预冷能明显减少黄冠梨果实的果面褐斑和果心褐变，保持较好的内在品质，尤其是对套袋梨，其保鲜效果更为明显。

（3）分级　依据 GB/T 10650—2008《鲜梨》，参照表 1–6 进行梨品质等级的划分。

表 1–6 梨品质等级要求

指标	优等品	一等品	二等品
基本要求	具有本品种固有的特征和风味；具有适于市场销售或贮藏要求的成熟度；果实完整良好；新鲜洁净，无异味或非正常风味；无外来水分		
果形	果形端正，具有本品种固有的特征	果形正常，允许有轻微缺陷，具有本品种应有的特征	果形允许有缺陷，但仍保持本品种应有的特征，不得有偏缺过大的畸形果
色泽	具有本品种成熟时应有的色泽		具有本品种成熟时应有的色泽，允许色泽较差
果梗	果梗完整（不包括商品化处理造成的果梗缺省）		允许果梗轻微损伤
大小整齐度	各等级果的大小尺寸不作具体规定，可根据收购商要求操作，但要求应具有本品种基本的大小。而大小整齐度应具有硬性规定，要求果实横径差异＜5 mm		
果面缺陷	允许下列规定的缺陷不超过 1 项：	允许下列规定的缺陷不超过 2 项：	允许下列规定的缺陷不超过 3 项：
①刺伤、破皮划伤	不允许	不允许	不允许
②碰压伤	不允许	不允许	允许轻微碰压伤，总面积不超过 $0.5cm^2$，其中最大处面积不得超过 $0.3cm^2$，伤处不得变褐，对果肉无明显伤害
③磨伤（枝磨、叶磨）	不允许	不允许	允许不严重影响果实外观的轻微磨伤，总面积不超过 $0.1cm^2$
④水锈、药斑	允许轻微薄层总面积不超过果面的 1/20	允许轻微薄层总面积不超过果面的 1/10	允许轻微薄层，总面积不超过果面的 1/5
⑤日灼	不允许	允许轻微的日灼伤害，总面积不超过 $0.5cm^2$。但不得有伤部果肉变软	允许轻微的日灼伤害，总面积不超过 $1.0cm^2$。但不得有伤部果肉变软
⑥雹伤	不允许	不允许	允许轻微者 2 处，每处面积不超过 $1.0cm^2$
⑦虫伤	不允许	允许干枯虫伤 2 处，总面积不超过 $0.2cm^2$	干枯虫伤处不限，总面积不超过 $1.0cm^2$
⑧病害	不允许	不允许	不允许
⑨虫果	不允许	不允许	不允许

（4）包装　在入库或远销前进行适当的包装，如内包装采用单果网套包装，外包装以薄膜包装为主。必要时，使用隔板或垫片隔离，以防果实挤压产生伤害。研究表明，黄冠梨果实采后冷藏时，采用 PVC 或 PE 膜包装均可保持

果实冷藏期间的优良品质，减少果面褐斑的发生。其机理在于包装能降低黄冠梨果皮的酚类物质含量和 PPO 活力，因而抑制果皮的褐变。适宜包装黄冠梨果实的薄膜是厚度为 0.02~0.03mm 的 PE 膜。在进行长途运输时，可采用通透性良好的薄膜包装，或者不扎口包装，以防袋内 CO_2 气体积累过多产生伤害。

（5）贮藏　梨属于呼吸跃变型果实，采后具有明显的后熟过程，果实内的淀粉会逐渐转化成糖，酸度降低，果实褪绿转黄，硬度降低，充分显现出本品种特有的色泽、风味和香气，达到本品种最佳食用品质。继续贮藏，会因果实内营养物质的大量消耗而变得质地绵软、失脆、少汁，进而衰败、变质、腐烂。

白梨果实为倒卵形，大部分耐藏；秋子梨果实圆形或扁圆形，多数较耐藏；砂梨果实近圆形，果皮绿色或褐色，耐贮性不及白梨；西洋梨果实瓢形或圆形，熟后果肉脆嫩多汁，石细胞少，香味浓，多数不耐贮藏。在同一系统中，不同品种的耐贮期性也不一样。中晚熟品种耐贮性强，早熟梨品种一般不耐贮藏，如鸭梨、雪花梨、蜜梨、古安梨。秋白梨、香水梨、红霄梨、山西笨梨等都是耐藏的。

通常梨的贮藏方法有低温贮藏、气调贮藏和保鲜剂处理三种。

①低温贮藏。梨大多数品种贮藏的适宜温度为（0±1）℃，但鸭梨等个别品种对低温较敏感，若迅速降温至 0℃，易发生黑心病，宜缓慢分段降温。库尔勒香梨贮藏温度控制在 –2~0℃效果较好，香梨果实对低温具有一定耐抗性，轻微冻结后，缓慢小幅回温后仍可复原，但温度过低，时间过长，冻果不能完全恢复，果心出现褐变。为避免风机周围温度过低导致果实冻伤，通常采用塑料薄膜、棉被、草栅等覆盖，但效果有限，果实冻害还是时有发生。同时，在香梨贮藏的过程中为了保持香梨新鲜饱满和一定的硬度，冷库应保持在 85%~95% 的相对湿度。为了便于了解库内的湿度情况，可在库房不同部位设置测定湿度的仪器，库内湿度过低时，可采用喷雾、撒湿锯末等办法增加库内的相对湿度。此外，冷藏库内气体成分也对果实的贮藏效果具有重要影响。通常，香梨入库贮藏期间应注意做好库内的通风换气，尽可能使库内香梨产生的乙醇、乙醛、乙烯以及过量的 CO_2 等有害气体排出。

黄金梨最适贮藏温度为 –1~0℃。贮藏期间要尽量保持库温稳定，减少温度的大幅度波动。黄金梨采收后在室温下能存放 10~15d，后期由于果肉有很大的异味而不可食用。在低温条件下，辅以气调贮藏，可贮藏 7~8 个月，有的甚至可以贮至翌年新果上市。

鸭梨入库，温度应保持在11~15℃，湿度保持95%左右，套袋鸭梨适宜温度11~13℃，普通鸭梨13~15℃，温度过低易袭伤果核，温度过高梨果出现早熟老化变色，入库开始至封库最迟不超过15d。封库后，应在原温度上保持3~5d，然后每3d降温1℃，降至5℃时，在保持3~5d，以后以每2~3d降1℃的速度降温（必须根据梨的采摘时间及外界温度而定），整个降温过程应在35d左右完成，以后的库内湿度保持在85%~90%为宜。

②气调贮藏。梨贮藏中3%~5%的O_2几乎对所有品种都有抑制成熟衰老的作用，品种间对CO_2适应性差异较大，少数品种如巴梨、秋白梨、库尔勒香梨等可在较高CO_2（2%~5%）贮藏外，多数品种对CO_2敏感，在低O_2下，当CO_2在2%以上时，果实可能发生生理障碍，出现果心褐变。库尔勒香梨作为典型的呼吸跃变型果实，呼吸作用受贮藏环境中周围气体成分影响较大，适合于气调贮藏。对香梨而言，采用气调贮藏可以有效减缓乙烯合成、提高果实抗生理病害能力、防止出现失水腐败，以获得更长的贮藏时间，这也是与普通冷藏相比其优势所在。采用气调贮藏可以维持香梨贮藏品质10个月，而采用普通冷藏仅能保鲜6~8个月，气调贮藏明显占优，且香梨对CO_2耐受力较高，气调贮藏对果实保鲜保绿效果显著。研究证实气调贮藏对维持香梨总酸含量水平、防止果肉褐变、保持果实较高的SSC、抑制果实硬度下降等都有明显效果。此外，也有研究表明对香梨采用气调贮藏可以降低果实呼吸速率，使呼吸作用受到抑制，延缓果实出现呼吸高峰。实际生产中，对于库尔勒香梨气调贮藏所应采用的参数已有标准建立。DB65/T2052–2003《库尔勒香梨贮藏保鲜技术规程》：气调库贮藏，CO_2浓度2.0%，O_2浓度5%~6%，塑料周转箱库温 –1.5~–0.5℃，纸箱贮藏库温 –2.0~–1.0℃，相对湿度90%~95%。DB65/601–2001《库尔勒香梨》：气调库贮藏，CO_2浓度0.5%~1.5%，O_2浓度4.5%~5.5%，塑料周转箱库温 –1.0~0℃，纸箱贮藏库温 –2.0~0℃。

黄金梨能耐较高CO_2，但在$CO_2 \geqslant 5\%$时易引起CO_2中毒，在O_2含量不足（$\leqslant 2\%$）时易引发低氧伤害。适宜的气体浓度为：CO_2浓度控制在0.5%~1%，O_2为2%~3%。丰水梨贮藏适宜条件为：温度（0±1）℃，湿度90%~95%，气体成分O_2 8%~10%、CO_2 0%~1%。

③保鲜剂处理。梨果保鲜中常用的保鲜剂包括涂膜保鲜剂、乙烯脱除剂、气体调节剂、湿度调节剂以及生理活性调节剂等。冯江月等以黄冠梨为试材，研究了纳米SiOx–壳聚糖复合涂膜对黄冠梨贮藏效果的影响，结果显示，壳聚糖复合涂膜处理明显抑制了黄冠梨果实的软化和腐烂，很好地保持了可溶性固形物含量和可滴定酸含量。处理组黄冠梨贮藏期间失水不明显，鸡爪病的发病率明显降低。

1-MCP 的作用效果已在鸭梨、香梨、黄金梨及黄冠梨等多个梨品种上得到验证。1-MCP 处理可有效抑制梨果实软化，减少黑心病和腐烂发生，但对冷藏期间果面褐斑的影响较小。黄冠梨经采后常温 5d 后熟后再进行 1-MCP 处理，可有效减少果面褐斑的发生，并保持较好的果实品质，皇冠梨 1-MCP 处理浓度为 0.5~1.0μL/L，密闭处理 12~24h。李梅等利用 1-MCP 处理西洋梨，并在 20° C 条件下贮藏，1-MCP 可较好地保持果实硬度，延缓西洋梨色度的改变，降低了果实的呼吸速率，推迟呼吸高峰的出现时间，明显降低了果实的腐败率和褐变的出现，从而提高了果实品质。活性炭为常用物理吸附型脱除剂，生产中可放置水果质量 3.0% 的活性炭纸袋于水果保鲜袋中。

气体调节剂作用是调节保鲜袋内 O_2 和 CO_2 含量。脱 O_2 兼脱 CO_2 型调节剂能在脱除 O_2 的同时生成 CO_2，能造成水果保鲜袋内相对低 O_2 和高 CO_2 的微环境。常为铁粉、$NaHCO_3$ 等混合使用。

梨在贮藏中呼吸代谢引起的失水会造成品质的下降，调节贮藏环境中相对湿度有利于减缓果实失水引起的皱缩等现象。生产中常将聚丙乙烯酸钠放入透气性纸袋内，封入水果包装袋内，当保鲜袋内相对湿度下降时会释放出已吸收的水分来维持湿度平衡。

（6）运输配送　梨果在运输配送过程中车体颠簸引起的振动会造成果实表皮及内部机械损伤的发生，会对果实的外观及采后流通中正常的生理代谢造成不良影响，进而影响其品质。郝永菲等模拟了黄冠梨的运输过程，结果发现，上部梨果的振动较下部的剧烈，造成经过振动之后，上部梨果的损伤情况严重。模拟振动对水果生理品质的影响显示，经过振动后，不同部位梨果的呼吸代谢均较振动前旺盛，其中下部最为明显。整体硬度水平下降，下部较明显。上部梨果失重率较高。可溶性固形物、可滴定酸及色泽变化不明显。模拟振动后在货架期，黄冠梨果呼吸代谢减弱，果实后熟及衰老加快。上部梨果颜色变化明显，果实失重率升高，果实好果率降低。综合来看，上部梨果实的振动强度高，黄冠梨果损伤严重，果实后熟及衰老加快，货架期缩短。

1.2.1.3　葡萄

葡萄（Grape），属葡萄科浆果类水果，是世界栽培最早、分布最广的水果之一，又名山葫芦、草龙珠、欧洲蒲桃等。近 20 年来，我国的葡萄生产发展较快，1997 年我国葡萄总产量 235.82 万 t，2008 年葡萄总产量 715.15 万 t，2016 年我国葡萄产量 1374.51 万 t，基本保持着每 10 年 2~3 倍的增长速度。葡萄现已和苹果、柑橘、梨、香蕉并列为我国五大水果，共占水果总量的 44.2%。

（1）采收

①采收期的确定。葡萄属非呼吸跃变型水果，没有后熟过程，所以用于鲜食或贮藏的葡萄应在充分成熟时采收。充分成熟的果实，着色好，糖度高，品质佳，耐贮藏。采收的外观标志应该是葡萄串上没有可见真菌侵蚀病斑，洁净无水痕；葡萄粒在穗轴上尽可能具有相同间距，蜡粉分布均匀，穗轴呈绿色饱满状；果粒饱满，外有白霜，颜色较深且鲜艳。除外观标志外，生产上，通常根据含糖量和TSS判断葡萄浆果的成熟度，即果实进入转色期后，每隔2d测定1次，含量不再增加时为达到成熟采收期，一般较为准确的指标是含糖16%~19%，含酸0.6%~0.8%，糖酸比24%~29%，北方巨峰葡萄的TSS达16%以上，红地球葡萄TSS达18%以上时即为成熟。

通常，不同地区不同品种的葡萄成分含量不同，采收期也不尽相同。例如，沙巴珍珠品种充分成熟时浅黄色，在陕西关中于7月中旬成熟，TSS 12%~15%，含酸量0.5%~0.8%，为极早熟品种。早玫瑰在陕西关中地区于7月底成熟，TSS 14%~16%，含酸量0.7%~0.9%。郑州早红TSS 15.5%~17.2%，含酸量0.75%。在山东济南早红葡萄于7月下旬成熟，TSS 13%~16%。在北京早玛瑙果实于8月上旬成熟，TSS 12.6%。在大连凤凰51号于8月上旬成熟，山东济南于7月下旬成熟，为早熟品种，含糖量13%~18%，含酸量0.6%左右。里扎特，在山东省济南于8月初充分成熟，为早熟品种，含糖量10%~14%，含酸量0.6%左右。京玉在北京地区于8月上旬成熟，为早熟品种，TSS 14%，含酸量0.53%。玫瑰香在山东济南于8月底，在陕西关中于8月20日左右成熟，TSS 15%~19%，含酸量0.6%~0.7%。龙眼葡萄在山东、北京于9月中下旬成熟，在山西中部于9月下旬至10月上旬成熟，TSS 15%~20%，含酸量0.6%~1.0%。吐鲁番红葡萄于8月中旬成熟，TSS 22%~23%，含酸量0.4%~0.5%。巨峰为中熟品种，TSS 14%~16%，含酸量0.6%~0.7%。红瑞宝为中晚熟品种，TSS 15%~21%，含酸量0.5%。赤岭在9月下旬成熟，是秋季贮藏极有前景的品种之一，含糖19%，含酸0.89%。

②采收方法。应选择晴天，露水蒸发后采收葡萄，阴雨天及雨后不能立即采收。采摘、装箱、搬运要小心操作，以免碰碎果粒和擦掉果粉，以及落粒、破粒。采摘时一手握剪刀，一手抓住葡萄穗梗，在贴近母枝处剪下，保留一段穗梗，尽量不要破坏果粉，采后直接剪掉果穗中烂、瘪、绿、干、病的果粒和硬枝，分级后再将果穗横卧平躺彼此紧密相接轻轻放入果箱，2~3层为好。果箱宜小不宜大，宜浅不宜深，一般每箱装3~6kg即可。葡萄采收后应及时装箱运往冷库，做到不在产地过夜，以保持新鲜。

（2）预冷　在整个葡萄物流贮运及保鲜冷链中，不经预冷处理的葡萄在流通中的损失约 25%~30%；而经预冷处理的葡萄其损失率仅为 5%~10%。做好鲜食葡萄产地预冷，不但可以延长贮运时间，实现产前、产后相连接，拉长葡萄产业链，而且能够减轻集中成熟、竞相降价给生产者带来的损失。为保持鲜食葡萄的新鲜品质，延长货架期，从采摘到预冷的时间越短越好。研究表明，鲜食葡萄从采后 28℃左右降到 0℃左右呼吸热可以减少 80%~90%，鲜食葡萄采后预冷越早越好，尽量在采后的 24h 内进行预冷，而采收 24h 后再进行预冷贮藏则基本起不到保鲜作用。

①预冷时间。王辰等研究了不同预冷时间对葡萄贮藏期生理生化品质的影响，结果表明，预冷 8h 下，葡萄腐烂率较低，不同预冷处理（未预冷、预冷 8h 和 24h）之间差异显著（$p < 0.05$）。红地球葡萄经预冷 24h 处理后的 TSS 和 TA 含量较高，并且可抑制褐变相关酶活力的升高。巨峰和玫瑰香预冷 8h 处理后硬度和 SOD 活力保持较高，丙二醛（MDA）含量累积最少，另外巨峰和玫瑰香未预冷乙醇含量增长迅速，不利于贮藏，预冷 8h 处理整体效果较好。

由于巨峰葡萄预冷时间超过 12~15h 易出现果梗萎蔫和脱粒，所以生产上对巨峰葡萄以预冷时间不超过 12~15h 为贮藏管理的重要参数之一。而红地球葡萄的预冷时间可显著延长，达 36h 甚至 48h。弗雷无核葡萄果梗太细，不适宜装大筐或箱，否则预冷时间过长，果梗失水严重，影响商品品质，一般每次入库量不超过总库容的 15%~20%，适宜 4~5kg 包装，预冷 6~8h，库温降至预冷温度，再需 2~4h 葡萄即可预冷完全，超出此范围的果梗会出现干梗、褐变、落粒，贮藏期只能为 7~15d。

②预冷温度。葡萄的冰点随含糖量的增加而降低，一般在 -2℃左右。为了尽快降低果实的呼吸强度及减少腐烂病菌的侵害，要求采后 24h 内温度降到 -2~-1℃，因此库温需控制在 -3℃左右，品温应严格控制在 -1~0℃，库温波动不超过 ±0.5℃。

③预冷方式及特点。冷风预冷，将葡萄直接放在冷藏库内，靠近冷库内冷风机蒸发器，空气的对流使包装箱周围冷空气与箱内产品外层、内层产生温差，通过对流和传导逐渐使箱内的产品温度降低。风速设计一般也在 3m/s 以下，有的甚至在 1.5m/s 以下。

目前，新疆大部分葡萄保鲜的小企业或工厂大多采用冷库预冷的方法，这种预冷方式简易、实用，使用管理得当，可以满足葡萄中短期的保鲜要求。但是每箱葡萄都要往来搬运 3~4 次，费工费时，不但劳动强度大、占库面积大，而且每次的入库量仅为冷库总容量的 5%~10%，因此冷库预冷利用率低、经济性差。

差压通风预冷几乎适用于所有的鲜食葡萄预冷，其冷却速度较快，投资也不大，只是比冷风预冷库多一个静压箱和一台差压风机，风机负压侧与静压箱连通，风机运行时，静压箱内产生负压，抽吸冷库中的冷空气，使冷库中的冷空气快速地通过有孔的葡萄包装箱，使包装箱内外两侧产生压力差。由于强化了传热且通风均匀，使冷却速度加快，预冷时间缩短。差压通风预冷对鲜食葡萄快速预冷尤其适用。

隧道式差压梯度预冷是在差压库的技术上，在隔热的箱体内安装了传送带，葡萄输送由传送带自动完成，预冷装置可连续操作，随进随出。连续输送的葡萄由采后初温 28℃左右被逐渐预冷到中心温度为 0℃。其预冷流程是：原料粗选→精选→卫生处理→上带，达到葡萄中心温度 0℃出货。此种方式的优点是：具有预冷速度快、冷却均匀、连续性作业、生产能力大，在一定时间内可进行大批量快速预冷，特别适用于鲜食葡萄大量预冷。

（3）分级　依据 GH/T 1022—2000《鲜葡萄》，参照表 1–7 进行葡萄品质等级的划分。

表 1–7　　鲜葡萄品质等级要求

项目	优等品	一等品	二等品
品质基本要求	果穗完整，新鲜洁净，外形美观，无任何病斑或裂口，无异常的外部水分，无异常气味和滋味，具有适于市场和贮存要求的生理成熟度		
发育状况	具有本品种的典型特征		
果形	具有本品种的典型特征		允许果形有轻微缺点
色泽	具有本品种的典型特征		
果粒	粒大而均匀，在主梗上具有均匀排列的间隙，基本上无落粒	粒大而基本均匀，在主梗上具有均匀排列的间隙，落粒不超过 5%	粒大，尚均匀，落粒不超过 10%
果穗	穗重不低于 150g、中等紧密的果穗至少占 80% 以上，稀疏果穗不超过 10%	穗重最小不低于 100g、中等紧密的果穗至少占 75% 以上	穗重最小不低于 100g、中等紧密的果穗至少占 60% 以上
果梗	发育良好且强壮，不干燥发脆，质地木质化，无冻伤、腐烂	发育良好且强壮，不干燥发脆，质地半木质化，无冻伤、发霉	不发软或不干燥不发脆、呈褐绿色或绿色，无冻伤、霉烂
日灼	不允许	不允许	允许有轻微日灼
转色病	不允许	不允许	不得超过每穗质量（重量）的 2%
病虫害	无		

（4）包装　包装材料可用塑料、木板条周转箱、纸箱、网袋等，必须严格消毒。纸箱材料要坚实，纸箱侧面各打两条长 5cm、宽 2cm 的条形孔，箱内设硬纸搁板层（单层搁放，防止互相挤压擦伤）。箱内葡萄可用网袋包装，每袋 1kg 左右。预冷后的果箱内顶部盖一层 0.02mm 厚的塑料膜，膜上均匀打 10~15 个直径 5mm 的小孔，膜上再铺一张用 20% $K_2S_2O_7$ 溶液浸过的牛皮纸，最后打包封箱。

直接进入市场销售的冷链运输葡萄，箱包大小 5~7kg、10~15kg 不等，箱底内衬保鲜纸。冷库内的葡萄贮藏包装主要是塑料箱、聚苯乙烯泡沫箱和纸箱。巨峰、玫瑰香等葡萄，保鲜袋一般选用 0.025~0.03mm 厚的低密度 PE 塑料袋，每袋装量 3.5~5kg。对红地球、马奶、木纳格等较难贮藏的品种，应选用 0.025~0.03mm 厚 PVC 透湿袋贮藏，以减免袋内表面的水分凝结。无论采用何种保鲜袋，防止袋内结露的主要途径，一是充分预冷；二是保持适宜贮藏温度的恒定。

（5）贮藏　葡萄采后因其汁多皮薄的特点，贮藏、运输比较困难。葡萄采后果实质地也在不断劣化，内部组织水分大量流失、果肉软化、风味变差，巨峰葡萄采后常温下 2~3d 就会变软，在长途运输过程中，成熟软化的果实不耐挤压，容易机械损伤，长期贮藏还容易出现腐烂、干梗、褐变等现象，严重影响了葡萄的感官品质和商品价值。由于采收、包装、贮藏等技术原因，我国每年葡萄腐烂损失占总产量的 20% 以上，因此做好葡萄采后贮藏保鲜具有十分重要的经济意义。

①采后贮藏期主要生理变化及病害

呼吸作用。葡萄果实呼吸强度与其组织中营养成分的消耗速率呈正相关，因此，降低葡萄的呼吸强度，可达到延缓衰老、延长保鲜期的目的。大量研究表明，无论在常温还是低温条件下贮藏，无梗葡萄果粒的呼吸强度均属于非呼吸跃变型，其成熟不受乙烯控制。穗轴和果梗生理变化活跃，是整穗葡萄物质消耗的主要部位，其呼吸强度属于呼吸跃变型，比相同温度下无梗葡萄果粒呼吸强度高出 10 倍以上，整穗葡萄的呼吸强度和乙烯生成主要取决于穗轴和果梗。晚熟葡萄品种的果实呼吸速率比早熟品种的低，其耐贮性较强。红地球葡萄无论刚采收还是采后贮藏期间的呼吸强度均显著低于巨峰葡萄，这可能是红地球葡萄比巨峰葡萄耐贮运的原因之一。所以，要保持葡萄果实采后较高的贮藏品质和延长保鲜期，应该选择呼吸速率低的晚熟葡萄品种，并尽量降低贮藏过程中果实的呼吸强度。

失水。葡萄果实贮藏期间因蒸发引起失水，当失水率达到 3%~6% 时，果实趋向衰老发生一系列变化，如果实表面光泽度降低、内部组织细胞空隙变大且趋向海绵状，同时加快了氧化相关酶的活力，破坏了果实固有的耐藏性和抗病性。因此，葡萄果实采后贮藏过程中应尽量减少蒸发失水。葡萄果粒表面无气孔，穗轴和果梗表面则分布着较多的皮孔和气孔，比表面积较大，加之较多能量物质（如淀粉粒、蛋白质等）的存在，使穗轴和果梗成为葡萄采后呼吸和蒸腾作用的主要场所。平均每穗葡萄的果梗重量约占整穗果实总重量的2%~6%，但果梗却是整穗果实失水的主要部位之一，占一半以上，极易导致干梗，是决定着葡萄水分损失多少的关键部位。张军等研究表明，“红地球”葡萄穗轴和果梗新鲜度随着贮藏时间的延长呈不断下降的趋势，果梗下降更加明显，大大降低果实商品性。

落粒。葡萄果实采后落粒是指果实采后贮藏过程中自果穗上脱落的不良现象，属于植物组织或器官脱离母体的过程，主要表现有以下 4 种形式，一是果梗组织结构脆弱导致从果梗处折断；二是果粒和果柄间形成离层而脱落，果刷全部留在浆果中；三是整个果刷从果粒中脱出，落粒后果柄端连有果刷；四是微生物侵染，穗梗、果梗或果实腐烂导致落粒。其中，前两种称为干落，后两种为湿落。

腐烂。果实贮藏过程中，表面的蜡质、角质层逐渐发生变化，出现裂纹或气孔，失去自身调控能力，病原菌通过自然开孔侵染引起果实腐烂。引起葡萄采后腐烂的病原菌有 9 个属的真菌，分别为灰霉、青霉、交链孢霉、黑曲霉、芽枝霉、葡柄霉、根霉、葡萄球座菌和粉红聚端孢。通常，灰霉引起灰霉病，青霉引起青霉病，交链孢霉引起霉腐病，黑曲霉引起黑粉病。葡萄对灰霉菌的抵抗力很弱，加之该菌在低温（-0.5℃）条件下仍能生长繁殖，因此，灰霉病对鲜食葡萄的危害最大；低温下，灰霉、青霉、交链孢霉、芽枝霉和葡柄霉易致病，而常温下，黑曲霉和根霉易致病，且病程短，只有 1~2d。因此，要降低葡萄果实采后贮藏保鲜过程中的腐烂率，应该采取相应的抑菌防腐措施。

激素。有关激素与葡萄果实成熟衰老的关系至今仍未有一个统一的认识，归纳起来有以下几种观点：一是促进葡萄果实成熟衰老的激素是脱落酸（ABA）。ABA 是加速葡萄贮藏保鲜期间果实呼吸强度的首要激素，能刺激葡萄迅速产生乙烯达到释放高峰；二是引起葡萄果实成熟衰老的激素是乙烯。乙烯可以加速葡萄贮藏保鲜期间果实呼吸强度，提高果实 POD 和 PPO 的活力，加快果实维生素 C 分解、酸度和果肉硬度的下降速度；三是 ABA 和引哚乙酸（IAA）共同调控着葡萄果实的成熟与衰老。

褐变。葡萄果实褐变是果实对逆境胁迫的一种病理反应，主要是PPO对酚类物质的氧化引起的，属于酶促褐变。在PPO的催化作用下，果实内的酚类物质被氧化成醌，然后通过自身聚合或与含—NH_2或—SH的化合物聚合浓缩，果实褐变，褐变程度与果实中PPO活力、酚类物质含量呈显著正相关关系。

病害。葡萄采后病害主要有灰霉病、青霉病等，其中由灰霉葡萄孢霉引起的灰霉病是对鲜食葡萄具有毁灭性的病害，该病菌在低温下（-0.5℃）仍能生长繁殖，而葡萄对其的抵抗力较弱，容易引起腐烂霉变。

灰霉病。贮藏期葡萄果实发病，早期表现症状为果皮上出现直径2~3个圆形凹陷病斑，病斑颜色稍浅于周围正常组织，用手轻压病斑则病斑处表皮破裂使果肉暴露，发病后期病果软腐，病果上产生灰色霉层（即病原菌菌丝），菌丝上产生大量的分生孢子梗和孢子，甚至在果实上产生少量的菌核，最后果实完全丧失商品价值。

青霉病。该病病原为丛梗孢目丛梗孢科青霉属，指状青霉组葡萄在采收前有时会感染此病，但主要是侵染贮藏和运输中的葡萄果实，使果梗很快霉烂，并深入到果实内部，果实感染青霉病菌后，在果实上形成褪色圆形或半圆形凹陷斑，逐渐变成暗黄绿色，而后变成橄榄绿色，果皮皱缩，果实软化，果肉变成透明浆状物，导致整穗葡萄霉烂，腐烂组织有一股发霉味道。青霉病在3~30℃均能生长，最适的生长温度为15~25℃，0~3℃范围青霉病菌丝生长得非常缓慢。

②贮藏方法。葡萄的主要贮藏方法有以下几种。

低温贮藏。葡萄贮藏最适温度为-1~0℃，温度过高或者过低都会破坏果肉的细胞结构，加速衰老。保持库温稳定是葡萄冷藏成功的关键，库温的波动不应超过0.5℃。温度波动大会造成贮藏袋内结露，容易导致果实霉烂。只要温度调控管理适当，一般葡萄都可以达到5个月的贮藏保鲜期。通常情况下，低温贮藏葡萄要与湿度的调节相结合，否则蒸发失水严重会导致干梗、掉粒等现象的发生。

气调贮藏。赵彦莉等研究表明，在3%CO_2 + 5%O_2气体组分条件下，意大利葡萄（品名Italia）果实内部乙醛和乙醇含量分别处于最低和较低水平。黄永红等研究证明，2%~3% O_2 + 3%~5% CO_2气体条件下贮藏葡萄，保鲜效果最佳。Deng等认为，80% O_2和40% O_2 + 30% CO_2适宜保持巨峰葡萄贮藏保鲜期间果实硬度，且前者效果更佳。

保鲜剂处理。保鲜剂处理包括O_3保鲜法、SO_2防腐剂保鲜、ClO_2杀菌剂保鲜、1-MCP保鲜、采前化学保鲜剂保鲜。O_3具有杀菌作用，用于果实贮藏保鲜，可以降低果实的腐烂率，减缓果实硬度下降，延缓果实成熟衰老。武杰等研究表明，冷藏葡萄果实采后经 O_3 处理后 5℃贮藏，选择八成熟果实的保鲜效果最好。浓度为 81.41mg/m^3 的 O_3 处理葡萄果实可有效抑制其呼吸强度，延缓 TSS 和维生素 C 含量的下降，抑制 PPO 活力，减少单宁等抗氧化物质的消耗和转化，保持果实内较高的 SOD、过氧化氢（CAT）活力和较低的丙二醛（MDA）含量，从而延缓葡萄成熟衰老进程，减少了贮藏过程中的腐烂变质现象。李华江等研究表明，采用 O_3 结合保鲜剂处理葡萄的效果优于单一使用 O_3 或保鲜剂处理，O_3 结合 CT2 保鲜剂处理巨峰葡萄，在 -1~0℃的冷库中贮藏 105d 后，可有效抑制贮藏期间果实呼吸强度、乙烯生成速率及 TSS、TA 含量及果实硬度的下降。Nikos 等认为，O_3 用于果蔬的防腐保鲜，其效果与所处环境的温湿度密切相关，在 13℃、湿度 95% 条件下，用高浓度 O_3 长时间处理可有效抑制葡萄灰霉孢子的产生和繁殖。毕乃亮等用臭氧贮藏巨峰葡萄，得出贮藏巨峰葡萄的最适浓度范围 12~16mg/L，最适合贮藏期 120d。

SO_2 防腐剂保鲜。葡萄经 SO_2 处理后可防止在贮藏过程中由于真菌侵染所引起的腐烂。具体方法有下列 3 种：重亚硫酸盐释放法。按葡萄重量的 0.3% 和 0.6% 分别称取 $NaHSO_3$ 和无水硅胶，二者充分混合后，分装于若干个小纸袋内，然后分散放置，45d 换 1 次药袋。硫黄熏蒸法。把包装好的葡萄堆成垛，罩上塑料薄膜罩，每 1m^3 的空间使用 2~3g 硫黄充分燃烧，熏蒸 20~30min，然后开罩通风。过 15d 再熏 1 次，以后每隔 1~2 个月熏 1 次。SO_2 气体熏蒸法。将葡萄装箱垛好后，罩上塑料薄膜罩，充入 SO_2 气体，SO_2 的体积以占罩内体积的 0.5% 为宜。熏蒸 20~30min，然后开罩通风。以后每隔 15d 熏蒸 1 次，SO_2 的浓度可降到 0.1%~0.2%。

ClO_2 杀菌剂保鲜。ClO_2 是一种强氧化剂，具有很强的杀菌能力。有研究表明，ClO_2 有利于保持葡萄的色泽、形态、硬度、好果率、TA、维生素 C 和总酸的含量。浓度为 5g/kg ClO_2 处理夏黑葡萄，可以显著延缓果实贮藏过程中褐变指数、呼吸强度和 MDA 含量上升，减缓好果率、果皮花色苷、TA 和 TSS 含量下降，从而延长葡萄果实贮藏保鲜期。

1-MCP 保鲜。适宜浓度的 1-MCP 处理有利于保持葡萄采后贮藏品质和果实抗性，延缓果实衰老。1-MCP 结合冰温贮藏乍娜葡萄，可提高果实好果率，有效抑制果穗失水率、果梗褐变指数、果穗呼吸强度、乙烯生成速率、MDA 含量、H_2O_2 含量、脂氧合酶活力的增加，保持或增大 SOD 和 POD 活力。经 1-MCP 处理过的葡萄置于常温贮藏，可以延缓果实腐烂率、落粒率、果梗褐变指数、果穗失重率的上升以及果实 TSS 和维生素 C 含量的下降，从而保持果实贮藏期的品质。

采前化学保鲜剂保鲜。钙作为植物细胞壁和细胞膜的重要成分，可加强细胞结构的稳定性和机械强度，减弱果实细胞膜透性的变化，从而增强果实的抗性和耐贮性。红提、红地球葡萄采前喷施 $CaP_2H_4O_8$，可有效抑制果实采后贮藏期间呼吸速率、失水率、腐烂率、MDA 含量、H_2O_2 含量的升高和维生素 C、TA 含量的下降，延缓果实中 POD 和 PPO 活力的上升速度，从而延缓了果实的衰老进程。红地球和克瑞森无核葡萄采前用浓度为 20mg/L 的 6–BA 处理，可以大大减少采后贮藏过程中果实腐烂和落粒现象的发生，显著抑制葡萄呼吸速率、硬度、TA 含量的下降和果实细胞膜透性的增加，保持细胞膜的完整性，进而保持了葡萄较高的贮藏品质。生物防腐剂保鲜是一种以菌制菌的保鲜方法，已经成功应用于果蔬保鲜中。

生物保鲜法。壳聚糖属于多糖，采后涂膜葡萄果实能明显抑制其呼吸强度的升高和 TSS、TA 含量的下降，减少蒸发失水，保持果实新鲜度，防腐抑菌，已在红地球葡萄、晚红葡萄中得到成功应用。Laura 等用壳聚糖和佛手柑精油涂膜佳丽酿葡萄发现，葡萄果实 TSS 含量在贮藏前期小幅度上升而后快速下降。

辐照处理保鲜技术。刘然然等研究表明，不同强度低辐能流短波紫外线（UV–C）照射玫瑰香葡萄可以有效抑制贮藏期果实的腐烂和褐变，减缓总酚含量和抗氧化能力的下降；照射甬优 1 号葡萄可以显著抑制果实腐烂，提高果实总酚、黄酮含量和 PAL、PPO、几丁质酶和 β–1，3– 葡聚糖酶活力；UV–C 的照射剂量范围为 0.125~0.5kJ/m^2，葡萄的抗病性均能得到增强，但剂量超过 1.0kJ/m^2 则会引起果实褐变，果柄处出现斑点，果实变软加速。康芬芬等研究表明，辐照检疫处理剂量为 400~600Gy 对葡萄呼吸强度、硬度和糖酸度等贮藏品质效果较好。Salunkhe 等研究发现 10Gy 和 20Gy 的 γ 射线处理无核白葡萄的效果最好，不易发生褐变。因此，选择适当剂量的辐射处理或者与其他技术（如冷藏等）结合使用，才有益于葡萄的贮藏保鲜。

（6）运输配送　鲜食葡萄的运输主要有三种形式：冷链运输、棉被保冷运输和常温运输。在鲜食葡萄冷链运输方面，欧美发达国家已经普遍采用鲜食葡萄采后预冷、分级包装、气调贮藏和冷链运输规范配套的处理方式，鲜食葡萄采后商品化处理几乎达到 100%，形成完整的鲜食葡萄冷链体系。意大利早在 1998 年就实现了鲜食果蔬采摘后 95% 进入气调保鲜库，并且对不同品种、不同产地的鲜食葡萄进行不同的冷链保鲜策略。日本在 20 世纪

90年代末，也已经在鲜食葡萄冷链上形成了一个比较成熟的市场体系，有比较完整先进的冷链处理加工技术及其配套设施，实现了“产地预冷→冷藏车运输→低温冷柜销售”的冷链流通。美国和德国等发达国家在运输过程中都使用冷藏车或冷藏集装箱并配备EDI等先进的信息技术，采用公路、铁路、水路等多式联运，形成了鲜食葡萄流通冷链，使鲜食葡萄具有极大的冷藏运输率和运输完好率。途中安全运输品温为1~10℃，短距离运输15~5℃也可。

（7）销售　在我国葡萄的销售地点有农贸市场、超市、大卖场等。农贸市场的销售方式一般为常温销售，对于超市与大卖场，主要有常温柜、常温加湿柜（湿度范围80%~90%）、果蔬保鲜柜（温度范围为2~10℃）这三种销售方式。经过冷链运输的葡萄，在货架上新鲜如初。

1.2.1.4　枣

枣（Jujube），又称枣子、大枣、刺枣、贯枣。鼠李科枣属植物，落叶小乔木，稀灌木。核果矩圆形或长卵圆形，长2~3.5cm，直径1.5~2cm，成熟时红色，后变红紫色，中果皮肉质，厚，味甜。其生长于海拔1700m以下的山区、丘陵或平原地区。本种原产中国，现在亚洲、欧洲和美洲常有栽培。我国主要分布在华北地区及重庆市和辽宁省等。枣的品种分类：按地区分，一般以年平均气温15℃等温线为界，分为南枣和北枣两个生态型；按果实大小分为大枣和小枣两类；将果大小与果形等性状结合起来分为6类：小枣型、长枣型、圆枣型、扁圆型、缢痕枣、宿萼枣；按用途分类，一是制干品种，二是鲜食品种，三是兼用品种，四是蜜枣品种。

（1）采收

①采收期的确定。枣的成熟期各地不一，一般多在9~10月成熟。枣果成熟过程可分为两个阶段，果面绿色渐退，变为白色至微红色，味甜质脆，为脆熟期，鲜食、贮藏枣果均在此阶段采收。此后，果皮转红，果肉糖分提高，水分减少，为完熟期，此期采收一般用于干制。在完熟期阶段，又可分为初红（着色25%以下）、半红（着色约50%）和全红（着色100%）三种情况。枣果成熟度低，耐藏性好，以鲜食为目的贮藏的枣半红期采收，以加工为目的的枣初红期采收，短期贮藏的可以全红期采收。一般要求进行贮藏的鲜枣，最好在微红期采收。

枣果在生长发育过程中，其大小、形状、颜色等发生一系列变化。根据枣果后期生长发育的特点，可将枣果的成熟期主要划分为白熟期、脆熟期和完熟期。白熟期的特点是枣果大小、形状已基本固定，皮绿色减退，呈绿白色，果实硬度大，果汁少，味略甜。脆熟期的特点是果实半红至全红，果肉绿白色或乳白色，质脆汁少，甜味浓。完熟期的特点是果肉变软，果皮深红、微皱，用手易将果掰开，味甘甜。枣果何时采收，依其用途不同而异，加工蜜枣、玉枣等，在白熟期采收。此期果实体积不再增大，肉质已开始松软、汁少，糖分含量低，加工蜜枣时糖分易浸入，且由于果皮薄，柔韧，加工时不易脱皮，加工的成品质量好。鲜食或加工乌枣、醉枣宜在脆熟期采收。此期果实肉脆味甜，清新爽口，适口性最佳，加工的乌枣成品乌光发亮，黑里透红，枣肉紧，不易变形、不脱皮；加工醉枣，色泽鲜红，风味清香。制干枣时，宜在完熟期采收，此期果实在生理上已充分成熟，糖分转化基本结束，含糖量高、水分少。此期采收制干率高、干制成品色泽紫红、果肉肥厚，富有弹性，品质好。

②采收方法。枣果采收主要采用手摘法、打落法和乙烯催落法。手摘法，此法适用于较低矮的枣树，可根据需要准确采收合乎要求的果实，工作质量高，但工效低。打落法。此法适用较高大的枣树。为减少果实因跌落到地面引起破伤和拾枣用工，用杆震枝时，可在树下撑布单接枣。打落法劳动强度大，对树体损伤也大，有碍下一年生长结果。催落法，此法是用乙烯利催落采收，效果良好。即在采收前5~7d，全树仔细喷洒1次200~300mg/L乙烯利水溶液（以40%乙烯利原液的体积计算）。喷药后3~5d，果柄离层细胞逐渐解体，只留下维管束组织尚保持果实和树体连接。只要轻轻摇晃树枝，果实全部脱落，可大大提高采收工效。采用此法时，一定要掌握好乙烯利浓度，当浓度超过350mg/L时，枣叶即开始大量脱落。因此，必须先对每批乙烯利做小型试验，然后再全面喷布。对于某些果皮很薄的品种不宜使用此法，用于贮藏的枣果必须无伤采摘，最好人工逐个采摘，严禁用木杆敲打震落。

（2）预冷　田间预冷是在采收后将枣果装入塑料箱中，放在树下阴凉处，白天在箱上盖草帘或苫布，防止阳光直射，使枣果失水过多。晚上揭开，经过2~3d可入库贮藏了。预冷的方式有冷风预冷和冰水预冷结合保鲜剂处理。

①冷风预冷。枣果在入库前2d，使库温降到（-2 ± 0.5）℃，将枣果快速放入冷库，待枣果温度与冷库温度一致时，即可装入保鲜袋或减压容器，预冷时间不要过长，以免造成枣果失水。

②冰水预冷结合保鲜剂处理。建一长2m、宽0.5m、高0.8m的水池，在该水池内按水和冰1∶0.3的比例。此时水温大约在2~5℃，加入大枣专用保鲜剂配成50倍的冰水溶液，浸泡枣果0.5~1min，取出枣果沥水晾干。放入冷

库待枣果温度与冷库温度一致时，装入保鲜袋或减压容器。

（3）分级　参照 GB/T 32714—2016《冬枣》规定进行鲜枣品质等级的划分（表 1–8）。同时可参考 NY/T 2860—2015《冬枣等级规格》。

枣的基本要求：具有本品种固有的品种特征，品种纯正。果实近圆形或扁圆形，果顶较平，成熟果实为红色或赭红色；果实完整，果面整洁、无不正常外来水分，无病果、虫果。果实皮薄、脆甜、多汁、无渣、无异味。适于市场流通、销售或贮存要求的成熟度。

等级品质要求：将符合以上基本要求的冬枣鲜果分为特级、一级、二级共三个等级。不符合本要求的为级外果。

特级果重较品种平均值大 20% 以上，且果个较匀，果实肉厚、表面无皱，色泽纯正无颜色不匀现象，无霉烂果、浆烂果，机械损伤果及病虫果小于 3%，含水率小于 25%。

一级单果应达到平均果重或略高，果个均匀，果实饱满，表面基本无皱，色泽纯正，无颜色不匀现象，无霉烂果、浆烂果，机械损伤果及病虫果小于 25%。

二级单果重略低于该品种重，不低于平均单果重的 10%，果肉较厚，表面皱折较浅，色泽纯正，果色基本纯正一致，无霉烂、浆烂现象，机械损伤果及病虫果小于 25%。

三级单果重低于该品种平均果重 10% 以上，果肉薄，皱折深，果实颜色发黄，基本无霉烂、浆烂现象，机械损伤果及病虫果小于 25%。

级外果单果重一般较小，果肉极薄，果色不一，大多为小果、皱果或杂烂病虫果。

表 1–8　冬枣鲜果品质等级要求

项目	特级品	一级品	二级品
果实色泽及着色面积	果皮赭红光亮，着色面积占果实表面积累计比例达 1/3 以上		果皮赭红光亮，着色面积占果实表面积累计比例达 1/4 以上
单果重 /mg	$18 < m \leq 22$	$14 < m \leq 18$	$10 < m \leq 14$
可溶性固形物含量 /%	≥ 26	≥ 22	

（4）包装　鲜枣不耐碰撞和挤压，极易失水皱缩，对 CO_2 敏感，包装时

应选用容量为5~10kg的有孔纸箱、塑料周转箱或木箱。用木箱包装时，应先在箱底放一层1cm厚的木屑，并在箱底及四周衬上牛皮纸或包装纸，以免运输途中擦伤碰伤果实；用纸箱包装的要先在箱底放1张一定厚度的纸板，以防果实与箱磕碰。将经过杀菌、预冷、分级后的果实放入容量1kg、厚0.03~0.05mm的PE或无毒PVC打孔薄膜袋，再将装果后的薄膜袋放入果箱，或将枣果装入内衬0.03~0.05mm的PE或无毒PVC打孔薄膜袋的果箱。使用打孔的塑料包装袋既可保持适当的透气性、防止乙醇积累，又能较好地提高贮藏环境的湿度，保持果实的新鲜状态。生产上一般用0.18mm厚的PVC薄膜袋，在（15×22）cm的袋上两侧各打8个孔，共16个孔。但由于装果后密封会引起无氧呼吸过强，所以采用变孔贮藏，可防止无氧呼吸过强及乙醇积累过大而引起果实酥软变质。变孔贮藏即换袋变孔，由16孔袋改用32孔袋包装。

（5）贮藏　多数研究认为，枣果属于非呼吸跃变型果实。采后无呼吸高峰，乙烯产量少，但对外源乙烯的催化作用反应明显，另外，乙醇容易积累。因此，保鲜中加入乙烯、乙醇吸收剂是有意义的。枣果采后呼吸强度很高，约为红富士苹果的2.3倍，这是鲜枣果实不耐贮藏的一个重要原因。枣果成熟过程中乙烯释放量很低，和其他跃变型果实相比，乙烯对枣果采后品质的影响较小。鲜枣表皮结构蜡质层较薄，果皮保水性能较差，采后在自然状态下会很快失水皱缩。研究表明，鲜枣失水速率是苹果的5~7倍，而且成熟度越低的果实失水越快。因此，加强保水措施是鲜枣贮藏的关键环节之一。枣果由于糖分较高，呼吸旺盛，加之易受机械伤害，采后极易发生缺氧呼吸、酒化以及发霉腐烂，密闭和通风较差的环境都会导致枣果的发酵。果肉发酵引起的软化和褐变是导致鲜枣难贮的重要原因。鲜枣果实对贮藏环境中的CO_2特别敏感，高于5%会加剧果肉的软化褐变。鲜枣比较耐低氧条件，在无CO_2条件下，可耐受1.5%的低氧条件。

鲜枣的耐贮性因品种的不同差异很大。一般来说，晚熟品种比早熟品种耐贮；鲜食制干兼用品种较单纯鲜食或制干品种耐贮；抗裂果品种较耐贮；小果型品种或大果型中果肉较疏松的品种较耐贮。在主要栽培品种中，山西的襄汾圆枣、临汾团枣、太谷葫芦枣和蛤蟆枣等耐贮性较好，而郎枣、骏枣耐贮运性最差，屯屯枣、相枣、坠子枣耐贮运性居中。河北、山东和北京产的冬枣和雪枣最耐贮，其次为北车营小枣、苏子峪小枣、长辛店脆枣和金丝小枣，婆枣和斑枣最不耐贮。

枣的贮藏一方面要有一定的低温密闭条件，以减少水分散失，并适当降低呼吸强度；另一方面又要保持适当的透气性，以防止乙醇积累。主要贮藏方法有以下几种。

①简易贮藏。果实采收后，挑选无伤枣果入窖，预冷 12h，然后装入 0.01~0.02mm 厚的无毒 PVC 或 PE 薄膜袋中，每袋容量不超过 2.5kg，袋中部两侧各打两个直径约 1cm 的小孔。果袋最好竖着摆放在多层货架上。贮藏期间应注意窖温管理，定期观察袋中果实的情况，当果实原有红色变浅或有病斑出现时，说明果实已开始变软或腐烂，应及时出库销售。用此方法，襄汾圆枣、蛤蟆枣可贮 30~60d，脆果率 70% 以上；赞皇大枣、骏枣、郎枣等品种可贮 20~40d。

②常温贮藏。挑选半红的无伤鲜枣，在阴凉潮湿处铺 3~5cm 厚的湿沙，上放一层鲜枣，再铺一层湿沙，进行沙枣层积，如此堆高至 30cm 左右。为防止沙子干燥，可定期用少量清水补充湿度。用此方法可贮藏 1 个月左右。

③低温贮藏。研究表明，冰点以上的最低温度是多数枣品种贮藏的最佳温度。根据测定，鲜枣在半红采收时，冰点均在 −2℃以下，为了避免冻害，鲜枣的冷藏温度最好控制在 −1℃左右。目前普遍认为，果面 1/3 红时的枣果最耐贮藏，且贮藏后果实的品质也最好。寇晓红等将半红期的枣果贮藏于 0℃下，枣果呼吸强度变化幅度较小，且在贮藏 70d 时枣果的维生素 C 的保存率可达到 83.3%。张桂等的研究结果表明，无论白熟期还是半红期的冬枣，在 0~2℃贮藏时，呼吸强度比 8~10℃贮藏时低。随着贮藏温度的下降，冬枣的呼吸强度降低。张玮等研究发现，将初红期的冬枣贮藏于（0 ± 0.5）℃条件下，与室温贮藏的枣果相比，其呼吸速率、乙烯释放量和细胞膜透性明显受到抑制，可溶性固形物和维生素 C 含量下降速度延缓。

④气调贮藏。不同品种枣果对气体成分的要求不同。一般来讲，鲜枣气调贮藏时温度应控制在 −1~0℃，相对湿度 95% 以上；O_2 3%~5%，$CO_2 <$ 2%。气调贮藏的果实，入库前应做防腐处理。应用气调贮藏，可将襄汾圆枣、临汾团枣、永济蛤蟆枣、尖枣、北京西峰山小枣、冬枣、雪枣等耐藏品种贮藏 3.5~4 个月，金丝小枣、赞皇大枣、梨枣等贮藏 2~3 个月，脆果率 70% 以上。杜华兵等研究发现，当冬枣贮藏于 O_2 浓度为 5%、CO_2 浓度控制在 0~2% 的条件下，在第 89d 时，冬枣的好果率为 90.8%，硬度为 10.2kg/cm^2。宗亦臣的研究表明，在 O_2 浓度为 12%~15%，CO_2 浓度为 0 的条件下进行气调贮藏，可以防止冬枣果实褐变。王亮等研究发现，适当的低 O_2 可以降低枣果的呼吸强度，延缓果皮颜色的转红，且当库温为 −2~−1℃，相对湿度为 95%，气体配比为 2% O_2+0 CO_2 条件下时，冬枣的贮藏效果最好。减压贮藏可降低空气中的 O_2

浓度，并可以迅速排出乙烯、乙醇等有害气体，具有快速降温、降氧、快速排出有害气体的特点。皮钰珍等的研究结果表明，当半红期的金铃大枣贮藏在温度（0±0.5）℃、压力为80kPa的条件下时，呼吸强度及乙烯释放量得到抑制。王亚萍等研究发现减压贮藏可以较好地保持冬枣的硬度，抑制其转红，且当以55.7kPa负压处理时冬枣的贮藏效果最好，枣果转红指数降低了50%。薛梦林等在0.015~0.030MPa的条件下进行试验，发现减压贮藏不仅可以抑制冬枣硬度的下降和抗坏血酸氧化酶活力的升高，还降低了枣果呼吸强度和乙烯释放量，从而抑制了冬枣的酒化。但是减压贮藏也有缺点，如建筑减压库的费用比普通冷库和气调库都高；减压贮藏中频繁换气，使得产品容易失水；果实经减压贮藏后，芳香物质损失较大。

⑤保鲜剂处理。化学杀菌剂是防治果实采后病害的最有效最直接的方法。目前，在冬枣上采用的保鲜剂有甲基托布津、杀菌剂多菌灵、噻苯唑等。此外，扑海因对防治冬枣浆烂病和黑斑病都较为有效，戴做霉（Deccozi289-EC）对防治冬枣黑斑病也有一定效果。李晓军等将鲁北冬枣用多种药剂处理，发现50%多菌灵可湿性粉剂600倍液、50%扑海因可湿性粉剂1500倍液对冬枣腐烂病的防治效果较好。为了提高鲜枣的耐贮性，在采前半个月对树冠及枣果喷洒0.2% $CaCl_2$ 溶液，还可喷150倍高脂膜、1000倍的托布津或过碳酸钠，可防止霉菌感染。由于手工采摘费时费工，可在采前5~6d喷施0.02~0.03%乙烯利，经5~6d后枣果大量自行脱落。对一些果皮薄、早熟的生食脆枣，不宜施用乙烯利，以免枣果变绵，风味改变。

许多研究发现，钙处理可以延缓果实成熟衰老，提高其硬度，从而延长贮藏时间。王敏用1%的 $CaCl_2$ 和50mg/LGA3溶液处理冬枣1h，发现经处理的冬枣在抑制MDA形成方面有显著效果，且较好地保持了维生素C的含量，阻止枣果可溶性固形物含量的升高。高哲等研究发现，将冬枣用3%的 $CaCl_2$ 处理，可以减少果实的腐烂、对果实品质的保持有益。碳酸氢盐具有抗菌性，对很多食源性细菌、酵母、真菌等有效，且无残留，对果实采后病害的防治有很好的作用。周绪宝研究发现，在−2℃低温下，用4%的 $KHCO_3$ 处理冬枣能显著抑制发病率的增加。胡晓艳等将冬枣用不同浓度的1−MCP处理24h并贮藏于（0±1）℃条件下，发现1000nL/L的1−MCP处理能够抑制沪产冬枣的腐烂率、转红指数的升高，延缓维生素C、酸含量的下降。

王建国等发现，经500~1000mg/L的纳他霉素处理可显著的抑制冬枣MDA含量的增加，并使多聚半乳糖醛酸酶（PG）与PAL苯丙氨酸解氨酶的活力提高，且对枣果硬度的保持有很好的效果。付坦等研究了 $CaCl_2$ 和纳他霉素两种保鲜剂对冬枣品质的影响。实验结果表明，与冰温贮藏相比，冰温贮藏结合保鲜剂处理能更好的抑制枣果的软化腐烂，TSS 和维生素 C 的降低以及可滴定酸的转化。从贮藏 30d 开始，纳他霉素和 $CaCl_2$ 处理的枣果的 TSS、维生素 C 以及硬度均显著高于冰温对照组的值（$P < 0.05$），且在第 90d 时，纳他霉素和 $CaCl_2$ 处理的冬枣的好果率为 69%、41.93%，而冰温贮藏的好果率仅为 29.07%，差异达极显著（$P < 0.01$）。

激素调节对枣果的成熟衰老有重要作用。常世敏等采用 GA3 处理冬枣，延缓了枣果的转红，从而延长了冬枣的贮藏保鲜期。王如福的研究结果表明，用赤霉素处理冬枣，可以提高枣果的好果率，贮藏效果显著。李红卫等的研究发现，100μg/L 的 GA3 对枣果的衰老有延缓作用。

1.2.1.5　桃

桃（Peach），桃属，梅亚科，蔷薇目，双子叶植物纲，种子植物门的被子植物亚门，植物界。原产于我国西北地区，主要经济栽培地区在华北、华东各省，较为集中的地区有北京海淀区、平谷县，天津蓟县，山东蒙阴、肥城、益都、青岛，河南商水、开封，河北抚宁、遵化、深县、临漳，陕西宝鸡、西安，甘肃天水，四川成都，辽宁大连，浙江奉化，上海南汇，江苏无锡、徐州等各省区，世界各地也均有栽植。

桃在全世界有 1000 多个品种。中国约有品种 800 个，依其地理分布并结合生物学特性和形态特征，可分为 5 个品种群：北方品种群，南方品种群，黄肉品种群，蟠桃品种群，油桃品种群。桃主要的变种有油桃、蟠桃、寿星桃、碧桃。其中油桃和蟠桃都作果树栽培，寿星桃和碧桃主要供观赏，寿星桃还可作桃的矮化砧。核果除蟠桃外，多为圆形或长圆形，果面除油桃外，均布有茸毛。果肉白、黄色或夹红晕，少数呈红色，肉质柔软、脆硬或密韧，核表面具不同沟点纹路，均为种和品种群的重要分类依据。

（1）采收

①采收期的确定。采后贮藏的果实成熟度要求为果实从果顶开始绿色明显减退，呈淡绿色或乳白色，果面丰满，果实稍硬，茸毛减少，阳面已经着色，开始出现固有的风味。桃成熟期在 7 月初至 9 月初，选择在晴天的午前进行或傍晚采收，阴雨天、露水未干、浓雾、晴天的午后不能采果。采收期还应根据品种特性、用途、销售远近等情况确定。就地鲜销的成熟度要求达到该品种应有的底色，为九、十成熟，绿色大部褪尽，阴面局部仍有淡绿色，茸毛较少，果肉稍有弹性，有色品种大部分着色，白肉品种呈现白色或乳白色，黄色品种呈金黄色或橘黄色，品质和风味是鲜食桃的最佳时期，果肉较软，

不耐挤压，表现出该品种的风味特性。远途运输的成熟度要求为果实底色绿或绿色开始减退，果面基本平展，无坑洼，在缝合线附近有少量坑洼线痕迹，果面茸毛较厚。达到八成熟，白肉品种桃的底色呈绿白色；黄肉品种呈绿黄色；果肉硬，手感有弹性，果个已长到应有大小，油桃品种果面已有1/2面积着红色，果皮、果核与果肉仍不易分离。

油桃果实在七成熟、八成熟时采收，表现为果实两侧膨大，颜色由深变白，由绿变黄，色彩鲜艳，果实TSS达到应有的水平。采收后运到市场出售。硬熟后3~5d果实就进入完熟期。果皮由绿色逐渐变为淡黄色或乳白色，色彩鲜艳。TSS、TA和糖酸比，都达到本品种应有水平，充分发挥出品种风味。可当天采摘，当天销售。

②采收方法。人工采果，提倡采收人员剪短指甲、戴上手套，用手小心托住果实，左右摇动使其脱落。不能用手压桃面，不能强拉果实，应带果柄采摘。对树上的桃要依其成熟先后分期分批采收，采收顺序从下往上，从外向内，逐枝采摘。盛放桃子的容器不能太大，一般每个容器放5~10kg，要内衬垫物，注意通气。采收过程注意轻拿轻放，尽量减少转筐（箱）、倒筐（箱）次数。一般单位容器（箱、筐）盛装量以不超过10kg为宜。

（2）预冷　水蜜桃采后2h内及时放入（2±1）℃预冷库预冷12~24h，待果温降到4℃时，转入冷库中贮藏，运输过程中可将冰袋放入包装箱内保温。一般采用冷风冷却和水冷两种预冷方法，水冷却速度快，但水冷却后要晾干后再包装，风冷却速度较慢，一般需要8~12h或更长时间。

（3）分级　依据NY/T 586—2002《鲜桃》规定对桃进行品质分级（表1–9）。剔除有机械损伤的及有病虫害的果子，应按大小、色泽、成熟度进行分级，然后按照级别进行装箱。

表1–9　　鲜桃品质等级要求

项目	特等品	一等品	二等品
基本要求	果实完整良好，新鲜清洁，无果肉褐变、病果、虫果、刺伤，无不正常外来水分，充分发育无异常气味或滋味，具有可采收成熟度或食用成熟度，整齐度好，符合4.3的卫生指标的果实要求		
果形	果形具有本品种应有的特征	果形具有本品种的基本特征	果形稍有不正，但不得有畸形果
色泽	果皮颜色具有丰品种成熟时应有的色泽	果皮色泽具在本品种成熟时应布的颜色，着色程度达到本品种应有着色面积的1/2以上	果皮色泽具有本品种成熟时应有的颜色，着色程度达到本品种应有着色面积的1/4以上

续表

项目		特等品	一等品	二等品
果实硬度 /（kg/cm^2）		≥ 6.0	≥ 6.0	≥ 4.0
果面缺陷	碰压伤	不允许		
	蟠桃梗洼处果皮损伤	不允许	允许损伤总面积≤ 0.5cm^3	允许损伤总面积≤ 1.0cm^3
	磨伤	不允许	允许轻微磨一伤处，总面积≤ 0.5cm^3	允许轻微不褐变的磨伤，总面积≤ 1.0cm^3
	雹伤	不允许	不允许	允许轻微雹伤，总面积≤ 1.0cm^3
	裂果	不允许	允许风干裂口一处，总长度≤ 1.0cm^3	允许风干裂口两处，总长度≤ 1.0cm^3
	虫伤	不允许	允许轻微虫伤一处，总面积≤ 0.03cm^3	允许轻微虫伤，总面积≤ 0.3cm^3

（4）包装　有包装的产品应参照 NY/T 866—2004《水蜜桃》以及下列规定执行。单果包装用 PE 塑料薄膜或纸将果实包裹，或不包纸直接装入上述袋中。成件包装将经商品化处理后或单果包装后的果实装入瓦楞纸箱或泡沫箱中，再将桃果放入方形箱以正方形或品字形码放，圆形桃梗洼向下立放，有凸尖的桃横放。每箱为 6~12kg，用包装纸或发泡套包好果实，箱内加入网格和纸垫板，以减少运输途中的损伤。

出库包装主要使用瓦楞纸箱，最好能先单果包装，再分层分格，每层隔开。包装的规格大小根据运输、销售的需要而定，直接运往超市的优等果要求小而精美，贮藏和远距离运输重量一般不超过 20kg。同一包装内产品的等级、规格应一致。瓦楞纸箱要求按 GB/T 6543—2008《运输包装用单瓦楞纸箱和双瓦楞纸箱》规定执行。

（5）贮藏　桃属于呼吸跃变型果实，贮藏期间出现两次呼吸高峰及一次乙烯释放高峰，乙烯释放高峰先于呼吸高峰出现。呼吸高峰出现越早越不耐贮。成熟过程中有大量乙烯产生，贮藏期间 SSC 下降。桃果实水分含量高、收获季节多集中于七八月高温、多雨季节，采收后后熟速度快，极易腐烂变质。桃采后在常温下易变软，风味衰败快。一般采后 1d 果肉迅速软、开始褐变，之后便失去食用价值。桃在低温下长期贮藏，风味会逐渐变淡，长期低温冷藏会使桃产生冻害，果肉褐变，特别是桃移到高温环境中后熟时，果肉会变干、发绵、变软，果核周围的果肉明显褐变，冻害严重时，桃的果皮色泽暗淡无光。

在冷库内采用塑料薄膜小包装可延长贮期。主要的贮藏方法有以下几种：

①低温贮藏。桃的贮藏适宜温度为0℃，适宜相对湿度为90%~95%。在这种贮藏条件下，桃可以贮藏3~4周或更长时间。

②气调贮藏。目前商业上推荐的桃贮藏环境中的气体成分为：在贮藏温度0~3℃条件下，以O_2 2%~4%、CO_2 3%~5%为宜，或0℃条件下，1% O_2+5% CO_2或者2% O_2+5% CO_2。但不同品种桃果实的耐贮性和对温度及气体成分的反应不同。研究表明：在0℃、2% O_2、5% CO_2，可贮藏6~8周或更长的时间，并能减轻低温伤害。如果在气调大帐或气调袋中，加入浸过饱和高锰酸钾溶液的砖块或碘石吸收乙烯则效果更佳。也可采用真空泵抽出库内空气，将库内气压控制在13332.2Pa以下，并配置低温和高湿，再利用低压空气进行循环，桃果实就不断地得到新鲜、潮湿、低压、低O_2的空气，一般每小时通风4次，就能够去除果实的田间热、呼吸热及代谢产生的乙烯、CO_2、乙醛、乙醇等，使果实长期处于最佳休眠状态，不仅使果实中的水分得到保存，而且使维生素、有机酸和叶绿素等营养物质也减少了消耗，同时贮藏期比一般冷库延长3倍。

③保鲜剂处理。采用水杨酸（SA）、GA3、1-MCP、聚乙烯吡咯烷酮（PVP）、壳聚糖、钙、苯来特和二氯硝基苯胺混合药液等进行处理。

④热激处理。贮前热激处理会推迟桃的果实软化，抑制果实成熟，控制果实某些生理病害。桃采收后效果最好的热处理温度范围是40~50℃。

1.2.1.6　猕猴桃

猕猴桃（Kiwi），猕猴桃科植物，是一种野生落叶木质藤本植物。它的俗名很多，藤梨、白毛桃、毛梨、毛梨子、猕猴梨、木子、毛木果、马屎陀、阳桃、奇异桃、羊桃、鬼桃、几维果与奇异果。全球约有猕猴桃66种，62种分布在中国。目前进行经济栽培的主要品种是美味猕猴桃和中华猕猴桃。我国猕猴桃品种主要有陕西省的徐香、秦美、红阳、西选、华优、哑特、翠香、金香；新西兰引种品种海沃德、黄金果；湖南省的米良一号、翠玉、楚红、丰悦、东山峰、沁香、龙藏红；四川省的红阳、晚红、红美、红华；湖北省：武植3号、通山5号、金魁、金艳；江西省的庐山香、魁蜜、早鲜、金丰；江苏省的徐香、徐冠；河南省的华美1号、华美2号、郑州90-1、郑州90-5、华光2号、蜜宝；浙江省：江山、早香。

（1）采收

①采收期的确定。中华猕猴桃果实的生育期为140~150d，美味猕猴桃为170~180d。适时采收的果实，果个大、口味好、耐贮藏。用于贮藏的猕猴桃

应该在果实停止生长，种子呈黑褐色，淀粉含量高，且已向糖转化时采收。采收过早风味欠佳，采收过晚又不耐贮藏。用于贮藏保鲜的猕猴桃果实应是符合采收要求的硬果，而不是软熟果。果实的 SSC 和硬度常作为采收成熟度指标，用于贮藏的果实 SSC 达 7%~7.5% 时采收，过早或延后都不好。新西兰规定美味猕猴桃品种 SSC 达到 6.2% 以上时采收，我国规定 SSC 6.5%，果实硬度 12kg/cm^2 时，为适宜的采收期。一般猕猴桃在 8~11 月上市，分早、中、晚熟品种的海拔和纬度也有成熟时间上的差异。像陕西关中地区采收适期为 9 月下旬 ~10 月初。NY/T1392—2015《猕猴桃采收与贮运技术规范》规定了猕猴桃适宜采收期参考指标，如表 1–10 所示。

表 1–10　猕猴桃适宜采收期参考指标

参考指标	范围
SSC	≥ 6.2%
果实生育期	各产区可根据调查和试验数据，确定适合当地各猕猴桃品种采收的平均发育天数
果实硬度	80% 以上果实的硬度开始下降
果梗与果实分离的难易	80% 以上的果实果柄基部形成离层、果实容易采收
果面特征变化	80% 以上的果实果面特征如颜色发生变化、茸毛部分或全部脱落等
种子颜色	呈现黄褐色
干物质含量	≥ 15%
果肉色度角	对于黄肉品种，果肉色度角在≤ 103°

注：不同品种或同一品种在不同产地及不同年份，适宜采收期各不相同。确定某一品种的适宜采收期，应综合考虑以上因素，通过仪器检测和生产者经验来综合确定。

②采收方法。采收前 5d 内不得向园内灌水，20d 内不得施用氮肥，不得在雨后 6d 内或早晨有露水时采摘。猕猴桃贮藏中较早腐烂的果绝大多数是采收、分级、包装、装箱、运输时碰伤的果，采果人员须修剪好指甲并戴上手套，采果前不饮酒，采果时不吸烟。同一果园不同地块、同一植株不同部位的猕猴桃成熟不可能一致，应做到分期、分批采收，先外后内，先上后下，先采大果、好果，根据要求按级别采收好果、无伤果，反对一扫光的做法。不得采收碰伤果、拉伤果、虫害果、授粉不良的畸形果，以及日灼引起局部凹陷发皱的果。采果时手握果实向上推，轻轻旋转，不能硬拉。要轻拿轻放，小心装运，以避免果实损伤、堆压。装箱（筐）时要品种单一。

（2）预冷 果实采后尽早入库，要快速预冷、降低果温，进库果实要在 12h 内降至 0℃，预冷时间应不超过 24h，果温达到 0℃时预冷结束。无预冷库的放于阴凉通风处 10~12h，将果温尽量降低，最好降至 3~4℃。贾德翠等研究了不同预冷处理对中华猕猴桃品种翠玉和美味猕猴桃品种米良 1 号贮藏效果的影响，结果表明翠玉经 20℃预冷 2d 后贮藏效果最好，贮藏 90d 时的果肉硬度（2.0 kg/cm^2）和好果率（68.0%）均显著高于对照（1.5kg/cm^2，60.0%），软果率（54.0%）显著低于对照（62.0%）；米良 1 号以间歇预冷处理（于 0℃预冷 1d 后再于 20℃预冷 1d）的贮藏效果最好，贮藏 60d 时的果肉硬度（1.7kg/cm^2）和好果率（70.0%）均显著高于对照（1.5 kg/cm^2，64.0%），而软果率与对照相同（36.0%）。

（3）分级 猕猴桃的分级按照 NY/T1794—2009《猕猴桃等级规格》规定的要求进行划分（表 1-11）。应符合下列基本要求：果形端正，无畸形果，果面完好，无腐烂；洁净，无明细虫伤和异物；无变软，无明显皱缩；无异常外部水分；无异味；鲜食采收期可溶性固形物含量应达到 6.2° Brix 以上。在符合基本要求的前提下，猕猴桃分为特级、一级和二级 3 个等级。特级：具有本品种全部特征和固有外观颜色，无明显缺陷。一级：具有本品种特征，可有轻微颜色差异和轻微形状缺陷，但无畸形。表皮缺损总面积不超过 1cm^2。二级：果实无严重缺陷，可有轻微颜色差异和轻微形状缺陷，但无畸形。可有轻微擦伤；果皮可有面积之和不超过 2cm^2 已愈合的刺伤、疮疤。

表 1-11 猕猴桃品质等级要求

规格	果实重量范围 /g	最大果与最小果重量差异
小（S）	≤ 80	≤ 10
中（M）	80~100	≤ 15
大（L）	≥ 100	≤ 20

（4）包装 猕猴桃瓦楞纸箱运输包装以 10~15kg 为宜，包装箱应开透气孔，通常透气孔开设在纸箱的非主箱面上，一般是两端面，每箱气孔为 10~18 个，孔径根据果实大小以 15mm 左右为宜。箱内要有适当的空间。瓦楞纸箱不要装得过满，否则会大大增加果实内部的压伤。从抗压强度、堆码强度以及箱体堆码的稳定性方面考虑，建议箱的高度以 300~350mm 为宜。

（5）贮藏 猕猴桃是典型的呼吸跃变型浆果，采收时果实的淀粉、含酸量和硬度较高，基本上无乙烯释放。采摘后继续后熟软化，在这一过程中，出现呼吸高峰，释放乙烯，同时淀粉、果胶、纤维素等大分子有机物质也逐步分解为糖类，果实糖度上升，达到最佳食用阶段，之后有机物质继续消耗，果实进入衰老腐烂阶段。所以人们常说猕猴桃是“七天软，十天烂，半月坏一半”。相比之下，中华猕猴桃的耐贮藏性要差一些，海沃德成熟得晚，较耐贮藏和运输。猕猴桃品种很多，但耐贮性差异很大。一般美味猕猴桃比中华猕猴桃耐贮，金魁、沪美 1 号等晚熟品种比魁蜜、庐山香等中熟品种耐贮，山区种出的果比平原的耐贮，施用有机肥的果比用化肥的果耐贮，早鲜、早熟品种最不耐贮。

猕猴桃采收时温度较高，采收后置于常温条件下，果实组织的淀粉酶、乙烯水解酶和多糖水解酶促进果实降解，产生内源乙烯，进而增强果实的呼吸作用的代谢水平，从而加速果实衰老，导致果实的糖、酸、维生素 C 变化很快。因此果实采后，分级包装最好在采后 24h 进行，这是保证果实品质的关键因素所在。猕猴桃同其他水果一样，果实贮藏期的长短，不仅取决于贮藏技术，更取决于品种的固有特性。一般来说，美味猕猴桃的成熟期较中华猕猴桃晚，其果实表面的茸毛有助于减弱呼吸作用和损伤，因此其耐贮性强于中华猕猴桃。美味猕猴桃采后果实货架期一般为 12~15d，中华猕猴桃则为 5~7d。同种间的不同品种，也有耐贮藏性和不耐贮藏性，差别较大，比如说同是美味猕猴桃，海沃德猕猴桃的贮藏性就强于秦美、金魁等品种。

猕猴桃的贮藏方法有简易贮藏、低温贮藏、气调贮藏和保鲜剂处理等。

①简易贮藏。

地窖贮藏。窖藏可利用土壤作保护材料，季度和昼夜的温度变化较小；地下湿度较高，贮藏猕猴桃的果皮不易皱缩，但也需排水良好；CO_2 易积累，土壤中大气交换较慢，同时也由于呼吸使 O_2 减少，CO_2 增加，形成了自然气调，有利于果实贮藏。

通风库贮藏。利用气流交换；降低库内温度，以达到贮藏要求，但通风库受大气温度影响较大，寒冷季节库内温度低，适于贮藏，热暖季节库内降温困难。因此，建筑时要注意减少环境的影响。要选择地势高燥；避免阳光直射的阴凉地段，方向以朝北或东北为好，其余三面最好有荫蔽物，选排水良好的坡地，建成半地下式，以节省建筑费用。另一方面要选择绝热、防水、无不良气味的建筑材料。通风库的高度为 3.5~4.5m，宽 9~12m，长度根据需要确定，但也不宜过长。不论是地窖还是通风库，都必须由有经验的工作人员管理。在自然条件下，利用自然低温或通风降温等措施，可以相对延长猕猴桃的贮藏保鲜期 1~3 个月。

②低温贮藏。低温可有效地降低果实呼吸强度，减缓新陈代谢，延缓衰老，延长果实贮藏期。常温下，猕猴桃果实采摘后存放期仅为3~l0d，在10℃下，可较长时间贮藏。目前，日本采用1~2℃贮藏猕猴桃，新西兰为0~1℃。贮藏前期应将库内相对湿度控制在95%~98%，贮藏中、后期库内相对湿度控制到90%~95%。相对湿度80%~85%时，果实表皮出现明显皱缩，虽可食用，但商品价值降低。相对湿度70%~75%条件下，果实迅速失水皱缩，不能后熟变软，贮藏1个月左右即完全失去食用和商品价值。品质达标的猕猴桃冷库能贮藏猕猴桃4~6个月，若能采用气调贮藏，贮藏期一般可达半年以上。

③气调贮藏。

气调库贮藏。研究表明，采用气调贮藏时，理想的贮藏效果是控制O_2为2%~3%，CO_2为3%~5%。秦美猕猴桃在0℃、O_2 2%~3%、CO_2 3%~4%的环境中贮藏130d，好果率为95%。海沃德猕猴桃在0~5℃，2% O_2、5% CO_2条件下贮藏135d，果实硬度显著优于其他贮藏方法，且食用品质极佳。猕猴桃对乙烯极为敏感，0.01μL/L的乙烯对猕猴桃就有催熟作用。因此，在进行猕猴桃果实贮藏保鲜时一定要消除乙烯。如果用塑料薄膜袋进行简易气调贮藏，可在袋内加一些浸有饱和$KMnO_4$的碎砖块，吸收乙烯气体，贮藏效果更好。气调贮藏时，O_2低于1%时，果实易发生无氧呼吸，产生的乙醇会对果实造成伤害；CO_2长时间高于6%时，则会发生CO_2中毒现象，果实不能正常后熟。

塑料袋小包装贮藏。MA贮藏时，库内的湿度不易控制，猕猴桃容易失水皱皮，影响商品价值和经济效益，而且普通冷藏仅是通过控制温度来调节果实的代谢进程，因此贮藏期受到一定的限制，一般只有3~4个月。如果在冷库内将猕猴桃装入一定规格的塑料薄膜袋内，则会消除普通冷藏的不利因素，提高贮藏保鲜效果。塑料薄膜的特性是透气、不透水，因此袋内的水分蒸发不出来，也就防止了猕猴桃的失水皱皮和质量损失。MA贮藏时，须选择适宜规格的聚乙烯塑料袋，厚度一般在0.02~0.04mm，装载量为每袋10~20kg。在装袋前先将猕猴桃预冷透，待果温与库温一致时再装袋封口。在袋内放入乙烯吸收剂以及时消除猕猴桃释放出的乙烯。在管理过程中要定期测定袋内气体成分的含量，使CO_2含量不高于6%，O_2含量不低于10%。根据不同品种的特性，猕猴桃在MA条件下的贮藏期可达4~6个月。谢国芳等以贵长猕猴桃为试材，采用0.5μL/L 1-MCP熏蒸处理24h后装入不同厚度（20、30、40μm）的PE保鲜袋中，置于2℃库内预冷24h后，转入（0±0.5）℃的低温库中扎袋贮藏。结果表明，0.5μL/L 1-MCP熏蒸处理后结合30μm PE袋包装低温贮藏能有效抑制猕猴桃果实的呼吸速率、延缓衰老，保持果实的贮藏性能和营养成分，能有效保持猕猴桃的商品性并延长贮藏时间。

塑料大帐简易气调贮藏。将猕猴桃密封于塑料大帐内，帐的大小可根据贮藏量和贮藏库的大小而灵活设计，每帐 5~20t 不等。制氮机产出的低氧 N_2 通入塑料大帐，当大帐进气口和出气口的 O_2 浓度相同，表示该大帐充气完毕，然后，扎紧大帐的进出气口。一定时间后，大帐内的 O_2 因呼吸消耗而降至下限，或呼吸放出的 CO_2 在帐内积累至上限时，重新开启气调机进行调气，即排出帐内原来的气体而充入新制取的低氧 N_2。每两次调气间隔天数可称为调气频率，由于大帐内猕猴桃在贮藏的前期、中期和后期的生命活动强弱不同。因此，前期和后期的调气频率也不同。一般为前期 3d，中期 5d，后期 7d，此外，调气频率还受品种、装载量、库温等因素的影响。

④保鲜剂处理。采用化学保鲜剂辅助猕猴桃贮藏是最有效的抑制病害方式之一。主要采取的方式有烟剂熏蒸、溶液喷洒、溶剂浸泡、蜡剂和乳胶剂涂膜等。猕猴桃常用的液体化学保鲜剂有壳聚糖、水杨酸、O_3、花椒生物总碱等，它们的主要作用是在猕猴桃表面或周围形成相对稳定的内环境，保持果实营养成分，同时抑制果实表面微生物，防治贮藏期间病害。

降低贮藏环境中的乙烯含量，可有效延缓猕猴桃果肉变软。郭叶等研究了 1-MCP 处理对保持徐香猕猴桃在冷藏条件下的果实品质的效果，结果显示：适宜浓度的 1-MCP 处理可以延缓徐香猕猴桃维生素 C 含量的下降以及可溶性固形物和总糖含量的上升；可较好地保持果实硬度和 TA；降低果实呼吸强度和乙烯释放速率，推迟两者高峰期的到来，减缓其衰老进程；同时可抑制 MDA 的升高；提高果实的保护酶 SOD 和 POD 活力，较好的保持细胞膜完整性。1-MCP 最佳浓度为 0.9μL/L。张晓平等以秦美猕猴桃为试材，用 NO 熏蒸处理果实，并于室温（20±3）℃条件下贮藏。结果表明，NO 处理可抑制果实叶绿素酶活力，延缓叶绿素含量的下降，能够较好的保持果肉的绿色。可显著延缓果实硬度的下降，尤其是前期硬度的下降，抑制了加速果实衰老的 H_2O_2 等活性氧含量的上升，提高了 SOD、POD 和 CAT 等保护酶的活力，降低赖氨酰氧化酶（LOX）活力和 MDA 含量，降低果实的膜脂过氧化程度。NO 处理抑制猕猴桃维生素 C 的降解，延缓果实 TA 和 SSC 的变化，一定程度上抑制猕猴桃贮藏过程中果实品质的劣变。

（6）运输配送　运输工具应清洁、卫生、无异味、无污染，严禁与其他有害、有毒、有异味的物质混装混运。短距离运输可用卡车等一般的运输工具，从产地到贮藏库，用非控温运输时，果箱在车内应码成花垛，以便通风散热。

从贮藏库运往市场，当用非控温方式时，果箱在车内应堆码紧密，并用篷布、棉被（或其他覆盖物）等覆盖，以保持车厢内较低温度。并根据天气情况，采取相应的防热、防冻、防雨措施。

长距离运输要求有调温设备的集装箱运输，保持车内温度均匀，温度控制在0~2℃。货物与车的底板和壁板之间需留有间隙，对于低温敏感的猕猴桃品种，不能紧靠机械冷藏车的出风口或加冰冷藏车的冰箱挡板。

1.2.1.7 樱桃

樱桃（Cherry）是某些李属类植物的统称，包括樱桃亚属、酸樱桃亚属、桂樱亚属等。乔木，高2~6m，树皮灰白色。小枝灰褐色，嫩枝绿色，无毛或被疏柔毛。冬芽卵形，无毛。果实富含糖、蛋白质、维生素及钙、铁、磷、钾等多种元素。世界上樱桃主要分布在美国、加拿大、智利、澳洲、欧洲等地，中国主要产地有山东、安徽、江苏、浙江、河南、甘肃、陕西、四川等。我国作为果树栽培的樱桃主要有中国樱桃、甜樱桃、酸樱桃和毛樱桃4种。我国引进的栽培品种有那翁、大紫、红灯、斯坦勒、拉宾斯、左腾锦、萨米脱、萨姆、赛米特、海地芬、雷尼、先锋、黄玉、滨库、友谊、奇好、红丰、草紫等20多个品种。

（1）采收

①采收期的确定。鲜食甜樱桃早熟品种在5月下旬，中熟品种在5月底至6月初，晚熟品种在6月中下旬采收。华北地区一般在5月上中旬。若为长途运输、异地销售，为延长货架期，则应适当早采，在果实八成熟时采收。当地市场销售，晚熟不易裂果品种，可适当晚采。作为鲜食果品贮藏增值的，宜在八成熟时采收。另外可依据品种特性安排采收期，凡是软肉、易裂果品种，可在八九成熟时采收；凡是果肉较硬、不易裂果的品种可在充分成熟时采收。还可根据天气情况决定采收，若果实已达到八成熟，遇阴雨、大风天气时，适当早采。

②采收方法。采用人工采摘的方法，采摘时要轻采轻放，用手握果柄，用食指顶住果柄基部，轻轻掀起即可采下。在采收时果实上必须带果柄，不带果柄的果实易腐烂变质。在采收过程中，要尽量避免折断果枝，以免影响翌年产量，采后宜放在阴凉处，避免阳光直射。

（2）预冷　装箱后应及时入库预冷，应设有专门的预冷间或预冷库，从采收到预冷应不超过12h，一次入库预冷量是库容的10%~30%。预冷温度0~2℃，预冷时间一般为10~12h，预冷时，要解开保鲜袋口，周装箱不要摞放，预冷后及时入库贮藏。各种预冷方法中，以水冷方式最好。如果在室外进行预冷处理，水槽里应加入的漂白粉和乙氧基醇表面活性剂，浸果后用饮用水冲洗掉果实表面的残留药剂。如果在室内进行预冷处理，清洗时加入 100mg/kg 的氯离子和表面活性剂，为了保持最大的抗菌活性，溶液加入次氯酸盐后 pH 应达到 7.0~8.0。预冷过程中应随时对 Cl_2 的水平进行监控，最好是每小时一次，处理后用饮用水清洗果面，果实晾干后于 0℃下贮藏，或直接在预冷库预冷 10h 左右，将果温降至 0℃。

（3）分级　依据 GB/T 26906—2011《樱桃》品质等级，参照表 1–12 进行樱桃品质等级的划分。同时参考 NY/T 2302—2013《农产品等级规格樱桃》；LY/T 1781—2008《甜樱桃贮藏保鲜技术规程》。所有等级的樱桃均应符合下列基本要求：同一品种，具有该品种固有的特征，品种不混杂。果实新鲜洁净，无异常外来水分，无异味，无腐烂、病虫害、冷害和冻害。具有适于市场或贮藏要求的成熟度。SSC 达到该品种固有的特性。在符合基本要求的前提下，樱桃分为特级、一级和二级。

表 1–12　　樱桃品质等级要求

项目	特级品	一级品	二级品
果形	果形端正，具有本品种的典型果形，无畸形果		具有本品种的典型果形，允许有 5% 的畸形果
色泽	色品种着色全面，浅色品种着色 2/3 以上	色品种着色全面，浅色品种着色 1/2 以上	着色全面，浅色品种着色 1/3 以上
果面	果面光洁，无磨伤、果锈和日灼		
果梗	带有完整新鲜的果梗，不脱落		
机械伤	无		
单果重	果实单果重由大到小分布的前 20%	果实单果重由大到小分布的 21%~60%	果实单果重由大到小分布的 61%~90%

（4）包装　樱桃内衬大樱桃保鲜袋，外置于纸盒中，为避免压伤果实，每盒装果 2~5kg。用于长途贩运的包装盒（箱）应有足够的强度，适于码垛装车运输，盒底、盒顶可以垫一些缓冲物（网套、柔软的包装纸等），果实尽量装紧实，以减少相互碰撞和摩擦。小包装（零售包装）一般采用纸或无毒硬塑制的盒或盘。

（5）贮藏　樱桃属于非呼吸跃变型果实，在贮藏过程中呼吸强度一直呈下降趋势，不同品种呼吸强度不同，早熟品种较不耐贮藏。在贮藏过程中，乙烯释放量较少，SSC、维生素含量等逐渐下降，果实易软化，出现褐变情况。

主要的贮藏方式有以下几种。

①低温贮藏。樱桃冷藏适宜温度为 -1~1℃，相对湿度在 90% ~95%，在此条件下，贮期可达 30~40d。

②气调贮藏。樱桃可耐较高浓度的 CO_2，在温度 0℃，CO_2 20%~25%，O_2 3%~5%，相对湿度 90%~95% 条件下进行贮藏。目前大多采用 MA 气调贮藏方法，也可在 0℃条件下，压力 52kPa，每 4h 换气一次的条件下进行贮藏，一般可以贮藏 50~70d。

1.2.1.8　草莓

草莓（Strawberry），蔷薇科草莓属浆果类多年生草本植物，其果肉鲜美，含有特殊的浓郁芳香，具有较高的营养价值，是一种重要的经济作物。在世界浆果类水果生产中，草莓的栽培面积和产量仅次于葡萄。全世界大约有 50 种草莓属植物，常见的草莓属植物约有 20 种，至少有 11 种在我国自然分布。我国为世界草莓生产第一大国，主要分布在河北、山东、辽宁、江苏和安徽等地。目前在我国栽培面积较大的草莓有以下品种：主要的日本品种有红颜、章姬、丰香、枥乙女、鬼怒甘、幸香、女峰、宝交早生、丽红、春香等；主要的欧美品种有西班牙的图得拉、杜克拉、卡尔特 1 号、安娜、弗吉尼亚，法国的达赛莱克特、姆托，荷兰的埃尔桑塔、因都卡、戈雷拉，德国的森加森加拉，保加利亚的索菲亚，美国的哈尼、全明星、世纪红，加拿大的奖赏；我国培育的主要品种有硕丰、新明星、明晶、明旭、明磊、黔莓 2 号等。

（1）采收　近年来，由于设施栽培技术的发展，草莓采收期可从当年 12 月持续到次年 5 月，采收时要求果实着色至少 80%~85%，此时草莓果实相对较耐贮运。草莓果成熟不一致，要求分期采收，每天或隔天采摘 1 次。每次采收应将成熟的果实采收干净，不可留到下次，以免因过熟腐烂影响其他果实。适宜的采收时间是晴天的清晨、上午 10 点前或傍晚凉爽时，其他时间不宜采收。

采收时先剔除病、裂果，然后把好的整果轻轻放在特制的果筐里，果筐大小以（90 × 60 × 15）cm 为佳，装满草莓的果筐可套入聚乙烯薄膜袋中密封，及时送冷库冷藏。同时注意摘果时要连同花萼自果柄处掐下，要避免手指与果实相接触。倘若无特制果筐也可采用高度在 10cm 内的有孔筐采收草莓，此时注意不要翻动果实，以免碰伤果皮。

（2）预冷　根据行标 NY/T　2787—2015《草莓采收与贮运技术规范》的要求，当采摘果实中心温度高于 10℃时，需进行预冷。果实采收后预冷宜在 2h 内进行，预冷方式可采用冷库预冷、差压预冷、真空预冷等，使果实中心温度尽快预冷至 8~10℃。研究发现，草莓在 30℃的条件下延迟预冷 6h，果实硬度和色泽明显降低。草莓若不进行预冷，即使通过 0℃冷藏运输也仅有 4d 的货架期。草莓从田间采收需在 1h 之内预冷，避免质量损失和延长货架期。同时，草莓作为易腐产品，预冷时间应控制在 1~2.5h，预冷速度越快，草莓的品质越好。

草莓适宜的预冷方式为差压预冷、冷库预冷和真空预冷。美国农业部（USDA）建议草莓最佳预冷方式为差压预冷，特别情况下可以使用冷库预冷。刘凤珍等研究草莓差压通风预冷过程中的影响参数时发现，草莓从 25℃预冷到 1℃，圆形开孔，开孔率为 14% 时，预冷速度最快，冷却时间仅为 79min。姜莎等对草莓进行 700Pa、500Pa 和 300Pa 三种不同真空度的真空预冷的研究，研究表明，终压在 300Pa 时，草莓从常温预冷到 1℃仅需要 11min，失重率 5.1‰，预冷效果最佳；同时预冷后的草莓硬度和维生素 C 含量下降缓慢，保鲜效果优于不预冷的草莓。鄂晓雪等研究了常规真空预冷和真空喷水预冷处理对草莓果实降温速率的影响，结果表明，预冷终压 300Pa 下草莓降温速率最大，从 22℃左右降到 1℃仅需 11min，冷却效果最佳；同时经过真空预冷的草莓在冷藏期间的品质好于经过冷库预冷的草莓。李文香等的研究得出真空预冷能抑制草莓呼吸强度及细胞膜透性的升高，减缓维生素和花色苷的降解。从预冷速度来说，真空预冷的速度最快，但真空预冷设备初期投资高，成本大，同时产品失重率较高，难以推广应用；冷库预冷速度慢，冷却不均匀，草莓的品质得不到保证；差压预冷预冷速度快，适用于大多数果蔬的预冷，造价相对较低，适宜大规模推广。因此，实际生产中草莓的最佳预冷方式为差压预冷，可有效地缩短草莓的预冷时间，保证草莓的商品品质。

（3）分级　依据 NY/T 1789—2009《草莓等级规格》，参照表 1-13 进行草莓品质等级的划分。

表 1-13　　草莓品质等级要求　　单位：g

规格		大（L）	中（M）	小（S）
大型果	单果重	＞ 25	20~25	≥ 15
	同一包装中单果重差异	≤ 5	≤ 4	≤ 3
中型果	单果重	＞ 20	15~20	≥ 10
	同一包装中单果重差异	≤ 4	≤ 3	≤ 2
小型果	单果重	＞ 15	10~15	≥ 5
	同一包装中单果重差异	≤ 3	≤ 2	≤ 1

（4）包装　草莓组织娇嫩，果皮较薄，采收、包装过程中易受机械损伤，

失去商品价值，应按照同一产地、同一品种、同一等级、同一规格和同一成熟度进行包装。包装操作间环境温度宜为10~15℃，操作间与操作人员卫生条件应符合GB 14881—2013《食品安全国家标准 食品生产通用卫生规范》的要求，包装材料与标识应符合NY/T 1778—2009《新鲜水果包装标识 通则》的规定要求。

草莓分装分2种情况：当地市场鲜销的草莓，内包装宜采用塑料小包装盒或纸盒，果实摆放紧密而不松动，装果高度宜为1层；外包装可采用纸箱、泡沫箱等，包装材料应坚固抗压、清洁卫生、干燥无异味，对产品具有良好的保护作用。箱内的独立小包装应摆放整齐、紧密、不松动，小包装盒叠放高度不宜超过3层；需物流运输销售的草莓，外包装应采用具有较高抗压性能的泡沫箱等防震材料，果实直接紧密摆放于外包装箱内，装果高度宜为1层，并在包装底部和果实表面垫柔软缓冲物。条件允许也可在外包装泡沫箱内放置小包装盒，每小盒内装果宜为1层，小包装盒叠放高度不宜超过3层，小包装盒与外包装之间固定不松动，且放置冰瓶（袋）等蓄冷材料并密封。蓄冷材料应与草莓果实相隔离，不宜直接接触（NY/T 2787—2015《草莓采收与贮运技术规范》）。

目前国外均采用掀盖透明塑料盒在田间对草莓进行采收包装，采收过程中，采收人员挑选大小和成熟度一致的草莓装进盒中，避免草莓在后续环节的再次包装和造成机械损伤，有效保证冷链过程中草莓的品质。国内目前仍采用有孔框或特质果盘采收草莓，既无法保证草莓的品质，同时增加后续环节（分级和再次包装）的成本。草莓从田间到消费者餐桌的冷链物流过程中，采后商品化处理及适宜包装可以尽量避免草莓在冷链物流过程中的质量变化、腐烂损失，维持其商品价值。

罗自生等研究，4℃贮藏条件下，与普通低密度聚乙烯（LDPE）薄膜包装相比，纳米二氧化钛改性LDPE薄膜可抑制草莓果实腐烂指数和失重率的上升，延缓硬度的下降，保持果实贮藏后期较高的抗坏血酸和总酚含量以及较高的抗氧化能力。高康报道，使用浓度为10%的聚乙烯醇（PVA）和浓度为2%的丁香精油以及浓度为0.5%吐温-80配制成湿敏型缓释保鲜剂涂布在瓦楞纸箱内表面制成湿敏型保鲜纸箱，在常温贮藏采后草莓果实可以较好地维持果实的外观品质，贮藏期延长3d。

（5）贮藏 草莓含水量高（90%~95%），果皮较薄，组织娇嫩，易受机械伤和微生物侵染而腐败变质，采后高温下呼吸旺盛，在27℃条件下的呼吸强度［211CO_2 mL/（h·kg）］是4℃条件下［18CO_2mL/（h·kg）］的11.7倍。

草莓是一种非呼吸跃变型果实，常温下放置1~2d，即失去光泽，失水萎蔫，质量下降，失去商品价值。同时草莓生产季节集中，不耐贮藏，严重影响了草莓的远销和货架寿命。

①低温贮藏。低温条件可以有效减缓草莓的新陈代谢作用，保持其营养品质，延长货架期，高的相对湿度可以降低草莓的失重率，进一步延长草莓货架期。草莓的最佳冷藏温度为0℃，相对湿度90%~95%。

②气调贮藏。草莓属于耐高CO_2的果实，草莓适宜的气调环境为CO_2：10%~20%，O_2：5%~10%。李文生等研究了CA对草莓的保鲜效果，在0℃贮藏条件下，气调箱分别充入15% CO_2、20% CO_2和不充气对草莓品质的影响。结果表明，自发气调贮藏的草莓5d即产生酸败味，腐烂明显增多；充入20%CO_2的草莓贮藏6d后略有醇味，10d后颜色变暗，醇味明显；充入15%CO_2的草莓贮藏前10d保持了新鲜外观、口味正常，品质保持最好。

③保鲜剂处理。草莓在过熟衰老过程中呼吸速率上升，属于末期上升型，草莓采后乙烯释放量明显呈上升趋势，许多实验已经证明外源乙烯可影响草莓的软化、腐烂及颜色变化。李雪枝研究了不同浓度1-MCP对草莓品质的影响，研究表明，相对于500mL/L和900mL/L 1-MCP，250mL/L 1-MCP更有效地抑制了乙烯的生成和MDA的增加，更好地保证了草莓的品质。

（6）运输物流　冷藏运输是草莓冷链流通中连接草莓产销和保持冷链畅通的重要环节。根据运输路线的不同，分为航空运输、陆路运输和水路运输，陆路运输又分为公路运输和铁路运输。运输装备有隔热保温车、蓄冷板冷藏车、机械冷藏车和冷藏集装箱等。

草莓预冷结束后，最好当天能直接运输到市场进行销售。为了保证冷链的完整性，草莓在运输之前，冷藏车需预冷到0℃左右，若冷藏车不提前进行预冷或运输时温度不稳定，都将使草莓在冷藏车中由于温度的波动，表面凝结水珠，导致被真菌污染，从而降低其货架寿命，因此草莓使用低温冷藏运输是非常必要的。

（7）销售　销售是草莓冷链流通中最能体现商品价值的一个环节。草莓的冷链销售主要是通过冷藏柜和冷藏货架，并根据草莓规定的货架期进行销售。温度控制在草莓冷藏销售过程中是非常重要的，草莓对温度极为敏感，维持适宜的冷藏销售温度，可以最大限度地保证其品质，减少损失。草莓销售时应放在冷藏销售柜中，冷藏销售温度控制在2~4℃；同时，冷藏销售柜放置草莓前，应用温度计查看柜内送风温度是否为0~2℃，冷藏销售柜里的草莓不宜放置过多，以免阻碍气流的流通。销售过程中的控制全程低温非常重要，严灿等研究表明，全程低温的草莓品质保持最好（好果率91.6%），先低温后常温（好果率84.4%）与低温常温交替（好果率85.2%）两个处理组草莓的品质保持差异不显著，全程常温的草莓品质保持最差（好果率51.2%），结果表明，草莓的品质受冷藏时间长短的影响大于温度交替的影响。因此草莓在销售过程中需全程保证其低温，避免高温的出现，同时也需保证温度的恒定，避免波动。

1.2.1.9 甜瓜

甜瓜（Melon），又名“香瓜”“白啄瓜”，是葫芦科黄瓜属一年生蔓性草本植物。瓜呈球、卵、椭圆或扁圆形，皮色黄、白、绿或杂有各种斑纹。果肉绿、白、赤红或橙黄色，肉质脆或绵软，味香而甜。性喜高温、干燥和充足的阳光。甜瓜原产非洲和亚洲热带地区，广泛栽培于温带至热带地区。中国各地普遍栽培，新疆为厚皮甜瓜起源中心，华北为薄皮甜瓜次级起源中心。华北、西北产的香甜味浓，潮湿地区产的水分多味较淡。著名的新疆哈密瓜，即为甜瓜变种的一个品种。果实的形状、颜色因品种而异，果实变化较大，可分为数个变种，园艺上可归属于数个品系，其中菜瓜、哈密瓜和白兰瓜也各属于不同的变种或者品系。果实可作水果或蔬菜，瓜蒂和种子药用。按植物学分类方法，可把甜瓜分为8个变种：网纹甜瓜、硬皮甜瓜、冬甜瓜、观赏甜瓜、柠檬瓜、蛇形甜瓜（菜瓜）、香瓜和越瓜。按生态学特性，通常又把甜瓜分为厚皮甜瓜与薄甜瓜两种。

（1）采收

①采收期的确定。应选择晴天的早晚采后，雨后3d方可采收，为使甜瓜在运输和装卸过程中能抗机械损伤，应选择适宜的成熟度采收，果实的成熟度取决于栽培品种和生理生长期。网纹甜瓜成熟时会散发出强烈的香气，表面呈现网纹，果皮变黄且有光泽，瓜梗自然脱落。用于短期冷藏和直接销售的早熟品种，应当在九、十成熟时采收，带有瓜蒂或不带有瓜蒂均可。用于冷藏运输并进行长期冷藏的中晚熟品种，可在冷藏过程中逐渐成熟，在比生理成熟度提前2~3周采收。中国西北、东北一年一作，春种秋收，华北、华南春种夏收。

②采收方法。人工采收，采收时用小刀或剪刀切除，保留2~3cm瓜柄，采摘必须轻采轻放，并用纸或软棉布擦拭干净瓜面的水滴及污物。

（2）预冷 采摘之后，进行预冷，不同品种的甜瓜预冷所达到的温度不同，一般要求在8℃左右。早熟品种采收与预冷时间间隔不应超过8~10h，中、晚熟品种不应超过4~5d，预冷的温度不低于推荐的冷藏和冷藏运输的最低温度。

早熟品种应预冷 12~15h，应保证每吨甜瓜有 80~100m^3/h 的空气流量。冷却后的甜瓜在冷藏运输装卸过程中应避免温度上升。

（3）分级　分级的主要目的是使产品达到商品化，通过分级可以按级定价，也便于贮藏销售和包装。一般薄皮甜瓜不进行分级，只是在销售或运输前将小瓜、不熟瓜挑选去除即可，厚皮甜瓜要求严格，应根据果行、果色、网纹和条带要求等进行分级。

（4）包装　根据大小、形状、色泽进行分级包装。应采用纸板箱、木箱和箱式托盘包装。包装材料应足够坚固以保护果实免受机械损伤，并选用无毒材料，不会引起果实的外部或内部变化。包装时，甜瓜不应叠加放置，彼此之间不接触，包装表面应平整、无突起。包装箱内除了根据甜瓜的品种大小和利用空气流动而放置的塑料衬垫外，不应再填充任何其他材料。甜瓜应在干燥、洁净和推荐温度的条件下冷链或运输。

（5）贮藏　甜瓜属于跃变型果实，果实成熟过程中呼吸速率发生着规律性的变化，最初降低，然后急剧升高，最后又降低。在此过程中各种水解酶类和呼吸酶类的活力急剧提高，乙烯的生成量也提高了，当果实进入成熟后期，还原糖的增加趋势变缓，蔗糖含量上升加快，但总可溶性糖基本保持不变或略有下降，后期贮藏过程中果实会变软。甜瓜不应与具有强烈气味的蔬菜或产生乙烯的水果同时冷藏。主要的贮藏方法有以下几种。

①简易贮藏。选晚熟品种最好。预冷后，每层隔板只摆放一层瓜，以后定期翻转，防止瓜与木板接触处腐烂。入窖初期要打开全部通气孔和门窗，当气温下降到 0℃时即关闭窖门和通气孔，并保持窖温 2~4℃，相对湿度 85%~90%，此方法可将瓜贮藏至翌年 4~5 月。也可在窖内一排相距 50cm 的横梁上系上长 1.5~2m 的粗麻绳或布带，每 3 根为 1 组，绳或布带每 50cm 打一死结，将瓜放在 3 根绳或布带打结后形成的兜内（瓜柄向上），挂完后每 5~7d 检查 1 次，发现瓜顶变软及时拣出。此法也可将瓜贮藏至翌年 4~5 月。

②低温贮藏。将经防腐和预冷处理的瓜装入有通气孔的纸箱或竹筐内，交叉叠堆于冷库内，早、中熟品种保持库温 5~8℃，晚熟品种 3~4℃，保持冷库相对湿度 85%~90%，可贮藏 4~5 个月。

③气调贮藏。使用充氮降氧贮藏法，即把甜瓜装入袋内放入果窖中，窖温高时每周充 N_2 3~5 次，窖温低时充 2~3 次。随即测定 O_2 的含量，使 O_2 的浓度保持在 3%~5%，CO_2 为 0~2% 最为适宜。

④保鲜剂处理。用 0.1% 托布津等浸瓜 2~3min，捞出晾干后再用稀释 4 倍的 1 号虫胶涂抹瓜面，以形成一层半透明膜，晾干后包装入箱，放温度

2~3℃、相对湿度80%~85%条件下贮藏，可贮藏3~4个月。

1.2.1.10 香蕉

香蕉（Banana）是一种热带及亚热带水果，多分布与纬度30° 以内的热带和亚热带地区，是热带和亚热带发展中国家的重要作物之一。我国在3000多年前就开始栽培香蕉，现已成为我国南亚热带地区的大宗水果，其产地主要分布在广东、广西、福建、海南、台湾、云南、四川和贵州等省（自治区）。香蕉从种植到收获，一般仅需要11~14个月，生产周期短，经济效益高，可全年供应。近年来，中国香蕉产业发展迅猛，是世界贸易量最大的鲜果之一，同时也是世界第二大香蕉主产国。其主要品种有齐尾、仙人蕉、威廉斯、大种高把、高脚顿地雷、矮脚顿地雷、广东香蕉1号、广东香蕉2号、美蕉、西贡蕉、天宝蕉、畦头大蕉、高州矮香蕉、广西矮香蕉和河口高把香蕉等。

（1）采收

①采收期的确定。香蕉须在其呼吸高峰前的绿硬期采收。判断成熟度最简易的方法是看果实的饱满程度，目测果穗中部果指的果棱和果皮颜色，判断果实的成熟度。果实棱角明显高出，果面凹至平，果色浓绿，果实成熟度不足70%，不宜采收；果身近于平满，果实棱角较明显，果色青绿，横切面果肉发白，成熟度达70%；果身较圆满，尚现棱角，果色褪至浅绿，横切面果肉中心微黄，发黄的部位直径不超过1cm，成熟度达80%；果身圆满，基本无果棱，果色褪至黄绿色，果肉大部分变黄色，发黄面积超过横切面的2/3时，果实成熟度达90%。成熟期整齐的蕉园，应在采收前7d停止灌水；成熟期不齐的蕉园，应在采收前7~10d，适当控制灌水量。

②采收期的生长天数。

春蕉（2~4月采收）。用于近销或短期贮运的宜在断蕾后95~120d收获；用于远销或较长期贮运的宜在断蕾后80~100d收获。

夏蕉（5~7月采收）。用于近销或短期贮运的宜在断蕾后80~100d收获；用于远销或较长期贮运的宜在断蕾后70~90d收获。

秋蕉（8~10月采收）。用于近销或短期贮运的宜在断蕾后80~90d收获；用于远销或较长期贮运的宜在断蕾后70~80d收获。

冬蕉（11月至翌年1月采收）。用于近销或短期贮运的宜在断蕾后85~105d收获；用于远销或较长期贮运的宜在断蕾后80~95d收获。

③采收方法。香蕉采收时的基本原则是适时、无损。适时，即确定合适的采收成熟度，以满足鲜销、贮藏及加工所要求的品质。无损，即要求尽可能保护产品表面结构的完整性，以减轻病原物对产品造成的损害。

（2）预冷　香蕉包装入库后，应在48h内将库中温度降至11℃，待温度均衡后，再将温度控制在10~14℃，贮存期间应将开启通风设备进行通风，促进空气循环，稳定库内温度。库内湿度应该控制80%~90%。

（3）分级　依据国标GB 9827—1988《香蕉》，香蕉品质等级的划分参考表1-14和表1-15。

表1-14　　条蕉品质等级要求

项目	优等品	一等品	合格品
特征	香蕉须具有同一类品种的特征		
色泽	果实新鲜，形状完整，皮色青绿，清洁		果实新鲜，形状尚完整，皮色青绿，清洁
成熟度	成熟适当，饱满度为75%~80%	成熟适当，饱满度为75%~80%	成熟适当，饱满度为75%~80%。
质量、梳数及长度	每一条香蕉重量在18kg以上，不少于七梳，中间一梳每只长度不低于23cm	每一条香蕉重量在14kg以上，不少于六梳，中间一梳每只长度不低于20cm	每一条香蕉重在11kg以上，不少于五梳，中间一梳每只长度不低于18cm
每1kg只数	尾梳蕉每千克不得超过12只。每批中不合格者以条蕉计算，不得超过总条数的3%	尾梳蕉每千克不得超过16只。每批中不合格者以条蕉计算，不得超过总条数的5%	尾梳蕉每千克不得超过20只。每批中不合格者以条蕉计算，不得超过总条数的10%
伤病害	无腐烂、裂果、断果。裂轴、压伤、擦伤、日灼、疤痕、黑星病及其他病虫害不得超过轻度损害	无腐烂、裂果、断果。裂轴、压伤、擦伤、日灼、疤痕、黑星病及其他病虫害不得超过一般损害 果轴头必须留有头梳蕉果顶1~3cm	无腐烂、裂果、断果。裂轴、压伤、日灼、擦伤、疤痕、黑星病及其他病虫害不得超过重损害

表1-15　　梳蕉品质等级要求

项目	优等品	一等品	合格品
特征	香蕉须具有同一类品种的特征		
色泽	果实新鲜，形状完整，皮色青绿，有光泽，清洁		果实新鲜，形状尚完整 皮色青绿，清洁
成熟度	成熟适当，饱满度为75%~80%		
每千克只数	梳型完整，每千克不得超过8只。果实长度22cm以上。每批中不合格者，以梳数计算，不得超过总梳数的5%	梳型完整，每千克不得超过11只。果实长度19cm以上。每批中不合格者，以梳数计算，不得超过总梳数的10%	梳型完整，每千克不得超过14只。果实长度16cm以上。每批中不合格者，以梳数计算，不得超过总梳数的10%

续表

项目	优等品	一等品	合格品
伤病害	无腐烂、裂果、断果。裂轴、压伤、擦伤、日灼、疤痕、黑星病及其他病虫害轻度损害	无腐烂、裂果、断果。裂轴、压伤、擦伤、日灼、疤痕、黑星病及其他病虫害不得超过一般损害果轴	无腐烂、裂果、断果。裂轴、压伤、日灼、疤痕、黑星病及其他病虫害不得超过重损害

（4）包装　采用天地盖式瓦楞纸箱包装，下层（地箱）与上层（天盖）分别有双瓦楞与单瓦楞纸板组成。瓦楞纸箱的两端两侧可开直径为30mm的通气孔，其面积一般占纸箱表面积5%，数量位置根据需要确定。装箱方法是用纸箱盛装香蕉，箱内套装薄膜袋，蕉果弓形背部不得向下，只装同等级果实。一般每箱容量为12.0~13.5kg，也可以根据合同双方的规定文件执行。瓦楞纸箱尺寸，按照NY/T 1395—2007《香蕉包装、贮存与运输技术规程》。内包装用的聚乙烯薄膜袋厚度为0.03~0.04mm。

（5）贮藏　香蕉是典型的呼吸跃变型水果。香蕉果实采后，常温下迅速出现呼吸跃变；后熟过程中，香蕉乙烯释放高峰出现于呼吸高峰之前，从而加速了呼吸高峰的到来和乙烯的释放，促进了果实转黄、变甜、变软和涩味消失，病原菌和机械伤害会促进生理后熟，缩短果实贮藏寿命；香蕉对低温十分敏感，在低于11℃时冷藏时发生冷害，致使香蕉采后难以贮藏和长途运销。

香蕉贮藏方法主要包括气调贮藏、保鲜剂处理和臭氧处理等。

①气调贮藏。香蕉在贮藏过程中由于大量释放乙烯，因此在贮藏过程中要注意及时排除乙烯，防止自身催熟作用。一般香蕉贮藏环境：温度11~13℃，O_2为2%~8%，CO_2为2%~10%，相对湿度为90%~95%。张长峰等采用四种不同厚度（0.022、0.028、0.037和0.061mm）聚乙烯薄膜袋包装香蕉在常温（20±0.5）℃进行贮藏试验，发现乙烯薄膜袋厚度对香蕉贮藏效果显著，其中用0.061mm包装果较之于对照果和其他厚度包装果，整个贮藏期间乙烯生成量也保持较低水平，但是各厚度薄膜包装对果实失重影响相差不大。

②保鲜剂处理。张明晶等采用200nL/L 1-MCP对香蕉进行处理24h，后贮藏于20℃条件下。结果表明：1-MCP处理显著地降低了香蕉果肉中可溶性糖和SSC的上升速率，延缓了果实硬度的下降。李昌宝等用200μg/kg ClO_2溶液浸泡3min后，再经1μg/L 1-MCP处理处理12h，然后分别进行室温贮藏（25±0.5）℃和冷藏（13±0.5）℃，并观测贮藏过程中香蕉品质的变化。结

果表明：无论在室温贮藏还是冷藏条件下，ClO_2 结合 1–MCP 处理均可有效减缓香蕉褪青和转黄，降低香蕉硬度下降速率，阻止 TA、可溶性总糖和还原糖的上升速率。按照 NY/T 1395—2007《香蕉包装、贮存与运输技术规程》推荐的方法（表 1–16），香蕉经防腐剂处理后，装入 0.03~0.04mm 的聚乙烯薄膜袋中，同时加入乙烯吸收剂并密封包装，乙烯吸收剂可采用 $KMnO_4$ 浸泡碎砖块、珍珠岩、沸石或活性炭等多空性物质制成，用量按每 50kg 香蕉用 0.4kg 吸透 $KMnO_4$ 溶液的多空性物质，另外可同时按香蕉与熟石灰为 1000：4~8 的比例装入熟石灰来吸收 CO_2。

表 1–16　推荐防腐剂及使用方法

通用名称	使用浓度 /%	使用方法
噻菌灵	0.05~0.1	喷雾 4~6s 或浸果 30~60s
噻菌灵 + 咪鲜胺锰络合物	0.05+0.025	
噻菌灵 + 异菌脲	0.05+0.05	
咪鲜胺	0.2~0.3	
咪鲜胺锰络合物	0.1	
抑霉唑	0.05	

③ O_3 处理。戴世华等采用 O_3 浓度为 3mg/L，对香蕉处理时间 5min，在贮藏 20d 后，发现香蕉仍具有较好的内在品质和外观品质。

（6）运输配送　一般气温高于 25℃的常温运输或运输时间较长（＞ 6d）时，宜在密封包装内放入乙烯吸附剂和 CO_2 吸附剂，具体使用见表 1–17。短期贮运（＜ 6d），不用放入乙烯及 CO_2 吸附剂。

表 1–17　香蕉贮运期间乙烯和 CO_2 吸附剂的使用

吸附剂种类	药剂	载体	载体配制	包装	使用量
乙烯吸附剂	$KMnO_4$	红砖碎块（新出窑）蛭石、珍珠岩、硅藻土、泡沫砖、活性炭或沸石等	将饱和的 $KMnO_4$ 溶液倒入多孔性物质中，并搅拌均匀，晾干	透气的无纺布袋、涤给袋或扎有数个小孔的塑料小袋、棉纱小袋；每包 20g	配制后的载体约占香蕉果品质量的 0.8%；即每箱放入配制后的载体 5~6 包（每箱约需 $KMnO_4$ 3~4g）
CO_2 吸附剂	熟石灰（消石灰）	不用载体		透气的小布袋、扎有数个小孔的塑料小袋；每包 20g	药剂占香蕉果品质量的 0.5%~0.8%，即每箱放入 5~6 包熟石灰

冷藏运输期间，车箱船舱内温度应控制在 13~14℃，不低于 13℃，而相对湿度应为 85%~90%。在无条件的夏季运输，应适当减少运载量，开窗，并留有更多的通风空间，必要时应采用隔热材料，而在冬季运输，应关闭车箱的门窗，必要时在车箱内悬挂保温材料，应保存车内温度在 13℃。长途运输宜用冷藏车，短途运输可用普通货车。配送时，量大冷藏车或保温车，量小电动车。

1.2.1.11　柑橘

柑橘（Citrus），属芸香科、柑橘亚科、柑橘族、柑橘亚族的真正柑橘果树类植物。真正柑橘果树类包括金柑属、澳沙檬属、枳属、多蕊橘属、澳指檬属和柑橘属共 6 个属。我国是世界上最早栽培柑橘，也是最重要的栽培国家之一，有甜橙、柚、柑、橘、葡萄柚、柠檬等重要栽培类型。我国柑橘种植面积辽阔，分布在北纬 16° ~37°，海拔最高达 2600m（四川巴塘），南起海南省的三亚市，北至陕、甘、豫，东起台湾省，西到西藏的雅鲁藏布江河谷。

目前，我国有一些非常著名且有地方特色的柑橘品牌如广东砂糖橘、黄岩蜜橘、赣南脐橙、寻乌蜜橘等远销海内外。根据国际上通用的分类标准，柑橘属水果具体包括甜橙、宽皮柑橘、柠檬和酸橙、葡萄柚和柚以及其他柑橘类水果，我国柑橘生产以宽皮柑橘为主。

（1）采收

①采收期的确定。我国柑橘的成熟期相对比较集中，主要集中在 10 月、11 月和 12 月。其中温州蜜柑、椪柑和柚子主要集中在 10~12 月，脐橙和椪柑主要集中在 11 月、12 月和 1 月；夏季成熟的品种则相对比较少，主要有夏橙，而且占的比重比较低。

柑橘采收时间要因鲜销或加工、贮藏等用途不同而有所区别。鲜销：以选黄留青、分批采收为原则，采收的成熟度应在 9 成以上，直至完熟到该品种成熟时固有指标。加工或贮藏：一般要求适当早采，通常果实成熟度达到 8 成左右即可采收，果面颜色转成本品种固有色彩的比例应大于 2/3（柚除外）。过早采收，果皮蜡质尚未形成，不易贮藏；过迟采收，易发生浮皮和枯水，也会影响贮藏和加工品质。采收成熟度指标如下：脐橙≥ 11%（SSC，下同）、冰糖橙≥ 16%、大红甜橙≥ 8.5%、早熟蜜柑≥ 8.5%、中熟蜜柑≥ 12%、椪柑≥ 10%、香柚≥ 12%。

②采收方法。采收时应使用圆头果剪，用“两剪法”采果：一手托果，一手持剪，第一剪于果蒂 1cm 处剪下果实，第二剪齐果蒂剪平，需整齐剪去果柄，避免过长或过短。装果容器内应衬垫柔软的麻袋片、棕片或厚的塑料薄膜等，以防擦伤果皮。要切实做到轻采、轻放、轻装、轻卸，尽量避免机

械伤，为贮藏与运输打好基础。同时边采边将病果、虫果、机械伤果、脱蒂果和等外次果剔除，以减轻分级时的压力。

（2）预冷　柑橘鲜果运输前要进行预冷处理，以有效除去田间热。预冷处理有普通的预冷（预贮）方法和先进的预冷方法之分。经园内初选的柑橘果实，在进行包装分级前，需做短暂的预贮。预贮可使果实降温，有利于贮藏、运输，也有利于果实在采摘和搬运过程中产生的机械伤的愈合。经预贮的果实，后期枯水率大大降低，所以，对贮藏期间易发生枯水病的宽皮柑橘，预贮尤为重要。柑橘果实的预贮场所，以干燥、凉爽、通风、不受阳光直射的地方为好。果实可用果箱（筐）装好，按品字形或井字形堆码在通风良好的库内，防止阳光照射和潮湿空气侵入，最理想的预贮温度为7℃，相对湿度75%。经2~4d用手轻捏果实，有弹性感觉，即可出库，进行分级和包装运输。

柑橘理想的预贮条件为：温度7℃，相对湿度75%。通常入预贮库3~4d（宽皮橘类要7~10d），一般控制宽皮橘失重率为3%~5%，甜橙失重率为3%~4%。待果温降低，用手轻压果实时，果皮已软化，但仍有弹性，则已达到预贮目的，即可出库。

（3）分级　依据GB/T 12947—2008《鲜柑橘》，柑橘的分级方法参考表1–18进行。同时也可参考以下标准进行分级：GB/T 21488—2008《脐橙》；GB/T 20355—2006《地理标志产品赣南脐橙》；NY/T 869—2004《沙糖橘》；SB/T 11028—2013《柑橘类果品流通规范》；联合国欧洲经济委员会（UN/ECE）农产品标准FFV—14《柑橘类果实》。

表1–18　　鲜柑橘的品质等级要求

<table>
<tr><th colspan="2">项目</th><th>优等品</th><th>一等品</th><th>二等品</th></tr>
<tr><td colspan="2">果形</td><td colspan="2">有该品种典型特征，果形端正、整齐</td><td>有该品种典型特征，无明显畸形果</td></tr>
<tr><td colspan="2">果面及缺陷</td><td>果面洁净，果皮光滑。无雹伤、日灼、干疤；允许单果有极轻微的油斑、网纹、病虫斑、药迹等缺陷。但单果斑点不超过2个，小果型品种每个斑点直径＜1.0mm；其他果型品种每个斑点直径＜1.5mm。无水肿、枯水和浮皮果</td><td>果面洁净，果皮较光滑。允许单果有较轻微的日灼、干疤、油斑、网纹、病虫斑、药迹等缺陷。但单果斑点不超过4个，小果型品种每个斑点直径＜1.5mm；其他果型品种每个斑点直径＜2.5mm。无水肿、枯水果，允许有极轻微浮皮果</td><td>果面较光洁。允许单果有轻微的雹伤、日灼、干疤、油斑、网纹、病虫斑、药迹等缺陷。但单果斑点不超过6个，小果型品种每个斑点直径＜2mm；其他果型品种每个斑点直径3mm。无水肿果，允许有轻微枯水、浮皮果</td></tr>
<tr><td rowspan="2">色泽</td><td>红皮品种</td><td>橙红色或橘红色，着色均匀</td><td>浅橙红色或淡红色，着色均匀</td><td>淡橙黄色，着色较均匀</td></tr>
<tr><td>黄皮品种</td><td>深橙黄色或橙黄色，着色均匀</td><td>淡橙黄色，着色均匀</td><td>淡黄色或黄绿色，着色较均匀</td></tr>
</table>

（4）包装　目前柑橘单果包装通常所用的材料为 PE 塑料薄膜，其厚度以 0.01~0.04mm 为宜，制成小袋、小方片、大袋使用。尤以小袋单果包装效果最佳，其规格为（18×13）cm，薄膜厚度为 0.015~0.02mm，将单个果实装入袋内，扭紧袋口即可。由于薄膜的保湿限气特性，其在防止果实水分散失效果显著。胡西琴等研究指出，锦橙在通风库贮藏 150d，用 0.015mm 薄膜单果包装，失重率为 2.3%；用 0.01mm 薄膜单果包装，失重率为 2.8%，且外观较好、风味正常。

柑橘包装的技术要求，包装件的贮存与运输、试验方法及检测规则按照 GB/T 13607—1992《苹果、柑橘包装》规定执行。要求坚固、透气性好、干燥、无尖突物、无褪变、无污染、无异味。包装印制要字迹清晰、完整、无错，字体规范、不褪色，版面美观、简洁、鲜艳、醒目。内销果用中文标志，外销果用中外文标志，外文语种依出口国家或地区而定。版面必须包括注册商标、产品代码、产地或公司名称等基本要素。每个果箱按规定的质量（个数）整齐摆放同一品种、同一级别的果实。果实装箱后高度略低于包装箱高度，装箱后箱体不变形。包装结束后在包装上标记品种、组别、等级、毛重和净重（个数）、包装日期等信息。包装后分批、分品种堆码，挂牌标明品种、入库日期、数量、加工班次信息等。要求箱体堆码整齐、稳固、高度适宜，合理预留通风道和操作道。

（5）贮藏

①柑橘采后病害。柑橘采后易发生一些病害，主要有枯水病、褐斑病。

枯水病。柑橘枯水是一个复杂的生理过程，受遗传因素、自然条件、采后处理、贮藏条件等多种因素的影响。如不同产地的琯溪蜜柚果实粒化指数差异显著；赤霉素（GA3）处理柑橘能延缓果皮组织衰老和果实软化，且能显著抑制柑橘枯水发生。柑橘枯水的症状为：果肉的糖分和水分转移到果皮，汁胞失水变硬、不规则膨大、干枯，颜色转浅，果肉变得汁少味淡。金微微等研究了瓯柑果实采后枯水的发生规律，发现瓯柑在贮藏 80~90d 开始出现枯水症状，枯水果实外观正常，果皮优于正常果实，但果肉发黄，丧失正常的橙红色，果肉率大幅下降，果实纵径、横径与正常果实差异极显著。柑橘枯水可分为粒化型和皱缩型，如红橘枯水多为皱缩型，而蕉柑、椪柑两种都会出现。粒化型枯水果的沙囊细胞壁变厚，汁胞变硬、变大、变空、少汁；皱缩型枯水果的汁胞萎缩、崩裂、少汁。温明霞等研究表明，温州蜜柑果实随枯水级别增加，出汁率显著降低，果实失重率增加，总糖、总酸、维生素 C 含量显著降低，乙醇含量则先增加后降低。枯水 1 级时，乙醇含量最高，可作为预测枯水发生的生理指标；随枯水级别的增加，MDA 含量显著增加，果皮和果肉中原果胶含量显著降低，而可溶性果胶在果皮中显著降低，在果肉中明显增加；果皮和果肉中多 PG 和纤维素酶（CAS）活力都增加。因此，在果实贮藏期间降低细胞壁水解酶活力是减轻果实枯水的重要措施。

褐斑病。褐斑病是在柑橘贮藏过程中常大量发生的柑橘贮藏病害，甜橙类更易发生，一般发生率达 20%~50%，严重时可达 50%~90%，极大地影响了果实的外观和品质，降低了市场竞争力，成为柑橘贮藏的一大障碍。褐斑病病斑多种多样，柑橘果皮褐斑病通常在果皮的油胞层或果蒂周围出现淡褐色、红褐色或深褐色的革质状病斑，和周围有明显的分界线。病害部位油胞破裂，细胞死亡。从褐斑的外观特征看有多种褐斑，如网状褐斑、片状褐斑、蒂缘褐斑、块状褐斑、木栓状褐斑、点状褐斑等。对于褐斑病的发病原因很难归因于某一特定因素，可能是由高温、冷害、水分胁迫、机械损伤、矿质营养、涂膜引起果实内部气体变化等多种因素造成的。此外，研究发现，褐斑病与柑橘种类和品种也有关系。Mahmoudi 等对比了 7 个不同柑橘品种对褐斑病的感抗性，发现 Fortune 柑、Orlando 橘柚、Mineola 橘柚、Page 和 Thomson 脐橙对褐斑病高度敏感，尤其对果皮未受任何损伤的果实病害发生严重，而克里曼丁橘和酸橙的抗性较高，只有果皮受损才有微弱的感病症状出现。

②贮藏方法。柑橘的贮藏方法有以下几种。

简易贮藏。简易贮藏包括地窖贮藏法、通风库贮藏。地窖贮藏法是在入窖前 20~30d，根据窖内的干湿程度，适当灌水 100~150kg，保持窖内相对湿度 90%~95%。入窖前 15d 左右，用 40% 乐果乳剂 300 倍液喷洒杀虫，密封 5~7d 后半敞开，入窖前 2~3d 再用托布津喷洒密封杀菌。在果未进窖前先在窖底铺一层稻草，果实整齐端正地沿窖壁周围摆放，在稻草上堆 5~6 轮，果蒂向上；大果放在底层，小果放上层，在底留一卸口（空地）28~35cm，以便检查翻果实之用。果实入窖 2d 后将草垫放在窖口周围，盖上石板密封。以后每 7~10d 检查 1 次，入窖前扇风换气，以防发生危险。通风库贮藏是在密闭条件好的房间，安装进气筒和排气筒。冬季夜间气温较低，打开进气筒，让冷空气进入库房，同时排除库房内的热空气，进行降温；白天则关闭进气筒避免热空气进入。库房内要安装风扇，让空气循环。果实入库前 14d，用硫黄加锯木屑混合点燃，将库房密封熏蒸 3~4d；或用 50% 福尔马林喷洒，密封 7d 灭菌，然后适当通风换气，待无气味时可开始贮果。贮藏库每平方米可以贮果 150~250kg。

低温贮藏。低温贮藏在安装有制冷控温设备的低温库房贮藏，相对贮藏时间可长些，但库房建设和管理成本高。不同种类柑橘需要不同的库内贮藏温度，一般甜橙类和宽皮柑橘类5~8℃；柚类5~10℃；柠檬12~15℃。库内适宜相对湿度：甜橙类和柠檬90%~95%；宽皮柑橘类和柚类85%~90%。

1.2.1.12　杧果

杧果（Mango）是核果类，著名的热带水果，被誉为“热带水果之王”。近几年来，我国杧果种植面积不断增长，台湾、福建、广西、广东、四川、贵州和云南为我国杧果主要种植区域。主要的早熟品种有台农1号、金煌杧、贵妃杧、白象牙杧等；早中熟品种有椰香杧、紫花杧、粤西1号和金煌杧等；中熟品种主要有三年杧、凯特杧、圣心杧、缅甸3号杧、象牙杧和马切苏等。

（1）采收

①采收期的确定。杧果成熟期主要在2月下旬至9月下旬。其中，海南为2月下旬至5月底，广西为6月下旬至8月底，广东为6月中旬至8月上旬，云南为5月底至9月下旬，四川、福建和贵州在7月下旬至9月下旬，台湾集中在6月至8月。杧果应在生理成熟期适时采摘，鲜食果应发育至橄榄绿或浅绿色，果肉浅黄色，果柄流出果柄流出乳汁较稠，流速较慢，部分果肩部位出现隐黄（或鲜红），酸度小于2.9%，加工果则采摘外表为绿色或橄榄绿、果肉白色，酸度大于2.9%，采果时留2~3cm果梗。若杧果采收期过晚，采后贮藏期腐烂越严重，失水也越严重。采收过早，其可滴定酸和维生素C的含量较适时采收的高，而可溶性固形物低于适时采收的。适时采收可减少果实的失重率，延缓杧果果实硬度的下降，提高杧果果实的耐贮藏性。表1-19为GB/T 15034—2009《杧果贮藏导则》推荐的主要商业品种杧果的贮藏最适采收期特征。

表1-19　主要商业品种贮藏的最适采收期特征

品种	可溶性固形物的质量分数/%	酸度的质量分数/%	果皮	果肉	硬度	果肩	果龄/d
桂热杧10号	6.2±0.5	＜2.9	光滑，橄榄绿	黄色，柔细	硬实	约有1/3果实的果蒂基部发育至平，少部分果实果肩部位出现隐黄。	109~132
吕宋杧	6.5	＜2.5	光滑，浅绿色	浅黄	硬实	果肩浑圆，果蒂平或微凹，少部分果实果肩出现隐黄	90~100
台农杧1号	6.7	＜2.6	光滑，浅绿色	浅黄	硬实	果肩饱满，果肩与果蒂平或略高于果蒂，少部分果实果肩出现隐黄	95~103

续表

品种	可溶性固形物的质量分数 /%	酸度的质量分数 /%	果皮	果肉	硬度	果肩	果龄 /d
椰香杧	7.8	＜ 2.8	光滑，绿色	黄色	硬实	果肩浑圆，果肩平或略高于果蒂，少部分果实果肩出现隐黄	112~120
贵妃杧	7.2	＜ 2.2	光滑，紫红色	浅黄	硬实	果肩浑圆，果肩平或略高于果蒂，少部分果实果肩出现鲜红色	110~115
金煌杧	9.5	＜ 0.75	光滑，绿色，具有白色蜡粉	浅黄	硬实	果肩浑圆，果肩平或略高于果蒂，少部分果实果肩出现隐黄	115~120
白象牙杧	7.2	＜ 2.0	光滑，浅绿	白色	硬实	果肩浑圆，果肩平或略高于果蒂，少部分果实果肩出现隐黄	108~115

注：①按 GB/T 8210—2011《柑橘鲜果检验方法》总可溶性固形物测定法 1—手持糖度计测定法规定执行。

②按 GB/T 8210—2011《柑橘鲜果检验方法》可滴定酸的测定指示剂法（常规法）规定执行。

②采收方法。采收时应以晴天上午为宜，树叶、果实无露水时采收，雨天不宜采收。采收工人应戴手套，采收时宜采用“一果两剪”的方法，第一剪留果柄长约 5cm，第二剪留果柄长约 0.3~0.5cm。田间装果用的容器应用软物衬垫，以防刺伤果实。果实放置时剪口向下，每放一层果实垫一层报纸，避免乳汁相互污染果面。采收时应尽量避免机械损伤，所用采收工具要清洁、卫生、无污染，采收和搬运过程中避免暴晒、雨淋，以减少后熟期果实腐烂。

（2）预冷　预冷温度为（14±2）℃，空气循环比率为 100：200，相对湿度为 90%，并在 3~ 4 d 达到终点温度。李健等将绿熟杧果放置于 0℃冷却水中 10min 后，在 13℃下贮藏中，发现冷水预冷可减缓贮藏期间果实硬度的下降，延缓失水率的增加和后熟转黄，但冷却水预冷增加了杧果贮藏期间病害。

（3）分级　参考表 1–20 进行杧果的等级划分。在符合基本要求下的前提下杧果可划分为一级、二级、三级。不同杧果品种按照单果质量划分，各规格应符合 NY/T 3011—2016《杧果等级规格》（表 1–21）的规定。

表 1-20 杧果品质等级要求

项目	一级品	二级品	三级品
果形	具有该品种特征，无畸形，大小均匀	具有该品种特征，无明显变形	具有该品种特征，允许有不影响产品品质的果形变化
色泽	果实色泽正常，着色均匀	果实色泽正常，75% 以上果面着色均匀	果实色泽正常，35% 以上果面着色均匀
缺陷	果皮光滑，基本无缺陷，单果斑点不超过 2 个，每个斑直径不超过 2mm	果皮光滑，基本无缺陷，单果斑点不超过 3 个，每个斑直径不超过 3mm	果皮光滑，基本无缺陷，单果斑点不超过 6 个，每个斑直径不超过 3mm

表 1-21 杧果等级规格

品种	标准果（M）单果质量 /g	大果（L）单果质量 /g	小果（S）单果质量 /g
台农 1 号杧	200~300	＞300	＜200
金煌杧	600~900	＞900	＜600
贵妃杧	320~410	＞410	＜320
贵热杧 82 号	270~360	＞360	＜270
凯特杧	550~760	＞760	＜550
圣心杧	240~340	＞340	＜240
红象牙杧	420~640	＞640	＜420
白象牙杧	270~390	＞390	＜270

注：表中未能列出的其他的品种。可根据品种或参照近似的品种有关指标。

（4）包装　采果时留 2~3cm 果梗。处理前再剪留 0.5cm 的果梗，清洗，晾干，用 1mg/L 特克多或 1mg/L 咪鲜胺的热药液处理 5~10min，晾干，用双层药纱纸将果实逐个包好，上述处理应在采果后 24h 内完成。

装箱要求：按需要将果实分层放置于大小适宜的包装箱内，保证其不易移动，每箱放置质量为 20g 左右的吸附剂 2~4 包。

制作包装箱的材料应符合卫生要求，其强度应能满足装卸、贮藏和运输的要求；包装箱的各箱面应均匀地开数个透气孔，推荐的格式：顶面和底部各开 6 个孔，长侧面各开 4 个孔，短侧面各开 3 个孔，孔径约为 30mm。

（5）贮藏　炭疽病和蒂腐病是致使采后杧果腐烂最主要的病害。高温、多雨、雾重、闷热潮湿的天气最利于炭疽病的发生。果园管理不善，植株长势衰弱，植株组织幼嫩，虫伤，机械伤多，采收、包装和运输操作粗糙，贮藏条件恶劣都会加重病害发生。不同品种对炭疽病的抗性有明显差异，如紫花杧、桂香杧、串杧、一粤西一号、红象牙杧等品种都易感病；而湛江吕宋杧、云南象牙杧则抗病性较强。蒂腐病发病初期蒂部呈现暗褐色，无光泽，病健部交界明显之后病部变为深褐色或黑褐色，病害扩展极快，常温条件下，1d全果变黑，病部表皮逐渐见集生黑色小粒，抱子角褐色，有光泽。在果实采后的运输期，则主要是靠病果与健果相互接触、由菌丝体传播。紫花杧、桂香杧、串杧、粤西一号、秋杧等品种比较易感染感病（GB/T 17980.99—2004《农药田间药效试验准则（二）第 99 部分：杀菌剂防治杧果贮藏期炭疽病》）。

杧果对乙烯十分敏感，为典型呼吸跃变果实。由于杧果采后处于高温、高湿的季节，易发生变软、变黄等现象。杧果贮藏在低于 8~10℃时，可能会发生冷害。对于同一杧果品种而言，成熟度越高，越不容易发生冻害。杧果果实在低于 4~5℃贮藏会发生代谢混乱，变色变味，出现凹陷性病斑等，同时果实品质下降，随着冷害加重，褐斑变大并连成片，致使整个果面都凹凸不平。果皮的冷害斑在后熟过程中并不增多，颜色却会加深，后熟完成后变为黑褐色。此外冷害对杧果的后熟也会产生影响，冷害严重的果实从低温转入常温后不能正常成熟。表 1-22 为 GB/T 15034—2009《杧果贮藏导则》所标示主要杧果品种冷藏温度、湿度和冷藏期。

表 1-22　　主要品种冷藏温度、湿度和冷藏期

品种	推荐温度 /℃	相对湿度 /%	预期贮藏期 /d
桂热杧 10 号	12~15	85~90	15~17
桂香杧	12~15	85~90	25
紫花杧	12~15	85~90	85~90
秋杧	12~15	85~90	20
吕宋杧	9~10	85~90	22~25
爱文杧	10	85~90	14~21
海顿杧	13	85~90	21
青皮杧	10	85~90	14~21
椰香杧	12~15	85~90	21
台农 1 号	12~15	85~90	22~25
金煌杧	12~15	85~90	22~25

杧果贮藏方法主要包括保鲜剂处理和热处理等。

①保鲜剂处理。曾凯芳等研究发现在负压条件采用不同浓度的水杨酸对

杧果进行处理后，分别贮藏于 13℃、20℃。结果表明：1mmol/L 浓度的水杨酸处理后的杧果可以明显减缓其贮藏过程中的硬度下降和可溶性固形物降低，降低杧果的呼吸强度及丙二醛的含量。其中 5mmol/L 浓度的水杨酸可以加速杧果的腐烂。王挥等采用 0.15% 壳聚糖结合 60℃热水处理 1min 贮藏在 10℃下，有效延长杧果的货架期，贮藏 40d 后好果率依旧高达 72.67%。孙炳新等发现 50μL/L 1- 戊基环丙烯对杧果熏蒸 20h，后采用 PE 专用果蔬包装袋包装，在（4.0 ± 1.0）℃贮藏。结果表明：1- 戊基环丙烯可以延缓杧果呼吸高峰，并延缓过氧化物酶和多酚氧化酶活力高峰的出现，减少贮藏其间质量的损失。刘嘉俊等研究发现将杧果浸泡在 5% 的蔗糖 +0.005% 山梨酸钾 +2.0% 海藻酸钠混合溶液中 5min，晾干后，涂上 2% 的 $CaCl_2$ 的溶液，后用 PE 保鲜袋覆盖，在 26~30℃下贮藏，贮藏到 25d 后，其失重率 8.59%，腐烂指数 32%。

②热处理。王挥等研究发现采用 50℃热水 10min、60℃热水 1min、70℃热水 5s 对杧果进行热处理，研究发现：热处理可显著延缓杧果贮藏期间维生素 C 含量、硬度、好果率的降低，抑制失重率的增加及体内多聚半乳糖醛酸酶和淀粉酶的活力。

1.2.1.13　荔枝

荔枝（Litchi），无患子科，荔枝属常绿乔木，高约 10m。果皮有鳞斑状突起，鲜红，紫红。成熟时至鲜红色，种子全部被肉质假种皮包裹。花期春季，果期夏季。果肉产鲜时半透明凝脂状，味香美，但不耐贮藏。

荔枝原产于中国南部，主要产于中国西南部、南部和东南部广东、广西、福建、四川、台湾、云南等地，尤其是广东和福建南部栽培最盛。亚洲东南部也有栽培，非洲、美洲和大洋洲有引种的记录。荔枝与香蕉、菠萝、龙眼一同号称“南国四大果品”。其主要品种有挂绿、桂味、糯米糍、三月红、妃子笑、淮枝、黑叶、白腊、玉荷包、吉荔、元红、兰竹、陈紫、水晶球，还有其他如广东的大红袍、犀角子、进奉、红皮、将军荔、香荔、鹅蛋荔、尚书怀、无核荔等 60 多个品种。

（1）采收

①采收期的确定。根据用途、市场需要和各品种的成熟度在充分成熟时分期采收。在果实正常成熟，表现出该品种固有的品质特性（色泽、香味、风味和口感等）时分期采收。荔枝的采收以八成至九成熟为宜，一般情况下果皮已基本转红（妃子笑外果皮 1/3~1/2 变红），龟裂纹带嫩绿色或黄绿色，内果皮奶白色时即可采。6~7 月果实成熟时采收，最好在清晨日出或阴天时采

收，中午、下午气温高，采后易使果皮失水而变色，雨天或雨后采的果实易产生裂果，不利贮藏。如果要进行远途运输或较长期贮藏，荔枝在八成至八点五成熟采收为最佳。

②采收方法。人工采收，整穗采收，用枝剪将成穗果实剪下。对于成熟度不均匀的树，可分批采收。采收时应轻采轻放，尽可能避免机械损伤，也可根据客户要求单果采收。采下的果实应在树下就地分级，剔除烂果、裂果及其他被病虫危害的果实。采摘时提倡短枝采果，不要损坏果穗以下的枝叶，保留果穗基部下方 2~3 个芽（如采用速冻法贮藏，仅留果蒂）。带枝整簇荔枝的贮藏保色效果比不带枝的单果好，采收后果实不要堆放在烈日下暴晒，采后应放在阴凉处，尽快运到加工厂进行处理。

（2）预冷　荔枝采后应尽快进行预冷。可采用强制通风预冷、冰水预冷、冷库预冷等方式。

①强制通风预冷　将果实按包装的通风孔对齐堆叠好，以强力抽风机让冷风经过果实货堆，在 30~50min 让果心温度降低到 10℃以下。

②冰水预冷　将果实浸泡在 0~2℃的冰水中 10~15min，使果心温度降至 10℃以下（包装需要使用塑料筐、竹箩等耐水材料）。也有采用冰水药液浸果，冰水药液温度 5℃左右，浸过 5~10min，果温到 10℃左右，处理后迅速运进 1~4℃冷库，进一步预冷，果温接近 3~5℃。

③冷库预冷　将果实包装堆放于 0~3℃的冷库中，堆垛高度不应超过 5 层，堆垛方向应顺着冷库冷风的流动方向，在 24h 内使果心温度降至 10℃以下。

（3）分级　参考 NY/T 1648—2015《荔枝等级规格》进行荔枝等级的划分（表 1-23，表 1-24）。同时参考 NY/T 515—2002《荔枝》；DB440100/T86—2006《桂味荔枝》；DB46/T 76—2007《无核荔枝》标准。同一品种荔枝应符合以下基本条件：果实新鲜，发育完整，果形正常，其成熟度达到鲜销、正常运输和装卸的要求，果实完好，无腐烂或变质的果实，无严重缺陷果。

表 1-23　荔枝品质等级要求

等级	要求
特级品	具有该荔枝品种应有的颜色，且色泽均匀一致，无褐斑，果实大小均匀，无机械伤、病虫害、未发育成熟的缺陷果
一级品	具有该荔枝品种应有的颜色，且色泽均匀一致，基本无褐斑，果实大小较均匀，基本无机械伤、病虫害、未发育成熟的缺陷果
二级品	具有该荔枝品种应有的颜色，且色泽均匀一致，少量褐斑，果实大小基本均匀，少量机械伤、病虫害、未发育成熟的缺陷果

表 1-24 荔枝等级规格 单位：g

规格	大（L）	中（M）	小（S）
果实千克粒数	＜ 38	38~44	＞ 44
同一包装中的最多和最少数量的差异	≤ 6	≤ 8	≤ 12

（4）包装 包装材料要求牢固、洁净、通气、无毒、无异味。外包装纸箱应符合 GB/T 6543—2008《运输包装用单瓦楞纸箱和双瓦楞纸箱》 的规定，塑料水果筐应符合 GB/T 5737—1995《食品塑料周转箱》的规定；内包装可用聚乙烯薄膜袋（0.02~0.03mm）或防雾聚乙烯袋（0.02~0.03mm），应符合 GB 4806.7—2016《食品安全国家标准 食品接触用塑料材料及制品》的规定；如用小竹篓包装，允许在篓底及篓面垫少量洁净的新鲜树叶。纸箱、小竹篓容量不宜超过 5kg，塑料水果筐容量不宜超过 10kg，也可根据签订的合同规格执行。

（5）贮藏 荔枝属非呼吸跃变型果实，是最不耐藏的果品之一，采后乙烯释放量很小，极易褐变、腐烂，常温无包装贮放 12~24h 即出现褐变，采收后自然状态下 1~2d 果皮变褐,果肉变质,很快腐烂。主要的贮藏方法有以下几种。

①常温贮藏。荔枝若不加任何防腐剂，一般 5~7d 就全部褐变。目前常温贮藏一般都要结合药物的防腐作用来达到贮藏的目的，可推广的防腐剂有苯来特、苯菌灵、多菌灵、灭菌威、乙磷铝、特克多、扑海因等。

②低温贮藏。荔枝最适贮藏条件为 3~5℃，相对湿度为 90%~95%。在 5℃下贮藏贮藏 30d 好果率为 85%~88%，但荔枝在冷藏中易发生冷害，1℃下贮 30~35d 会遭受不可逆冷害；5℃下贮 30~35d 引起的冷害可逆，移回常温后可恢复果实品质。

③气调贮藏。在温度 1~3℃、相对湿度 85%~90%，CO_2 ≤ 10% 条件下，可保鲜 20~30d。新鲜荔枝用 0.24~0.25mm 厚的聚乙烯袋密封包装，每袋装果 15kg，在 1~5℃条件下，可贮藏 30~40d。也可在温度 2~4℃，相对湿度 85%~90%，O_2 和 CO_2 为 3%~5% 条件下进行贮藏。

④保鲜剂处理。以 0.6% 的 SO_2 熏蒸 15min，果肉硫残留为 6mg/kg，再经酸处理 30s，可恢复荔枝果皮红色强度，提高果实的裂果率及贮藏过程中的失水率。在荔枝上以抑霉唑、施保克、施保菌、特克多、乙磷铝等杀菌防腐效果较好。

1.2.1.14 木瓜

木瓜（Papaya），又称番木瓜、乳瓜、万寿果，蔷薇科木瓜属，灌木或小乔木，叶片椭圆卵形或椭圆长圆形，稀倒卵形；果实长椭圆形，长 10~15cm，暗黄色，木质，味芳香，果梗短。我国木瓜的产地有山东、陕西、湖北、江西、安徽、江苏、浙江、广东、广西等。木瓜可分为植物木瓜和水果木瓜。

（1）采收

①采收期的确定。木瓜的采收一般在 7~8 月上旬，外皮呈青黄色时采收。木瓜的采收时间一般以初熟期采摘为好，初熟期一般在“大暑”至“立秋”这段时间。在八成熟时，进行适时采收，可供生食，七成熟时可作果脯。如果采摘过早，有效成分含量低，药用功效差；采摘过晚，则木瓜会自行掉落，有效成分也有损失，同时还会影响下年挂果。采收应选择在晴天或阴天上午进行，避免在夏天高温的中午采收。也可根据运输长度适时采收，如长途运输，供应外地市场则在果皮出现黄色条斑，即常说的一画黄时就可采收。如供本地市场销售，则在果皮出现三条黄色条纹（三画黄）采收。在果皮出现黄色条斑，果肉未变软时即可采收，也可按照客户要求提前采收。

②采收方法。人工采收，采收时用剪子剪断果柄，勿损伤果枝，轻拿轻放，切勿抛投，确保果实完好无损。背筐需用旧布将筐底及其周边垫好，以免发生擦伤。采收时手握果实向上掰或向一个方向旋转，连果柄一起摘下。成熟的果实，由于皮薄、质软、容易碰伤，所以在采收的过程中要小心操作，采摘时要戴手套，防止手指甲划伤果皮，采下的果实要轻放，果柄朝下，使滴下的乳汁不污染果皮。另外，还要避免碰撞挤压而碰伤果皮。

（2）预冷　采后的木瓜尽快送到阴凉通风处或冷库中迅速降温至 13~15℃。

（3）分级　各等次的番木瓜除符合各自等次的要求、理化指标外，还应符合下列要求，完整、结实、新鲜、果实完好，无影响食用的病害、腐烂及损伤，无瘤状病，几乎无可见异物，无寄生物沾污物，无低温造成的伤害，无异味。带果柄时，长度不超过 1cm，且切口无污染，发育充分，生长良好，成熟度适当，状况良好，能承受得起运输和处理。木瓜的等级分为三个等次。分级标准参考表 1–25（NY/T691—2003《番木瓜》），同时参考 DB34/T 285—2002《宣木瓜（鲜果）分级包装及运输》。

表 1–25　木瓜品质等级要求

等级	要求
优等品	品质优良，具有该品种和品牌的特征，洁净度好，一致性好，果肉、果皮颜色和成熟度一致，产品无缺陷，但允许有不影响产品正常外观、品质、贮藏质量和包装说明上有明确规定的项目等轻微的缺陷

续表

等级	要求
一等品	品质良好，具有该品种和品牌的特征，一致性较好、成熟度一致，产品无缺陷，但允许有不影响产品正常外观、品质、贮藏质量和包装说明上有明确规定的项目等轻微的缺陷。果形和颜色有轻微缺陷，果皮有轻微缺陷，但面积总和不得超过果皮总面积的3%，并且不能伤及果肉
二等品	品质良好，具有该品种和品牌的特征，一致性好、成熟度一致，产品无缺陷，但允许有不影响产品正常外观、品质、贮藏质量和包装说明上有明确规定的项目等轻微的缺陷。果形和颜色有缺陷，但仍具有番木瓜的一般特征，果皮有缺陷，但面积总和不得超过果皮总面积的10%，并且不能伤及果肉

（4）包装　包装应采用新的、洁净的、无毒无异味的，并且不会造成产品内外损伤的材料。包装容器除了符合上述要求外，还应符合透气和强度的要求，大小适宜且一致，以保证产品的搬运、堆垛、保存和出售。容器种类可根据需要和当地的条件选择，一般可选用纸箱、板条箱等。采用瓦楞纸箱包装，每一个果实均套袋，果蒂向下，间填以纸纤维或木纤维等填充物，并且每一包装中不宜超过两层；大批运输时，也可采用有衬垫的木箱或坚实的竹筐包装。纸箱包装，纸箱内用厚纸板将果实分开，或用纸、网袋等单果包装包裹。包装的大小及分级标准根据品种而异。

（5）贮藏　木瓜属于呼吸跃变型，采后初期，木瓜呼吸强度逐渐下降，而后迅速上升，果实代谢强，水分蒸发快，极易萎缩软化腐烂变质。主要的贮藏方法有以下几种。

①常温贮藏。在通风、阴凉、干净、经消毒的仓库做短期（1周）贮藏，上市前采用人工催熟，在包装箱内，放入滴上水的电石小包，使之在包装中产生乙烯催熟，经1~2d果皮转黄，销售食用。

②低温贮藏。将经热水浸泡、熏蒸或辐照处理后的木瓜，尽快转运到大约13℃的贮库中贮存。在此温度下，木瓜一般可以贮存2~3周。移到室温下后可正常后熟，不影响果实品质。另外低温贮藏木瓜最好在开始变黄的成熟阶段采收较合适。贮存温度不宜低于10℃，以防果实品质下降和损坏。

③气调贮藏。在10~15℃，5%~10%的CO_2和低O_2条件下，可贮藏21d。聚乙烯薄膜密封包装可延迟果皮转色和果实软化，延长番木瓜果实货架期寿命15d，在薄膜包装中放入乙烯吸收剂，可显著延缓番木瓜果实的成熟，推迟番木瓜果实采后炭疽病的发生，减少贮运期间果实的腐烂。

④保鲜剂处理。用40~55℃的特克多溶液杀菌后，置于10℃高温冷库贮存。

钟曼茜等采用黄皮精油－壳聚糖复合涂膜处理对番木瓜采后具有明显的保鲜作用,能减少果实失重率和硬度的下降,能维持可溶性固形物和维生素C含量,显著抑制番木瓜果实病情指数上升，延缓果实腐烂，0.8%壳聚糖+40μL黄皮精油涂膜处理能较好的维持果实品质和贮藏性能。马华青等研究表明：乙醇熏蒸能够明显减少可滴定酸、可溶性固形物和维生素C含量的损失，延缓果实硬度的下降，乙醇熏蒸14d，可保持较高的好果率。

1.2.1.15　龙眼

龙眼（Longan），又称桂圆、荔枝奴、亚荔枝、燕卵。龙眼原产于我国南部及西南部，现我国龙眼主要分布于广东、广西、福建和台湾等省（自治区），此外，海南、四川、云南和贵州省也有小规模栽培。世界上栽培龙眼的国家和地区还有泰国、越南、老挝、缅甸、斯里兰卡、印度、菲律宾、马来西亚、印度尼西亚、马达加斯加、澳大利亚的昆士兰州、美国的夏威夷州和佛罗里达州等。与荔枝、香蕉、菠萝（凤梨）同为华南四大珍果。著名品种有储良、石硖、草埔、水南1号、凤梨穗、大乌圆、福眼、乌龙岭、油潭本、泉州本、普明庵本、红核子、赤壳、水涨，据不完全统计全国有320种。

（1）采收

①采收期的确定。龙眼一般在7~8月果实成熟呈黄褐色时采摘，采果宜在阴天或晴天早晨露水干后与傍晚时进行，避免中午高温或烈日暴晒，雨天不能采果。龙眼采收以充分成熟为宜，成熟度在九成以上，适于鲜食和焙干，如需远途保鲜贮运,应稍早点采收。因过熟的龙眼,其糖分、品质都会有所下降,而且极易落果、脱粒。龙眼品种的不同其采收期也不同：石硖：7月下旬至8月上旬；顶园：7月下旬至8月上旬；双孖木：8月上旬至8月中旬；储良：8月上旬至8月中旬。

②采收方法。采用自下而上的手工进行采收。采摘果穗的部位，掌握在果穗基部3~6cm处密节芽（或称葫芦节）以上部位折断，不要折得太长，保护好密节隐芽，折口要平整，用枝剪剪果穗最好，人工摘穗要防止撕裂。采下来的果实要在树阴下选果、整理、堆放，避免受太阳暴晒。

（2）预冷　龙眼采摘完成后尽快进行预冷，预冷的方法有多种，可利用防腐处理浸药时以冰水配药，或在防腐处理后迅速进入预冷间进行选果包装，也可在包装后迅速放入冷库，先分开放置以散热降温，待接近贮温时再堆码。要求采收后6h内进行预冷，24h内使果心温度降低到5~10℃。也可采用强制通风预冷、冰水预冷、冷库预冷等方式。

①强制通风预冷　将果实按包装的通风孔对齐堆叠好，以强力抽风机让

冷风经过果实货堆，在 30~50min 内让果心温度降低到 10℃以下。

②冰水预冷　将果实浸泡在 0~2℃的冰水中 10~15min，使果心温度降至 10℃以下（包装需要使用塑料筐、竹箩等耐水材料）。

③冷库预冷　将果实包装堆放于 0~3℃的冷库中，堆垛高度不应超过 5 层，堆垛方向应顺着冷库冷风的流动方向，在 24h 内使果心温度降至 10℃以下。

（3）分级　龙眼的分级依照 GB/T 31735—2015《龙眼》（表 1-26）进行。同时参考 NY/T 2260—2012《龙眼等级规格》；NY/T 516—2002《龙眼》等标准。

表 1-26　　龙眼品质等级要求

项目	特级品	一级品	二级品
特征	具有龙眼品种的固有特征		
夹杂物	洁净，除果实外的物质质量不应超过果实质量的 10%		
果体表面水分	非冷藏果体表面无异常水分		
气味	无异味		
腐烂变质	无		
成熟度	果实饱满具弹性，果壳表面鳞纹大部分消失而种脐尚未隆起		
果肉新鲜度	肉质新鲜，风味正常，厚度均匀，有弹性		
果实大小	均匀	较均匀	较均匀
机械伤	无	基本无	少量
果形	正常	较正常	尚正常，无严重畸形果
病虫害	无	基本无	少量
缺陷果	无	基本无	少量
异品种	无	＜ 2.0%	＜ 5.0%
容许度	允许有 5% 的产品不符合该等级的要求，但应符合一级的要求	允许有 10% 的产品不符合该等级的要求，但应符合二级的要求	允许有 10% 的产品不符合该等级的要求但应符合基本要求

（4）包装　龙眼果穗采收以后，用板条箱或塑料箱装运每箱装果 15kg 为宜。装箱时果穗要朝外，果枝朝内，轻装轻放，避免挤压，减少裂果和脱粒。内包装宜用厚度 0.02mm 的聚乙烯或聚丙烯袋。各等级龙眼均可选用牢固、通气、洁净无毒无异味的纸箱、小竹篓、塑料水果筐等作为外包装，包装容器应大小适宜，以利于产品的搬运、堆垛、贮存和出售；内包装可用聚乙烯塑料薄膜（袋）；如用小竹篓包装，允许在篓底及篓面垫少量洁净的新鲜树叶，

树叶质量控制在毛重的2%以内。纸箱、小竹篓容量不超过5kg，塑料水果筐容量一般不宜超过10kg，也可根据签订的合同规格执行。

（5）贮藏　龙眼属非跃变型果实，采后生理代谢旺盛，鲜果易变色、变质、不耐贮运，乙烯释放量很低，采后可溶性固形物、总糖、还原糖、酸和维生素C含量下降。在28℃室温下，一周左右全部变质腐烂。主要的贮藏方法有以下几种。

①常温贮藏。龙眼常温贮运的方法是果实经防腐处理后，再用PE保鲜薄膜包装，置于聚苯乙烯泡沫箱或瓦楞纸箱内，箱内加放冰块，果冰比为2~3∶1，用有棚普通车贮运，在常温下可保鲜7~8d，好果率95%以上。

②低温贮藏。贮藏适温为2~4℃，相对湿度为85%~95%，最适气体配比为O_2浓度6%~8%，CO_2浓度4%~6%。

③气调贮藏。福眼龙眼经0.1%甲基托布津防腐处理后，用塑料袋包装，然后进行抽气充氮处理，在0~5℃或6~10℃的条件下贮藏，保鲜效果很好，贮藏40d，好果率尚达93%左右。龙眼最适气体配比为O_2浓度6%~8%，CO_2浓度4%~6%。龙眼经防腐处理和预冷，用聚乙烯薄膜包装，置于适宜而相对稳定的低温，进行低温自发气凋贮藏，可保鲜35~40d。

④热烫处理。即将整穗的果实浸于沸腾的开水中30~40s，以不烫伤果肉为度，热烫取出后挂在阴凉通风处吹干，处理后的果实放置15~25d。

⑤速冻贮藏。将挑选的果实进行防裂处理后，把果实的中心温度降至−30℃（一般不超过1h），然后长期贮藏于−18℃的冷库中，可贮藏一年或更长时间。速冻龙眼从−18℃低温取出后，用0.5%柠檬酸加0.03%维生素C溶液或1%柠檬酸溶液处理，可保持48h果皮不变色。

1.2.1.16　杨梅

杨梅（Waxberry），属于杨梅科杨梅属小乔木或灌木植物，又称圣生梅、白蒂梅、树梅，具有很高的药用和食用价值，在中国华东和湖南、广东、广西、贵州等地区均有分布，江浙一带盛产杨梅。该属有50多个种，中国已知的有杨梅、白杨梅、毛杨梅、青杨梅和矮杨梅，栽培品种繁多，按果实色泽可分为白种、红种、粉红种、乌种。主要有炭梅、荸荠种、东魁、晚稻杨梅、丁岙梅、大叶细蒂、大粒紫、光叶杨梅、乌酥核、白杨梅、红杨梅、黑（紫）杨梅、石杨梅、早荠蜜梅、晚荠蜜梅、临海杨梅、细蒂杨梅、早色、火炭梅、安海硬丝等。

（1）采收

①采收期的确定。果实采收成熟度根据销售终端地点不同而确定。近距

离（300km以内）运输且无需贮藏时，在2d内到达消费者的，可采收充分成熟，颜色紫红但仍保持较高硬度的果实。远距离（300km以上）运输或需贮藏时，宜采收九成熟，果实色泽由红转紫红或紫黑色的果实。杨梅成熟和采收日期也因品种和产地条件而异，最早熟的在4月，有的在5月上旬开始成熟采收，一般在6月中旬至7月上旬分批采收。早荠蜜梅、荸荠种、晚荠蜜梅果实色泽由红转紫红或紫黑时采收，水晶杨梅转白色或黄乳白色时采收，粉红种杨梅转粉红色或紫红色时采收。

②采收方法。人工采收，采收时应戴洁净手套，要求轻摘轻放，勿压勿倾倒，避免果实肉柱损伤，并随时剔除机械伤、软化、霉变、虫害等果实，分级浅装，选用大小可盛3~5kg的浅篮盛放，并在果篮子底部及四周垫上软干草。杨梅成熟期依品种及在树冠上的着生位置而不同，要分期分批采收，熟的先采，采红留青，这样能提高果实率，采摘时宜连一小段茎叶一起剪下，不仅利于保鲜，运输的时候也能起到缓冲作用，避免杨梅果互相挤压造成肉柱破损而烂掉。

（2）预冷　采下的杨梅应及时转移到预冷场所，来不及转移时，应放在阴凉、通风的场所，并用纱布、防虫网覆盖，避免日晒和污染。果实采收后宜在2h完成分级并进行预冷，预冷方式可采用冷库预冷、强制冷风预冷、真空预冷等，使果肉中心温度尽快预冷到0~2℃。将采果篮（筐）内的果实缓慢倾倒在垫有软物的塑料周转箱内或专用分级操作台上，在预冷库房内1~5℃下预冷6~12h，或在0~2℃下强预冷2~3h。

（3）分级　杨梅品质等级的划分依照GB/T 19690—2008《地理标志产品　余姚杨梅》（表1-27、表1-28）。同时参考以下标准执行：GB/T 26532—2011《地理标志产品　慈溪杨梅》；GB/T 22441—2008《地理标志产品　丁岙杨梅》；LY/T 1747—2008《杨梅质量等级》；DB3302/T 091—2010《杨梅贮运保鲜技术规程》。

表1-27　　杨梅品质等级要求——感官指标

项目		特等品	一等品	二等品
果形		果形端正	果形基本端正允许有轻微缺陷	果形允许有缺陷，不得有严重的畸形果
色泽	早荠蜜梅		淡紫红色至紫黑色	
	荸荠种晚荠		紫红色至紫黑色	
	蜜梅		白色或黄乳白色	
	水晶杨梅		粉红色至紫红色	

续表

项目		特等品	一等品	二等品
单果重 /g	粉红种杨梅	＞ 10.5	＞ 9.5	＞ 7.5
	早荠蜜梅			
	荸荠种			
	晚荠蜜梅			
	水晶杨梅	＞ 13.5	＞ 10.5	＞ 8.5
	粉红种杨梅			
肉柱		肉柱顶端呈圆钝形，无肉刺	肉柱顶端呈圆钝形或少量尖锐形，无肉刺	肉柱允许呈尖锐形，带轻微肉刺
风味		新鲜、酸甜适口、肉质柔软、多汁、无异味、无霉变		
病虫害		无		
伤果率 /%		≤ 5.0	≤ 7.5	≤ 10.0

注：单个刺伤或碰压伤果面面积超过果面总面积 1/10 的杨梅果实，判为伤果理化指标应符合表 1–28 的规定。

表 1–28　杨梅品质等级要求——理化指标

项目	特等品	一等品	二等品
可溶性固形物 /%		＞ 10.5	
总酸（以柠檬酸计）/%		≤ 1.5	

（4）包装　盛果容器应清洁、干燥，装果高度不宜超过 15cm，采摘前应在容器底部及四周垫柔软洁净缓冲物，装果量不宜超过 2kg（NY/T 2315—2013《杨梅低温技术规范》）。包装盒每包装 2~2.5kg 为宜，包装盒选用高度较低，果实放入不超过 2 层的塑料泡沫保温盒。包装材料符合 GB/T 191—2008《包装储运图示标志》要求，包装尺寸可按照销售要求而定。封口前根据果实量和运输距离，在包装盒内的小筐之间放入生物冰袋，果实与生物冰袋质量比例为 5 : 1，以维持中转过程的适宜温度。泡沫塑料箱封盖后，用透明宽胶带密封，泡沫箱外套特制防潮纸板箱（纸板箱印有规格和商标等）后运输。

（5）贮藏　杨梅属于非呼吸跃变型果实，在贮藏过程中也表现出某些呼吸跃变型果实的特征，采后呼吸强度极高，极易腐烂，采后在普通室内摊放贮藏，为时极短，常温贮藏 3~4d。主要的贮藏方式有以下几种。

①低温贮藏。杨梅经选果后用 1 : 1000 的水杨酸浸 2min，温度在 0~0.5℃，相对湿度 85%~90% 条件下，可贮藏 1~2 周。

②气调贮藏。经预冷后的杨梅，装入 0.04~0.06mm 厚的塑料薄膜袋中，充入混合气体比例为 3%~5% O_2、10%~12% CO_2。在 0℃和相对湿度为 95% 的条件下，可贮藏 7d 左右。

③冷冻贮藏。将成熟的杨梅放入塑料薄膜的容器中，在 −30℃中速冻 15min，之后放在 −18℃中可贮藏 1~2 月。

（6）运输　采后经过预冷或冷藏的杨梅采用冷藏车运输，车厢内温度宜在 0~2℃。杨梅运输最长期限不宜超过 24h。码垛要稳固，货件之间留有 5~8cm 间隙，货件与底板之间留有 10~15cm 间隙，运输行车平稳，减少颠簸和剧烈震荡。

远距离运输应选用飞机。运输工具应提前制冷，当厢体内部温度降至或低于 5℃时才能够开始装货，运输时温度应稳定在 1~5℃。冷藏杨梅装卸货的温度和时间应进行适当控制。卸货时温度应控制在 8℃以内，并尽量缩短卸货时间，以维持该温度。运输杨梅的道路应平整，并尽量连续行驶，减少颠簸和途中停顿时间，尽早到达目的地。杨梅运输宜从产地直接进入目的地卖场货架，期间不能再次分装；也可在 1~5℃冷库贮藏，时间不超过 2d，期间应尽早分批上货架销售。

（7）销售　果实运达销售地后，宜置于 0~2℃保鲜库中临时贮藏，在 48h 内完成销售。

1.2.1.17　枇杷

枇杷（Loquat），又称卢橘，蔷薇科，枇杷属植物，是我国亚热带地区的珍稀特产水果。原产我国，主要分布在长江以南的浙江、安徽、江苏、福建和四川等省。枇杷在我国有很多品种，依肉色言，可分为红肉和白肉两类。白肉种果实肉细，汁多，味甜，品质胜于红肉种，但由于栽培难、成熟期遇雨易裂果、皮薄、特别易褐变难贮藏等原因，一直产量较低，如软条白沙、硬条白沙和照种白沙等。红肉种，一般肉质较粗，皮较厚且强韧，成熟期遇多雨也少裂果，果形较大且产量高，如洛阳青、大红袍、倒挂钟和解放钟等。

（1）采收

①采收期的确定。枇杷的采收期比较短，必须及时采收。枇杷果实无后熟作用，须充分着色时方可采摘。一般果实达到八九成熟，即果面有光泽、皮易剥、全面着色 4~5d 后采收。研究表明，采收成熟度严重影响枇杷品质，对不同成熟度的果实品质比较发现，在果实微变橙黄色时采收最合适，此时果实可溶性固形物含量高，且果实呼吸强度不高，利于贮藏保鲜。由于枇杷分布较广，品种多样，其成熟期也不同。就是同一类型的品种，因树势、树龄以及气候条件有差异，其成熟期亦有早迟。一般是 4 月中旬始采到 6 月下旬结束。大棚设

施栽培可提早40d以上。如贵州、福建、广东等省，露地栽培的枇杷在4月中旬至5月中旬采收。浙江黄岩以北的地区，在5月中旬至6月中旬采收。

②采收方法。枇杷果实皮薄、肉嫩、多汁，果皮上还有一层茸毛，如稍一碰擦，果皮即受伤变色。因此，采摘时要求手持果柄用剪刀剪下，轻拿轻放，切不可用手直接强拉硬扯。勿用手指捏果实，果柄要剪平，以免造成果实损伤。枇杷采摘时间尽量在晴天早晨露水干后进行，最晚不要超过中午12时，采后忌在太阳下暴晒，应及时预冷处理。

（2）预冷　预冷应在采摘或挑选分级完毕后立即进行，一般在采后6~8h，若来不及挑选整理，也可先进行预冷。预冷方式一般采用简单强制通风预冷。方法为：将包装箱或筐分散放在冷库中，靠较强的冷空气快速排除田间热和呼吸热，使枇杷果实中心温度迅速降到5℃以下。如果条件允许的话也可采用田间真空预冷，使之快速降到预定温度，符合冷藏要求。

（3）分级　枇杷采收后首先要进行挑选、分级处理。在环境温度较低的地方操作进行，挑选品质优良的枇杷并剪去过长的果柄，注意不要破坏果面的茸毛。同时剔除虫害、病害、干化和破裂以及受机械伤的果实。总体要求为：品种纯正，果实新鲜；具有该品种成熟时固有的色泽、正常的风味及质地；果梗完整青鲜；果面洁净，不得沾染泥土或被外物污染；不得有青粒、僵粒、落粒果、腐烂果和显腐烂象征的果实以及病虫严重危害果实。枇杷果实质量分级参考GB/ T 13867—1992《鲜枇杷果》，具体见表1–29、表1–30。

表1–29　　枇杷品质等级要求

项目	一等品	二等品	三等品
果形	整齐端正丰满、具该品种特征，大小均匀一致	尚正常、无影响外观的畸形果	
果面色泽	着色良好，鲜艳，无锈斑或锈斑面积不超过5%	着色较好，锈斑面积不超过10%	
毛茸	基本完整	部分保留	
生理障碍	不得有萎蔫、日灼、裂果及其他生理障碍	允许褐色及绿色部分不超过100mm，裂果允许风干一处，其长度不超过5mm，不得有其他严重生理障碍	次于二等果者
病虫害	无	不得侵入果肉	
损伤	无刺伤、划伤、压伤，擦伤等机械损伤	无刺伤、划伤、压伤，擦伤等机械损伤	
果肉颜色	具有该品种最佳肉色	基本具有该品种肉色	

续表

项目	一等品	二等品	三等品
可溶性固形物		白肉类：不低于 11% 红肉类：不低于 9%	
总酸量		白肉类：不高于 0.6g/100mL 果汁 红肉类：不高于 0.7g/100mL 果汁	
固酸比		白肉类：不低于 20：1 红肉类：不低于 16：1	

同等枇杷果实依据单果重量，按照表 1–30 标准，分为特级（特大果，2L）、一级（大果，L）、二级（中果，M）、三级（小果，S），四个级别。

表 1–30 枇杷等级规格 单位：g

项目	品种	特级	一级	二级	三级
白肉枇杷类	软条白沙	≥ 30	25~30	20~25	16~20
	照种白沙	≥ 30	25~30	20~25	16~20
	白玉	≥ 35	30~35	25~30	20~25
	青种	≥ 35	30~35	25~30	20~25
	白梨	≥ 40	35~40	25~35	20~25
	乌躬白	≥ 45	35~45	25~35	20~25
红肉枇杷类	大红袍（浙江）	≥ 35	30~35	25~30	20~25
	夹脚	≥ 35	30~35	25~30	20~25
	洛阳青	≥ 40	35~40	25~35	20~25
	富阳种	≥ 40	35~40	25~35	20~25
	光荣种	≥ 40	35~40	25~35	20~25
	大红袍（安徽）	≥ 45	35~45	25~35	20~25
	太城四号	≥ 50	40~50	30~40	25~30
	长红三号	≥ 50	40~50	30~40	25~30
	解放钟	≥ 70	60~70	50~60	40~50
可食部分	福建红肉品种	≥ 68%	≥ 66%	≥ 64%	≥ 62%
	其他品种	≥ 66%	≥ 64%	≥ 62%	≥ 60%

（4）包装　单果用包果纸、泡沫网、塑料薄膜包装，包装材料应清洁，

质地细致柔软。成件包装有木箱、纸箱、塑料箱等，体积不宜过大，每箱一般以5~10kg为宜。箱底垫碎纸、PE薄膜袋或杂草、再将果实紧密排列其内，各层及果实间要用软纸隔开，箱口留6~7cm，上覆纸屑或草纸，然后加盖封箱，并在箱的四周留有通气孔。也可用特制的塑料盒装，盒底为瓦楞状沟槽。

（5）贮藏　枇杷属于非呼吸跃变型水果，采后无后熟作用，要在树上基本完熟才可采收。果实的呼吸和乙烯峰出现于贮藏初期，然后呈下降趋势，直至贮藏结束，低温能延缓和抑制两峰的出现。

枇杷成熟于初夏高温、多湿的时段，果实采后生理活动旺盛，衰老进程快，极易腐烂变质，损失率极高，是较难贮藏的果品，一般条件下难以贮存与长途运输。在常温下存放超过20d，果实就会全部腐烂。枇杷果实中含有较多的多酚类物质，多酚氧化酶的活力较高，而多酚氧化酶是导致果肉褐变的主要原因，它可催化多酚类物质氧化而导致组织褐变。因此，枇杷在贮藏及加工过程中易发生褐变，从而导致色泽和品质的下降。

枇杷常用的贮藏方法有低温贮藏、气调贮藏和保鲜剂处理等。

①低温贮藏。目前，枇杷贮藏最常用的方法是冷藏法。枇杷冷藏条件一般为5~8℃，相对湿度为90%~95%，贮藏时间为20~25d。枇杷品种不同，其适宜的贮藏温度差异很大。8℃是“大五星”枇杷果实适宜的贮藏温度，4℃下枇杷果实易发生冷害。鲁周民等对陕西“田中”枇杷品种研究表明，低温能有效地降低贮藏过程中的失水与腐烂，在（2.5±0.5）℃条件下，采用保鲜袋贮藏可改善保鲜效果，延长保鲜期。何志刚等研究发现，“早钟六号”和“解放钟”枇杷品种适宜贮藏温度分别为6~8℃和8~10℃。刘卫民等对枇杷果实贮藏期间生理变化的研究表明，低温（5±0.5）℃可明显地降低枇杷果实呼吸强度，并可较长时间地使果实中的过氧化物酶活力稳定在较高水平范围内，有利于枇杷果实贮藏。保鲜枇杷果实可食部分的总糖、还原糖含量均高于室温（25±1）℃贮藏的果实。低温贮藏还有利于果肉中维生素C和可滴定酸的保存，有利于延长枇杷果实的食用适期。但是不适宜的低温又会使枇杷果实品质下降，风味变淡，果皮难剥，果肉质地生硬，粗糙少汁，甚至完全失去商品价值。所以单纯的低温处理并不能完全解决枇杷果实贮藏保鲜过程中出现的问题，只有采用冷藏结合适宜的薄膜袋封装才能提高贮藏保鲜效果。

②气调贮藏。枇杷气调贮藏条件为温度5~8℃，相对湿度90%~95%，O_2 8%~12%，CO_2 4%~6%，贮藏期为30~45d。何志刚等研究结果显示：“解放钟”枇杷果实气调贮藏的最佳条件为O_2 4%~6%、CO_2 6%~8%，“早钟号”枇杷果

实气调贮藏的最适条件为 O_2 4%~6%、CO_2 4%~6%。王政奇等经研究发现枇杷果实采用气调冷藏保鲜的效果显著优于一般的冷藏保鲜，于温度为 8℃、相对湿度 90%~95%、O_2 含量为 4%~5%、CO_2 含量为 5%~6% 的条件下贮藏 30d，枇杷果实仍能保持果实丰满、表皮色泽鲜亮、果柄青绿、汁多肉脆。向世杰等研究发现 5% O_2+5% CO_2 是“大五星”枇杷果实最佳的气调贮藏条件，在该条件下贮藏，能够有效控制枇杷果实细胞膜透性的增大和木质素含量的积累，苯丙氨酸解氨酶和过氧化物酶活力呈缓慢上升趋势，多酚氧化酶活力显著减弱。用 LDPE 薄膜（厚度 10~30mm）自发气调包装枇杷果实，3~4d 后可维持一个相对稳定适宜枇杷贮藏的 O_2 和 CO_2 浓度，有效地抑制果实水分的散失和品质的劣变。Ding 等用 PE 薄膜包装枇杷果实（袋内 O_2 和 CO_2 压力分别 4kPa 和 5kPa），结合 5℃冷藏，贮藏期可接近 60d，且果实保持较好的品质。此外，郑永华用高浓度 O_2 处理，使包装袋内 O_2 浓度一直维持在 90% 以上，贮藏 35d 后果实仍甜酸适宜，风味较好，果心褐变程度较轻。

③保鲜剂处理。枇杷采收后，立即用防腐剂浸果，能有效防止腐烂的发生。如用苯来特 500μg/mL 浸果 30s，常温下贮存可达 28d，果实未出现皱缩或变色。用施保功 1000μg/mL 加百可得 200μg/mL 洗果，结合乙烯吸收剂处理后用 PE 保鲜膜套果有良好的防腐效果。贮存 66d 其腐烂指数仅为 3，而对照高达 54.2。陈锐亮用多菌灵、2，4-D 浸果，在温度 10℃、相对湿度 90% 下贮藏至 30d 时，好果率为 85.7%，且果实保持良好的风味。何志刚等用施保功、百可得溶液浸果，结合乙烯吸收剂处理，3.5℃下贮藏，26d 腐烂指数仅为 3%，而对照高达 54.2%。姚昕等研究发现 8℃下，用 50mg/L 世高或 5mL/L 壳聚糖浸果 5min，LDPE（厚度 0.02mm，微孔处理）包装“大五星”枇杷贮藏 32d 时，腐烂指数分别为 8.61% 和 9.98%，好果率为 81.67% 和 78.33%，与对照相比呈极显著差异，失重率仅为 4.37% 和 4.24%，果实的品质保持好，其 TSS、维生素 C 和类胡萝卜素含量较其他处理下降少。王海宏等研究发现 1.5% 浓度的壳聚糖处理可以有效缓解枇杷果实可溶性糖、TA 和维生素 C 的下降，维持果实的好果率，减小其失重率，有利于保持枇杷果实的品质。0.1g/kg 1-MCP 处理可有效降低枇杷果实失重率，延缓其可滴定酸和可溶性糖含量的下降，并能有效抑制枇杷果实的呼吸作用。吴锦程等的研究结果表明 50mg/L 和 100mg/L 的外源赤霉素处理可以有效抑制枇杷果实木质素的积累。郑永华等认为 2~4g/kg SO_2 处理能够有效抑制枇杷果实的呼吸强度和多酚氧化酶的活力，缓解果实可溶性固形物和可滴定酸含量的下降，抑制果实硬度增加和果

心褐变，降低果实的腐烂率。向世杰等用不同浓度1-MCP处理“大五星”枇杷，结果显示，处理浓度为0.9mg/L时效果最好，过高浓度（1.8mg/L）会造成损害。

（6）运输　枇杷果皮脆弱，轻微的机械碰撞就会导致褐变。为避免枇杷运输震动造成机械伤，枇杷采摘后直接放入泡沫箱或纸箱，并在箱内垫碎纸屑或软草。若条件允许也可将枇杷在产地先预冷，然后用冷藏车（或普通货运车）结合恒温恒湿袋运输。

1.2.1.18　菠萝

菠萝（Pineapple）又称凤梨，属凤梨科凤梨属。最适合生长的年均气温为24~27℃，15℃以下生长缓慢，5℃是受冻的临界温，43℃高温即停止生长。菠萝广泛分布于南北回归线之间，是热带和亚热带地区的著名水果，世界重要的水果之一。我国是菠萝十大主产国之一，其主产区主要分布在广东、海南、广西、福建、云南等省（自治区），栽培品种约有70个。根据其形态、叶刺和果实特性，可以分为卡因、皇后、西班牙和杂交种4类。

（1）采收

①采收期的确定。菠萝生产通常有4个采收季节：春果，4~5月成熟；正造果（夏果）6~7月成熟；秋果，10~11月成熟；冬果，12月～翌年1月成熟。果实成熟标志是果皮由绿色逐渐转变成草绿色，进而变成该品种成熟时所特有的黄色或橙黄色，具光泽；果肉由白色逐渐转变成淡黄或黄色，呈半透明状；硬度由硬变软，果汁明显增加，糖分提高，具浓郁香味。成熟度可按果皮色泽分4个等级：即小果草绿、1/4小果转黄、1/2小果转黄、大于1/2转黄。依用途和市场远近决定采收成熟度，近销或就近加工的在1/2小果转黄时采，远销及远运加工的在1/4小果转黄时采收。

②采收方法。分期采收，保证入贮果实有均匀的成熟度。采摘宜在晴天上午露水干后或傍晚气温低时进行。采收时间，雨天不宜采收。采收时，用利刀砍断果柄，留2~3cm长削平，除净果柄上的托芽及果实基部过长的包叶。根据销售需要留顶或不留顶芽，加工用果应削去顶芽。采收全过程要轻采轻放，不要损伤果皮。采后及时剔除坏果、受伤果，及时分级包装调运，减少损失。

（2）预冷　适当的预冷可降低菠萝的腐烂程度，最大限度地保持果蔬新鲜度及品质。菠萝采收后经挑选、修整及保鲜处理后应立即放入预冷库预冷。菠萝的预冷温度大约为10~12℃，相对湿度90%~95%。

（3）分级　依据NY/T 450—2001《菠萝》，菠萝的大小分级参考表1-31。

表 1-31　菠萝等级规格

质量法		横径法	
规格	质量 /g	规格	横径 /cm
A	500~1000	Ⅰ	＜ 10
B	1001~1200	Ⅱ	10~11
C	1201~1500	Ⅲ	11~12
D	1500~1800	Ⅳ	＞ 12
E	＞ 1800		

（4）包装　菠萝鲜果须保留顶芽，除净托芽、苞叶，果柄切留 2cm，严格剔除病虫果、过熟果、不正形果、日灼果、污染果。特级果单果重菲律宾为 1250~1500g、卡因类 1750~2000g；一级果菲律宾为 1000~1250g、卡因类 1500~1750g。分级后切口消毒，用药液处理过的纸包果，每 10kg 装入两端上下各有 5 个直径为 1cm 通气孔的硬纸板箱；封口捆扎后贴上标签，立即发运，用能调温的集装箱、大货车或大车厢运输，切忌闷罐车厢装运。

（5）贮藏　菠萝属非呼吸跃变型水果，无呼吸高峰，没有明显的后熟变化。但菠萝采后呼吸作用旺盛，果实淀粉和含糖量逐渐下降，果肉组织变软，品质逐渐下降，因此自身衰老代谢和腐烂损耗是菠萝采后贮藏的两大问题。菠萝生长在高温多雨的热带、亚热带地区，生长过程中易受微生物侵染，采后物流中易造成大量腐烂损失，严重制约了菠萝的流通和销售。

菠萝贮藏方法包括低温贮藏、气调贮藏和保鲜剂处理等。

①低温贮藏。将适时采收的菠萝经预冷后，用 1% 二苯胺或用 2.5% 丙酸钠或用 1% 山梨酸水溶液浸过后，采用包果纸包裹，放在果筐内置于适宜的贮藏条件下温度 7~10℃，相对湿度 85%~90%。屈红霞等研究发现菠萝在贮藏在 12℃，结合打蜡可以延缓果肉硬度、可溶性固形物和可溶性糖醛酸含量的下降，降低多聚半乳糖醛酸酶和多酚氧化酶的活力，降低黑心病的发病率，较好地保持果实品质。

②气调贮藏。用薄膜袋包装或用石蜡涂封。主要是利用菠萝自身呼吸形成低 O_2、高 CO_2 气调环境，可减少失重，推迟果实转黄，减缓成熟衰变过程。将菠萝置于温度 7~10℃，相对湿度 85%~90% 的室内或库内贮藏。

③保鲜剂处理。用 250mg/L 萘乙酸和 250mg/L　2，4-D 配成的溶液喷洒菠萝果实，对黑心病有一定的抑制作用。窦同心等研究发现抗坏血酸和柠檬酸均可以延缓鲜切菠萝的衰老、抑制果肉褐变、防止果肉软化。质量分数为

1% 的抗坏血酸处理效果优于 1% 柠檬酸处理的效果。弓德强等采用 0.45μL/L 的 1-MCP 对菠萝进行处理，置于 25℃条件下贮藏。结果表明，1-MCP 处理能延缓果实贮藏过程中乙烯的合成速率，与相同贮藏条件下的对照（未处理）果实相比，乙烯释放高峰推迟 4d；1-MCP 处理可以延缓果实 MDA 含量的快速升高，同时对赖氨酰氧化酶活力起到抑制作用。

1.2.2 蔬菜

1.2.2.1 蒜薹

蒜薹（Galic bolt）是大蒜的幼嫩花茎，由薹苞和总苞两部分组成。在蒜薹中薹苞有花和气生鳞茎（又称珠蒜），大多数品种的花发育不完全，只抽薹不开花。我国蒜薹主种植区为河北、山东、辽宁、江苏、安徽和河南等地。蒜薹是目前是我国果蔬冷藏中贮藏周期最长、贮藏量最大的蔬菜品种之一。

（1）采收

①采收期的确定。应适时采收蒜薹，采收时间过早或晚都会对蒜薹品质产生影响。采收过早，由于蒜薹尚未发育完全，影响蒜薹的品质和产量。采收时间过晚，蒜薹纤维化程度高，将过多消耗蒜薹中的营养物质，降低了蒜薹的产量。只有适时采收蒜薹，才能达到蒜薹和蒜头齐丰收。最适宜的采摘时期是：当蒜薹抽出，蒜薹的薹长达 15~20cm 时，种植区近 70% 蒜薹的薹苞变白，薹尖弯曲近一圈，即可采收。由于不同品种采收的时间存在差异，应该根据当地气候及当地品种，适时采收。

②采收方法。采收时应选择无病虫害、外观上粗细均等、无病虫害、薹茎基部尚未老化、薹苞未充分膨大的蒜薹及时采收。采收时间尽量应在阴天和晴天太阳西斜后，采收时不得用刀割、不得划薹，应用手抽薹，以防止损伤薹茎。采收后的蒜薹应存放在不易破损、有利通风的包装容器内，避免雨淋、暴晒，尽快运到预冷间或冷库预冷。

（2）预冷　在蒜薹入库前 2~3d，将冷库温度稳定在 -1~0℃，应分开码放在预冷间或冷库内散热，使蒜薹温度下降到 5℃以下，从采收到预冷达到目标温度的时间不超过 24h。将符合质量要求的蒜薹薹苞对齐后，用塑绳（带）捆在距薹苞 3~5cm 的薹茎部位上，每捆约 0.5~1.0kg。若采用塑料薄膜帐气调冷藏，应将薹梢尖部去掉，保留 4~6cm 的薹梢。蒜薹薹梢向外，装入塑料薄膜袋。蒜薹薹条要装到袋底，袋口处应留出 5~10cm 的空隙。当品温下降到 0℃时关闭库内蒸发器的风机，由里向外点燃库内事先码放好的噻菌灵烟剂密闭 4h 后开机制冷。

（3）分级　依据NY/T 945—2006蒜薹等级规格对蒜薹进行分级（表1–32）。

表1–32　蒜薹等级规格

等级	总体要求
特级品	质地脆嫩；成熟适度；花茎粗细均匀，长短一致，薹苞以下部分长度差异不超过1cm；薹苞绿色；花茎末端断面整齐；无损伤、无病斑点
一级品	质地脆嫩；成熟适度；花茎粗细均匀，长短基本一致，薹苞以下部分长度差异不超过2cm；薹苞不膨大，允许顶尖稍有黄绿色；花茎末端断面基本整齐；无损伤、无明显病斑点
二级品	质地较脆嫩；成熟适度；花茎粗细均匀，长短较一致，薹苞以下部分长度差异不超过3cm；薹苞稍微膨大，允许顶尖黄绿色；花茎末端断面基本整齐；有轻微损伤、有轻微病斑点

（4）贮藏

①采后病害。蒜薹薹梢易褐变，易腐烂，易脱水，大大降低蒜薹的韧性。蒜薹在高氧、高温、高湿贮藏环境下，极易促进褐变作用，加速蒜薹的腐烂。防治措施：及时采收，在运输及贮藏过程中保持稳定适宜的低温环境，并在贮藏前保持足够的CO_2的积累：扎紧袋口，防止袋漏。

薹梢霉变：在蒜薹贮藏过程中，极易遭受霉菌侵染，致使薹梢出现表层生长出不规则的黑绒状斑点、潮湿、变褐和白色棉絮状物，最终致使薹梢腐烂。防治措施：入库前对库内进行彻底的消毒，剔除已腐烂褐变的蒜薹，并剪掉已褐变的部分，使蒜薹处于稳定适宜的低温贮藏环境。

冻害：贮藏的温度过低，容易使蒜薹的组织产生冻害。使蒜薹僵硬，颜色呈现出墨绿色，蒜薹外表皮气泡。库内靠近风机和靠近排风口处的蒜薹容易发生冻害。

预防措施；控制适宜的温度，架子离风机要保持1.5m以上；注意调节排风口的角度通过调节不同部位排风口的风量，尽量保证库内温度均匀。过低O_2和过高CO_2会损害蒜薹，致使蒜薹的呼吸代谢不正常。初期不宜被察觉，会出现死苞的现象。薹条的中间部位出现皱皮、组织凹陷、呈水煮状、断条、颜色变浅、有难闻的腐烂气味和酒精味，蒜薹不同部位对低O_2和高CO_2的敏感性不同，薹梢、靠近薹帽和薹条基部对低O_2、高CO_2忍耐力强（周晓琳，2012）。蒜薹在冷藏出现损害及防治措施按照GB/T　8867—2001《蒜薹简易气调贮藏技术》进行处理（表1–33）。

表 1-33　蒜薹冷藏出现损害及防治措施

损害的现象	引起损害的有关因素	防治措施
蒜薹包装袋内有轻微的酒精味	缺氧或 CO_2 过高	调节气体成分，尽快销售
蒜薹僵硬，呈暗绿色，严重时表皮组织起泡	温度过低，长时间低于冰点温度所致	明显冻害，解冻后不能继续冷藏，若轻微冻害缓慢解冻后仍可冷藏
薹苞发黄，薹茎发黄发糠，并有霉变发生	温度偏高，不稳定或氧含量过高	加强温度管理控制气体成分查补漏
薹苞膨大，薹苞出现腐烂	温度过高或长期高氧促使呼吸加强后期由于湿度大，凝结水多	控制气体成分及时检查发现袋破立即更换并降低温度至适宜标准
薹梢长霉，引起蒜薹腐烂	预冷不透，库温波动较大袋内凝结，水较多	充分预冷，蒜薹品温达标装袋，控制库温，缩小波动
死薹苞、薹茎出现凹陷、病斑、断条	成熟度偏低，长期缺氧或高 CO_2	调节气体成分，积极组织销售

②蒜薹采后生理特性。采收后的蒜薹虽脱离母体，但依旧保持着很强的呼吸作用，在常温下极易失水、老化和腐烂。蒜薹贮藏于 25℃以上放置 15d，蒜苞明显增大，而蒜梗自上而下也会变黄、脱绿、发糠，蒜味减淡，失去应有的商品价值和食用价值。在蒜薹长期贮藏过程中。蒜薹顶部形成所需的营养物质，是由来自于蒜薹细胞内含物的再次分配。

③贮藏。蒜薹贮藏方法主要有气调贮藏和保鲜剂处理等。

气调贮藏。李喜宏等在贮藏在 4℃下，以 80mm 鲜切蒜薹为实验材料，研究了不同类型、不同厚度的保鲜膜货架期 MAP 保鲜效果，结果表明：PVC 保鲜膜 0.06mm 保鲜效果最佳，贮藏 15d，可以显著降低丙二醛的含量与过氧化物酶的活力，降低营养物质消耗。

当蒜薹品温稳定在 0℃时，将蒜薹薹梢向外装入码放在冷藏架上的塑料袋内，扎紧袋口，密封冷藏。根据表 1-34 的要求进行开袋换气（GB/T 8867—2001《蒜薹简易气调冷藏技术》），每次换气 3~5h（前期短，后期长）。将袋内气体与大气充分交换后，袋内残留的 CO_2 浓度不得高于 1%。塑料薄膜帐冷藏要每周进行 2~3 次帐内气体循环，每次循环 15~20min。

表 1-34　蒜薹冷藏的温度湿度和气体成分指标

项目	指标
品温	（0 ± 0.5）℃
库内相对湿度	85%~95%

续表

项目			指标
气体指标	塑料薄膜帐	O_2	2%~5%
		CO_2	3%~6%
	塑料薄膜袋	O_2	1%~3%
		CO_2	10%~13%

保鲜剂处理。李素清采用复合保鲜剂（抗坏血酸浓度 30mg/L，魔芋葡甘聚糖浓度 10mg/L，水杨酸浓度 30mg/L）处理鲜切蒜薹，后贮藏在（5.0 ± 0.5）℃，相对湿度 90% ± 5.0% 的环境下贮藏，结果表明：贮藏 12d 后依旧可以保持蒜薹品质。

1.2.2.2　马铃薯

马铃薯（Potato），又称土豆、山药蛋、洋芋块茎等，全球第四大重要的粮食作物。世界马铃薯生产集中“三区两带”，即高山地区、低地热带区、温带区三大主产区，两个纬度带北纬 23~34° 、44~58° 占世界种植面积 70% 以上。我国马铃薯种质资源库登记了近千个品种，主要种植区分布在黑龙江、吉林、内蒙古、甘肃、宁夏、山西、云南、贵州及四川等地。

马铃薯种类很多，按块茎皮色分有白皮、黄皮、红皮和紫皮等品种；按薯块颜色分有黄肉种和白肉种；按薯块形状分有圆形、椭圆形、长筒形和卵形品种；按薯块茎成熟期分有早熟种、中熟种和晚熟种。

（1）采收

①采收期的确定。我国南北各地均有分布，东北、西北和华北等寒冷地区，一年一季作，7 月至 11 月收获；长江流域，春马铃薯 5 月至 6 月收获、上市，秋马铃薯 11 月收获上市；华南地区 2 月至 4 月收获上市。当盛花期至茎叶枯萎即进入成熟期，这一时期的特点是以淀粉积累为中心，田间管理的中心任务是防止茎叶早衰，尽量延长植株的生长时间。植株茎叶由绿变黄并逐渐枯黄，匍匐茎干缩与块茎脱离，块茎表皮形成木栓层，并停止生长。当马铃薯地上部分茎叶变黄、倒伏和枯萎时，马铃薯可以采收。

②采收方法。收获应在晴天进行，将薯块就地晾晒半天左右，散发部分水分，使薯皮干燥，以便降低贮藏中的发病率。贮藏用的马铃薯以干物质积累最多、块茎充分成熟的时候收获为好，无论春薯秋薯，收获前如遇雨天，都应待土壤适当干燥后收获。刚出土的块茎，外皮较嫩，应在地面晾 1~2h，待薯皮表面稍干后再收集。但夏天不能久晒，收后应及时收藏在阴凉处。

（2）预冷　入库质量要求：用于贮藏的马铃薯不能有以下缺陷：被晚期枯萎或者软腐病感染，受冻害，每堆马铃薯中受损害的超过 10%，每堆马铃薯中含杂物超过 5%。

（3）分级　依据 NY/T 1066—2006《马铃薯等级规格》进行分级（表 1–35）。在符合基本要求的前提下，马铃薯分为特级、一级和二级，同时参考 GB/T 25868—2010《早熟马铃薯预冷和冷藏运输指南》。

表 1–35　马铃薯品质等级要求

分级	特征
特级	大小均匀；外观新鲜；硬实；清洁、无泥土、无杂物；成熟度好；外形好；无表皮破损、无机械损伤；无内部缺陷及外部缺陷造成的损伤，单薯质量不低于 150g。
一级	大小较均匀：外观新鲜；硬实：清洁、无泥土、无杂物；成熟度较好：外形较好；轻度表皮破损及机械损伤；内部缺陷及外部缺陷造成的轻度损伤；单薯质量不低于 100g。
二级	大小较均匀；外观较新鲜；较清洁、允许有少许泥土和杂物；中度表皮破损；无严重畸形；无内部缺陷及外部缺陷造成的严重损伤。单薯质量不低于 50g

以马铃薯块茎质虽为划分规格的指标，分为大（L）、中（M）、小（S）三个规格。规格的划分应符合表 1–36 的规定。

表 1–36　马铃薯等级规格

规格	小（S）	中（M）	大（L）
单薯质量 /g	＜ 100	100~300	＞ 300

（4）包装　马铃薯一般常用的包装袋有网袋、编织袋、麻袋、瓦楞纸箱、木条箱、竹箱、塑料箱和铁箱等，将经过预处理后的马铃薯装入孔小于 10mm 的编织网袋，35~40kg/ 袋，采用袋装垛藏，大型库垛长一般是 8~10m，垛与垛相距 0.8~1.0m。

（5）贮藏

①贮藏期病害。多种病菌侵染是造成马铃薯腐烂的主要原因，其中以干腐病和晚疫病最为常见，干腐病由镰刀菌引起，该病菌侵染可发生在块茎膨大期、收获、运输及种薯切块过程中。在块茎上的症状一般是经过一段时间的贮藏后，最初在块茎上出现褐色小斑，随后病斑逐渐扩大，下陷皱缩，形成同心轮纹，进一步致使成块茎腐烂。在腐烂部分的表面，常形成由病菌菌

丝体紧密交织在一起的凸出层，其上着生白色、黄色、粉红色或其他颜色的孢子团。马铃薯干腐病防治的传统方法是贮藏期间，保持通风，避免雨淋，温度以0~4℃为宜，发现病烂块茎随时清除。收获及运输过程中避免块茎擦伤。收获后在田间晾干块茎表皮,再进行装运。贮藏前将块茎摊在通风干燥处，使薯皮晾干、伤口愈合。发病严重地区，在贮藏前种薯可用特效杀菌王乳剂倍液，或甲醛溶液均匀喷雾，注意处理后要晾干表皮。

②贮藏方法。马铃薯的贮藏方法主要包括简易贮藏、低温贮藏、气调贮藏、保鲜剂处理、辐照处理等。

简易贮藏。主要包括窖藏和沙藏。窖藏：7月中旬收获马铃薯，收获后预贮在荫棚或空屋内，直到10月下沟贮藏。沟深1~1.2m，宽1~1.5m，沟长不限。薯块厚度40~50mm，寒冷地区可达70~80cm，上面覆土保温，要随气温下降分次覆盖。沟内堆薯不能过高。否则沟底及中部温度易偏高，薯块受热会引起腐烂。沙藏：一般在10月中旬，先挖宽1.5~2m，深1.5~2m的坑，坑的长度自己掌握：在坑底垫一层干沙，然后是一层马铃薯一层干沙，一般35cm厚度的马铃薯覆盖5~10cm厚度的干沙，埋三层后表面盖上稻草，再盖上土20~30cm中间竖一小捆秸秆通风，严冬时节要增加盖土厚度。

低温贮藏。出休眠期后的马铃薯转入冷库中贮藏可以较好地控制发芽和失水，在冷库中可以进行堆藏，也可装箱堆码，一般堆高不超过2m，堆内设置通风筒。装筐码垛贮放，更加便于管理及提高库容量。不管使用哪一种贮藏方式，薯堆周围都要留有一定空隙以利通风散热。将温度控制在3~5℃，相对湿度85%~90%。氯苯胺灵是一种采后使用的抑芽剂，粉剂的使用剂量为1.4~2.8g/kg，将粉剂撒入马铃薯堆中，上面扣上塑料薄膜或帆布等覆盖物，24~48h后打开，经处理后的马铃薯在常温下也不会发芽。该抑芽剂必须在马铃薯愈伤后使用，否则，它会干扰马铃薯的愈伤，造成马铃薯贮藏中腐烂。出休眠期前的马铃薯使用该药抑芽效果好，出休眠期后再使用，抑芽效果明显减弱。应在休眠中期进行，不能过晚，否则会降低药效。青鲜素对马铃薯也有抑芽作用，但需在薯块采收前3~4周进行田间喷洒，用药浓度为3%~5%，遇雨时应重喷。

气调贮藏。马玉荣等研究了气调贮藏、热处理、乙醇以及其他常用褐变抑制剂对其鲜切产品褐变的控制，结果显示：采用的四个马铃薯品种，加州白马铃薯、华盛顿白马铃薯、克拉马斯红马铃薯以及褐色马铃薯，褐色马铃薯最易发生褐变，切割后很短时间即发生褐变，5℃贮藏4d已失去销售价值；加州白马铃薯最不易发生褐变切割贮藏12d后仍具有销售食用价值。

保鲜剂处理。刘海金等以马铃薯品种费乌瑞它为试验材料，以海藻酸钠、植物油、液体石蜡为涂膜材料，对在控温4℃下贮藏120d的马铃薯块茎进行涂膜处理，处理后在常温15~20℃下贮存30d，结果表明：植物油膜的最佳配方为植物油体积浓度为3%，蔗糖酯浓度为1.5%，单甘酯浓度为1.5%，山梨酸钾浓度为0.6%，抗坏血酸浓度为0.2%。

辐照处理。用8~15Gy射线辐照马铃薯，有明显的抑芽作用，经照射的马铃薯在常温下能够良好地贮藏几个月。

1.2.2.3 姜

姜（Ginger），姜科姜属，多年生宿根草多年生草本植物。根茎扁平，肥厚，具有浓郁芳香和辛辣味。姜的成熟根状茎常称为生姜，表皮为木栓化组织，内部纤维素较多，水分含量常在85%左右；未成熟的茎块称为仔姜，其外皮幼嫩，纤维含量低，水分含量常为93%以上。姜广泛分布在我国中部、东南部各省及西南部各省。

（1）采收　当姜茎叶开始枯黄，根茎饱满、坚挺、充分成熟，表皮呈浅黄色至黄褐色时，进行采收。生姜收获期可大致分为三期，在第一、二期可分别收获嫩姜和母姜，而此刻收获嫩姜和母姜只适用于短期贮藏或快销；在霜降至立冬时期对鲜姜进行第三期收获，此时姜根茎部分膨大，采收后可适用于长期贮藏。采收应避开雨天及烈日时段，采收可直接拔出或刨出整株，从茎基部2cm左右砍除地茎，清除姜块泥土。不得将姜瘟病柄株周围2cm范围内的姜块用于贮藏。采收的姜应尽快贮藏，不宜在田间过夜。

（2）预冷　入库应该对库房进行彻底清扫、消毒和通风换气。入库前1~2d，将库房温度调整到13~15℃，贮藏期相对湿度为90%。

（3）分级　依据NY/T 1193—2006《姜》标准，按姜外部形态分为一、二、三等品。大姜各等级要求应符合表1-37的规定，小姜各等级要求应符合表1-38的规定。

表1-37　大姜品质等级要求

等别	要求	限度以质量计/%
一等品	1. 形态完整，具有该品种固有的特征，肥大、丰满，充实形态一致 2. 色泽新鲜，表面光滑、清洁 3. 无异味 4. 机伤 5. 杂质 6. 整块单重＞250g	第4项＜1.0 第5项＜1.5
二等品	1. 形态基本完整，具有该品种固有的特征，肥大、丰满充实一致 2. 形态、色泽基本一致，表面基本光滑、清洁 3. 无异味 4. 允许轻微皱缩、机械伤 5. 杂质 6. 整块单重150~250g	第4项＜1.5 第5项＜2.0

续表

等别	要求	限度以质量计 /%
三等品	1. 形态尚正常丰满，色泽尚正常 2. 具有相似品种特性、特征，允许少量异形品种，表面尚清洁 3. 无异味 4. 机械伤、表皮轻微皱缩 5. 杂质 6. 整块单重 150g 以上	第 4 项＜ 2.5 第 5 项＜ 2.0

表 1–38　　小姜品质等级要求

等别	要求	限度以质量计 /%
一等品	1. 形态完整，具有该品种固有的特征，丰满、充实 2. 形态、色泽新鲜一致，表面光滑、清洁 3. 气味正常 4. 机械伤 5. 杂质 6. 整块单重＞ 200g	第 4 项＜ 1.0， 第 5 项＜ 1.5
二等品	1. 形态基本完整，具有该品种固有的特征，丰满充实 2. 形态一致，色泽基本新鲜，表面基本光滑、清洁 3. 气味正常 4. 表皮允许轻微皱缩、机械伤 5. 杂质 6. 整块单重 100~200g 以上	第 4 项＜ 1.5 第 5 项＜ 2.0
三等品	1. 形态尚丰满，色泽尚正常 2. 具有相似品种特性、特征允许少量异色品种，表面尚清洁 3. 气味正常 4. 机械伤、允许轻微皱缩 5. 杂质 6. 整块单重 100g 以上	第 4 项＜ 2.5 第 5 项＜ 2.0

（4）贮藏　空气相对湿度对鲜姜的贮藏产生较大影响，若贮藏环境的空气相对湿度过大，则会致使病菌繁殖进而导致生姜腐烂甚至是引发姜瘟病，不利于鲜姜的贮藏；若相对湿度过低，则致使鲜姜会失水导致干瘪萎缩的现象，贮藏的鲜姜适宜的空气相对湿度为 95% 左右。与姜相比仔姜表皮幼嫩而且含水量高，因此仔姜在贮藏过程中更容易发生冷害和失水。贮藏温度过高或过低对姜的贮藏产生不利的影响，有研究表明，鲜姜适宜的贮藏温度为 15℃，贮藏温度低于 10℃鲜姜就会遭受冷害。若鲜姜贮藏温度过高，由于姜皮薄、水分易蒸发，肉嫩极易引起引起萎缩，使鲜姜的抗病能力和耐贮藏能力减弱，易被微生物侵染，造成鲜姜品质的腐烂。

姜贮藏主要包括简易贮藏、低温贮藏、保鲜剂处理及辐照处理等。

①简易贮藏。姜的简易贮藏主要包括窖藏和埋藏。窖藏：入库前将窖藏内陈旧姜块、碎屑、铺垫物等清扫干净。将窖进行消毒杀菌，将贮运所用的塑料周转筐等用具及窖藏用沙一并消毒，姜入窖前 2d 通气换气。姜洞底部 5cm 厚的湿沙，湿润程度不结团即可。将姜块竖立摆放于洞底湿沙上，每姜覆盖 2~3cm 厚沙子，摆放至窖顶大约 55cm，在覆盖上约 25cm 厚的湿沙。入窖 25~30d 可下窖，洞口应留 30cm 的方形通气窗。入窖 60d 左右可封口井口。保持窖内温度 13~15℃，相对湿度 90%~95%。埋藏：挖坑深 1m，直径为 2m，

窖上口为2.3m，总深度达2.3m，地上部分用土墙夯实，防止坍塌。窖内应垂直放置10个用芦苇捆成的长为2.3m直径为10cm的通风塔。将鲜姜散装至坑口，四周低，中间高，并且每个窖坑一般放置小于2.5t。入窖初期，由于鲜姜呼吸作用旺盛，释放热量较多，可在鲜姜上面覆盖上一层姜叶，随着温度逐渐下降，适量添加土，并向鲜姜中央收缩。

②低温贮藏。鲜姜的贮藏适宜为13~17℃，95%的空气相对湿度。圆头期后适宜的贮藏温度为13~14℃，相对湿度为90%~95%。姜入库15d内，库温从13℃缓慢上升17℃，注意加强内通风，之后缓慢降低库温，观察生姜圆头状况，姜圆头状况，姜圆头结束后，控制库温13~14℃，库内湿度为90%~95%，每月2~3次换气，换气宜选择内外温差最小时进行，不宜在湿度过大时进行换气，冷藏库期限一般为10~12个月。

③保鲜剂处理。张曼等研究发现鲜姜在贮藏在10℃条件下，采用1–MCP熏蒸对鲜姜进行处理，研究表明，0.5μL/L 1–MCP处理鲜姜保鲜效果显著，在鲜姜贮藏28d后，多酚氧化酶、总酚、1，1–二苯基–2–苦肼基自由基清除能力与对照组比分别提升了0.35U、5.45mg/100g、5.75%、0.97mg/g。

④辐照处理。王守经等采用不同辐射剂量的射线辐照处理姜，研究发现用80~250Gy γ 射线辐照处理姜，在贮藏初期可致使鲜姜中维生素C的含量降低，但同时抑制鲜姜的呼吸作用和发芽，促进还原糖含量的增加。使用80~400Gy剂量辐照处理鲜姜，可以升高根茎肉质内部电解质渗透率。

1.2.2.4 莲藕

莲藕（Lotus Root）属睡莲科、睡莲属植物。原产于印度，是我国栽培历史极为悠久水生蔬菜，也是我国最具特色、栽培面积最大的水生经济作物。在我国分布较广，盛产于长江三角洲、珠江三角洲、洞庭湖一带，以江苏、浙江、湖南、湖北等省产者为优莲藕，存在许多品种。

莲藕呈短圆柱形，外皮细薄，光滑，为黄灰或白灰色，内部为白色；节部中央膨大，内有大小不同的孔道若干条，体较重，质脆嫩。在我国食用栽培的莲藕可分为两大类：第一类是为藕用种，其根茎较肥大，外皮白色，肉质脆嫩，味甜，产量高，结莲子不多，此类根据孔的多少，可分为七孔藕和九孔藕；第二类是为莲用种，莲体较小，肉质带灰色，品质较差，但结果多，主要是采集莲子用。

（1）采收

①采收期的确定。莲藕应适时采收,采收过早或过晚都会影响产量。因此，应根据莲藕成熟的早迟和食用的需要来确定采收期。花香藕的脚层叶为黄绿

色，中层叶为深绿色，上叶均已定型，整体中没有新叶出现时即可采收，采收时间在 9 月上旬为好，但此时采收在影响产量，只宜少采收；中秋藕可在中秋节前后采收，此时的叶色全田脚层叶枯萎，中层叶为黄色，上层叶色呈黄绿色。中秋藕是为了供应人们中秋节和国庆节的需求，应进行适量采收上市；红锈藕一般在 10 月中旬采收，可作为熟食或加工藕粉。10 月下旬藕身褪红转白，称为白锈藕，此时的藕淀粉含量丰富，除加工和食用部分外，便于长期贮藏。

②采收方法。在采收莲藕的前两周应放干水，采收时可根据终止叶与后栋叶之间的距离来估量藕的深浅。在采收莲藕时用脚铲沿着叶柄下踏至泥底，首先采收上层藕，后采收下层藕。其操作方法是将藕身下面的泥土扒开，用右手抓住藕的后把，以防止断裂，泥浆灌入孔隙，造成食用欠佳。田中间每隔 2m 留 30cm 不采收，或将藕前两段采收，保留最后一节作翌年的种藕。

（2）分级　依据 NY/T 1583—2008《莲藕》进行莲藕等级的划分，具体参考表 1–39。

表 1–39　　莲藕品质等级要求

项目	指标		
	一级	二级	三级
品种	同一品种		相似品种
形态	具有本品种应有的形状和特征，顶芽完整	具有本品种应有的形状和特征，顶芽基本完整	具有本品种应有的形状和特征
色泽	具有本品种应有的色泽		个体间色泽无显著差异
新鲜度	藕表光滑、硬实、无皱缩	藕表光滑、硬实、无萎缩	藕表光滑、硬实
清洁程度	藕节无须根，空腔内无泥痕及其他污染物。净藕藕表应无泥痕及其他污染物	藕节有少许须根，空腔内无泥痕及其他污染物。净藕藕表应无泥痕及其他污染物	空腔无泥痕或其他污染物。净藕藕表允许有少许泥痕或其他污染物
病虫害	无	每个藕斑痕不多于 2 处，且总面积不超过 $2cm^2$，内部组织无病变	
损伤斑痕	每个藕斑痕不多于 2 处，且总面积不超过 $3cm^2$		每个藕斑痕少于 4 处，且总面积不超过 $10cm^2$
整齐度（%）	≥ 90	≥ 85	≥ 80
限度	每批样品中不符合感官要求的按质量计，其不合格率应不超过 5%	每批样品中不符合感官要求的按质量计，其不合格率应不超过 10%	每批样品中不符合感官要求的按质量计，其不合格率应不超过 15%

（3）贮藏　引起莲藕腐败的病原真菌为镰孢菌中的莲尖镰菌、串珠镰孢菌、腐皮镰孢菌、接骨木镰孢菌以及立枯丝核菌和周毛杆菌等。周雄祥等研究了

武植 2 号、青毛节、鄂莲 4 号和鄂莲 5 号等四个莲藕贮藏在贮藏温度在 0~5℃和 5~15℃的品质变化，结果发现武植 2 号和鄂莲 4 号较耐贮藏，其次为青毛节，最不耐贮藏的是鄂莲 5 号。

随着莲藕贮藏时间延长，莲藕表皮和肉质的白度和水分含量逐渐下降；腐烂率增加，呼吸强度先上升后下降，乙醇含量逐渐增加，还原糖含量蛋白质含量在采后的前期变化不大，后来呈缓慢下降的趋势；酶活力先下降后上升，果胶酶活力逐渐增加，过氧化氢酶活力逐渐下降。

莲藕的贮藏主要有简易贮藏、低温贮藏、气调贮藏、保鲜剂处理、热处理等。

①简易贮藏。简易贮藏主要包括沙藏和水藏。

沙藏。选择地势高、背风、避雨处，用细沙铺衬底面，湿度以手捏成团松开即散为宜，在四周挖好排水沟，码放一层莲藕铺上一层细沙。如此沙、藕相间，叠放 5~6 层，最上面盖厚约 10cm 的湿沙即可，此法一般可保鲜 60d 左右。另外。也可在室内用砖或木板围成埋藏坑。坑内铺上 5cm 厚的湿沙，挖出带泥的莲藕按顺序排放，然后一层藕一层沙，码 5~6 层高，最上面盖厚约 5cm 的湿沙即可。

水藏。将预处理后的莲藕置于非铁质容器中按顺序排好，浸没在浓度为 10%~15% 的食盐水中，可保鲜 5 个月以上，既可防腐又能抑酶，贮藏后风味与新鲜时无异。

②低温贮藏。黄利刚等研究发现莲藕的冰点为 −1.7℃，在冰温贮藏下，莲藕各种理化指标变化很小，对莲藕品质的影响较小，能有效保持莲藕的原有风味。

③气调贮藏。刘翠云等研究发现用 5% CO_2+3% O_2 气调保鲜莲藕时，多酚氧化酶活力与肉质白度 L 值、藕皮白度 L 值均是负相关的，相关系数分别为 0.999，1.000。综合其他各项指标的变化得出 5% CO_2+3% O_2 的保鲜效果较好。周雄祥等以不同比例的 N_2、O_2 和 CO_2 和进行气体配方组合试验，研究气体对莲藕贮藏效果的影响。结果表明，最佳气体配方组合为 90% N_2+5% O_2+5% CO_2。高晗等采用 100% O_2 组处理的鲜切莲藕，其外观最好，多酚氧化酶活力受到抑制，维生素 C 含量损失最小。周雄祥等对莲藕采用厚的低密度聚乙烯塑料包装袋和真空复合袋抽气包装，在 0~2℃、2~4℃、4~6℃、6~15℃、15~25℃等 5 个温度范围下贮藏，并对其感官品质的变化进行了调查。结果发现，真空袋气调保鲜贮藏藕 0~4℃时可贮藏 60d 感官品质无变化，4~6℃时可贮藏 30d 感官品质无变化，6~15℃时 15d 感官品质无变化，而在 6~15℃下仅贮藏 5d。厚袋包装莲藕在 15~25℃温度仅可贮藏 5d。项丽霞等采后 35℃热空气处

理 30min，用 PE 膜包装后，于（4±1）℃，85%~95%RH 环境贮藏，结果表明热处理降低了莲藕表皮褐变，延缓了表皮过氧化氢酶活力的下降，抑制了多酚氧化酶、过氧化物酶活力。

④保鲜剂处理。李珊等采用 2g/100mL 壳聚糖对莲藕进行涂膜，保鲜膜包裹后真空包装，置于 0~5℃条件环境中冷藏，藕的品质保持良好，至少长达 2 个月。于有伟等采用 1% 壳聚糖、1% 植酸和壳聚糖植酸复合涂膜处理鲜切莲藕，贮存至第 8d，研究发现复合涂膜的鲜切莲藕失重率为对照的 1/2，丙二醛含量比对照低 18.8%，L 值比对照高 51.2%。采用壳聚糖 0.9%、海藻酸钠 0.1%、黄原胶 0.08% 对莲藕涂膜，可有效保持莲藕的感官品质。何萌等研究了弱酸电解水、强酸电解水、次氯酸钠、去离子水 4 种不同清洗处理对鲜切莲藕在 4℃条件下贮藏 14d 期间，结果表明：弱酸电解水（pH 为 5.65，有效氯剂量 48mL/L，氧化还原电位 800mV）能够有效保持鲜切莲藕的色泽品质和整体感观质量值，同时抑制褐变。

1.2.2.5　芦笋

芦笋（Asparagus）又称石刁柏、龙须菜等，植物分类学上属于百合科天门冬属，为多年生宿根草本植物。根据芦笋采收时的颜色，将芦笋分为白芦笋，即嫩茎刚拱土还没露头时就进行分次培土，因嫩茎没有经过阳光照射而保持白色的称白芦笋；紫色芦笋，芦笋顶端的颜色为粉红色到紫罗兰色或紫色，但是芦笋嫩茎的一部分为白色；紫色 / 绿色芦笋，一部分芦笋嫩芽为紫色或绿色；绿芦笋，是对春天刚出土的茎部不进行培土，受阳光照射生成叶绿素，芦笋顶端和颈部的大部分为绿色。而紫色、绿色芦笋及单独的紫芦笋则大部分为鲜食；所以白芦笋通常经过加工成罐头以供给国内外市场，而绿芦笋则大部分用作鲜食、冷藏远销及速冻出口。

（1）采收　采收时间为每年的 4 月下旬 ~8 月中旬，标准为嫩茎长 15~25cm 无散头均可采收上市，8 月中旬后每穴应留出 2~3 株母株进行营养生长。根据不同栽培方式适时、适量采收。白芦笋采收在早上黎明时进行，收获后注意避光。采收后按色泽、大小进行分级。高温时，1d 收 2 次。黄锡志研究不同采收季节芦笋的外观品质和风味品质的变化，结果表明 4 月的芦笋外观得分最高，3 月次之，9 月位于第三，6 月得分最低。从外观性状看，4 月的芦笋在长度、粗度、质量、色泽度方面得分都最大，而空心率和弯曲率也比较低，故从外观品质来看，4 月的芦笋外观品质最好。

用于贮藏的芦笋应新鲜、洁净、完好、坚实、光滑、无伤痕和无可见的病虫害。笋尖或顶部应闭合。白芦笋嫩茎应呈均匀白色。因品种不同，芦笋的顶部或者尖端，甚至嫩茎都可能是白色，浅黄色或淡紫色。绿色芦笋的根茎为均匀的绿色。

（2）分级　NY/T 1585—2008《芦笋等级规格》规定了按照长度、直径划分芦笋等级，具体见表 1–40、表 1–41。

表 1–40　　芦笋品质等级要求　　单位：cm

规格		长（L）	中（M）	短（S）
芦笋长度	白芦笋	17~22	＞12	＞10
	绿芦笋	20~30	＞15	＞10
同一包装中最长和最短芦笋的差异		＜2		＜1

表 1–41　　芦笋等级规格　　单位：mm

规格	粗（B）	中（M）	细（T）
基部直径	＞17	＞10	＞3
同一包装中最大和最小直径的差异	＜6	＜5	＜4

（3）包装　依据 SB/T 10966—2013《芦笋流通规范》进行芦笋包装。芦笋采收后应在阴凉、清洁的环境中存放，选择符合等级特征的芦笋进行包装。采用散装、小捆或袋装的方式，再放入纸箱或塑料箱内，包装过程中应保护好笋尖。宜采用直立排列方式，若采用水平排列方式包装，则应缩短装箱时间，开箱后宜直立放置。同一包装内芦笋的产地、品种、等级应一致，包装内产品的可视部分应具有整个包装产品的代表性，具体见表 1–42。

表 1–42　　芦笋包装容器规格

包装容器	重量 /kg	尺寸 /mm
瓦楞纸箱	15	长 × 宽 × 高 =400 × 300 × 220
	20	长 × 宽 × 高 =400 × 300 × 300
塑料周转箱	25	长 × 宽 × 高 =600 × 425 × 300

芦笋包装容器采用瓦楞纸箱和塑料周转箱的规格可参考表。

（4）贮藏　由于芦笋嫩茎含水量较高，呼吸作用强，采后的芦笋极不耐贮藏。常温下采收的芦笋嫩茎在数小时内就会引起质量减轻、品质变劣。存放 1~2d，纤维老化，颜色变浅，笋体萎蔫，失水严重，甚至开始腐烂。常温下，芦笋采后代谢过程依然非常旺盛，在4~6h达到高峰。呼吸速率快速增加，细胞次生壁迅速加厚，纤维素含量不断增加，并伴随有木质素的合成和沉积，从而导致了芦笋木质化进程的加速和老化的发生。

芦笋的贮藏方法包括低温贮藏、气调贮藏、保鲜剂处理、热处理和高静压处理等。

①低温贮藏。芦笋最适宜的贮藏温度为1~2℃，建议最低温度是1℃，因为温度的波动可能达到0.5℃，并且实际经验表明，嫩芽在低于0.5℃贮藏时可能受损。如果预期的贮藏时间是10d或者更短，芦笋在0.5℃的温度下可以成功的保存。但是，在这个温度下，贮藏期不应超过10d，因为有可能受损。相对湿度应保持在90%~95%。

②气调贮藏。弋顺超等采用0.5mm大孔直径（开孔率0.98%）PE袋，控制调节白芦笋呼吸平衡成分上有较好的作用，大孔的PE薄膜包装的保鲜效果最好，白芦笋贮藏到18d时仍有较好品质。刘萌等将白芦笋贮藏在温度为3.0±0.5℃、相对湿度90%~95%条件下，测定贮藏前后的营养和品质指标，确定了白芦笋自发气调保鲜袋贮藏的适宜气体组成为：CO_2为5.9%±0.3%；O_2为4.2%±0.4%。

③保鲜剂处理。苏光耀等研究发现用1-MCP处理芦笋后贮藏在2℃，可有效延长减少维生素C和叶绿素的损失，保持较好的剪切力，可以较好延长货架期。

④热处理。弋顺超等采用35℃热水对白芦笋处理10min，可有效延缓白芦笋的软化，抑制白芦笋呼吸强度，但会造成白芦笋维生素C的损失。

⑤高静压处理。冯海红等采用0MPa、50MPa、100MPa各保压2min处理的样品，置于相对湿度90%、温度4℃的冷库中贮藏15d，发现与对照组相比，高静压处理可以有效降低贮藏期间绿芦笋呼吸强度，延缓嫩茎中叶绿素降解，较好保持了绿芦笋的硬度和色泽。

1.2.2.6 大白菜

大白菜（Cabbage），十字花科芸薹属的一种叶用蔬菜，栽培广泛，产量高，消费量大，耐贮运，供应期长，在我国蔬菜生产和日常消费中占有举足轻重的地位。大白菜不仅是北方地区冬春两季市场上的主要蔬菜，还可以调剂南方市场的部分需求。大白菜的品种很多，一般选择青口类型的中晚熟品种进行贮藏。

（1）采收　大白菜在入贮前如果含水量过高、组织过脆，易造成机械伤害并引发病害，因此在采收前10d应停止浇灌。为防止病虫害的侵袭，根据农药残留期的长短来决定最后喷药的种类和时间，以使其残留量在收获时降到最低限度。适时收获是做好贮藏工作的基础。采收过早，由于外界气温较高，菜棵易因受热而脱帮；采收过晚，菜棵在田间易受冻。所谓适时，应以当地和当年的气候条件而定，以霜降前后为宜。供应贮藏的大白菜应选择成熟度达到八成心左右的菜棵为宜。

（2）预冷　采收后的大白菜需先在田间自然晾晒，至菜棵直立时其外叶下垂而不致折断为宜。既可减少贮运过程中的机械伤害，还能增强其抗寒力。晾晒后选择七、八成心的菜棵进行整修，摘除黄帮、烂叶，撕去外围叶片的叶耳和“过头叶”（叶长超过叶球的部分），清除带有病虫的菜棵。经过晾晒、整修后，如果外界气温尚高，应把待贮菜棵整齐地码放在贮藏设施附近的背阴处，注意做好日间防热和夜间防冻工作，等外界气温降到1~2℃时，菜体中心温度0~5℃为宜，如气温在0~5℃，可直接入库不需预冷。

（3）分级　依据NY/T 943—2006《大白菜等级规格》进行大白菜的等级划分，具体参考表1-43、表1-44。同时参考SB/T 10332—2000《大白菜》。

表1-43　大白菜品质等级要求

等级	要求
特级品	外观一致，结球紧实，修整良好、无老帮、焦边、胀裂、侧芽孢发及机械振伤等
一级品	外观基致，结球较紧实，修整较好；无老帮、焦边、胀裂、侧芽萌发及机械损伤等
二级品	外观相似，结球不够紧实，修整一般；有轻微机械损伤等

表1-44　大白菜规格　单位：kg/株

	大（L）	中（M）	小（S）
秋季大白菜	＞3.5	3.5~2.5	＜2.5
夏季白菜	＞1.0	1.0~0.75	＜0.75

（4）包装　对贮运质量要求高的销售地（如出口贸易、大型超市、特供场所等），运输外包装要用纸箱包装，内包装可用纸包装，也可用0.01~0.015mm厚的低密度聚乙烯膜垫衬覆盖包装，并根据运输季节和运距长短考虑是否采用冷藏运输，以免贮运过程中造成腐烂变质。而对于普通批零市场的运输，由于大白菜属于大宗廉价蔬菜，可以不加包装直接堆码，并根据运输季节和运距长短，使用一定量冰瓶分散夹在菜堆内。目前大白菜主要

是采用公路运输，其次是铁路运输。温度较高的季节采用公路运输，应采用筐装的方式，如竹筐、荆条筐或塑料筐，不宜采用编织袋等软包装，以减少菜堆内发热。在寒冷季节运输，车的上下均需要用草毡或被褥覆盖，尽量使车内大白菜的温度保持在 0℃。

（5）贮藏　大白菜喜冷凉和湿润的贮藏环境。其心叶的冰点温度为 –1.2℃，但在 –0.6℃时其外叶就开始结冰，长期低于 –0.6℃会产生冻害。因此最适宜的贮藏条件是温度 0℃，相对湿度 95% 以上。长期贮藏，大白菜的损耗量可达 30%~50%。其主要原因是脱帮，其次是腐烂和自然失重。造成脱帮的原因与贮藏环境中乙烯含量密切相关。当乙烯含量超过 2.3×10^{-7} 时，即可导致脱帮。贮藏环境中的温度愈高，或菜体所受的机械伤愈重，其乙烯释放量愈多。此外随着菜棵呼吸强度的增加也会加速脱帮和衰老，从而增加损耗。如能尽量做到轻拿轻放，并严格控制贮藏环境，就能减少乙烯的释放与积累，降低不必要的损耗。

大白菜贮藏方法包括简易贮藏、低温贮藏等。

①简易贮藏。大白菜简易贮藏贮藏方法包括堆藏、沟藏和窖藏等。

堆藏。露地或棚内，将大白菜倾斜地堆放成两行，其底部两行相距 1m 左右，向上堆码时要逐层向中间收缩，最后用一棵菜把这两行合在一起形成尖顶状，其高度 1.2~1.5m，中间所留的空隙有利于通风和降温。堆码时每层菜棵之间还可以交叉放一些细架杆起支撑作用，使菜垛稳固。在菜垛的外部应覆盖苇帘或蒲席，两端悬挂草包片。通过开合两端的草片调节菜垛内部的温湿度。在堆藏期间，当外界气温降低时，应及时加盖防寒设施；当气温升高时，夜间可把顶层的菜棵掀开，以利通风散热。采用堆藏法须勤倒菜。一般每过 3~4d 要倒动 1 次。这种方式的特点是简便、易行，但费工、损耗大，适于短期贮藏。

沟藏。又称埋藏，也是一种简便易行的贮藏方式。应注意做到以下几点：埋藏沟要预先挖好、充分晾晒使之干燥。整修好的菜棵根朝下直立码放到埋藏沟内，每层菜棵之间用干草或菜叶隔开，入贮以后随着外界气温的降低而分次覆土保温；每次覆土的厚度应以覆土层不致冻透为度，到翌年初春地温回升以后即应结束贮藏。

窖藏。一种较为经济的贮藏方式。菜窖可分为棚窖和通风贮藏窖两种。棚窖一般长 20~50m、宽 2.5~3.0m、高 2m；每隔 2~3m 留一个通风口，可以每年临时搭建。由于通风窖内设有隔热保温层，又有较理想的通风系统，适合在大白菜的集中产地采用。适时把经过晾晒、整修好的菜棵运入窖内，码成

1.5m 高、1~2 棵菜宽的条形垛。菜垛之间保留一定的距离，以便通风和操作。管理人员可以通过开关天窗或气孔通风换气。还可以增设风机，采用强制通风的手段排除过量的呼吸热和内源乙烯。贮藏期间应经常翻倒菜棵，及时清除黄帮、烂叶或病棵。通风窖贮藏期限一般为 3~4 个月。

②低温贮藏。

冷库贮藏。为了提高利用效率多采取装筐、码垛的方法。入库应分批进行，以免库温骤然升高而影响贮藏质量。筐、垛之间要预留空隙，以便于查看，每隔 20d 左右倒菜 1 次。此法通过机械输送冷空气来调控库温，可长期贮藏、陆续上市，直到第二年的 5、6 月。其优点是贮藏效果佳，操作简便。大白菜适宜的冷藏温度为 −1~1℃，相对湿度为 85%~90%，冷藏库贮藏期限一般为 5~6 个月。

强制通风脱除乙烯法贮藏。该法通过在普通的半地下式棚窖等贮藏设施的基础上增加强制通风系统来实现。其特点在于只需启动风机就能调控管理，从而摆脱了繁重而又费时的倒菜劳作。当外界气温高于 0℃时，可以通过强制通风，使冷源进入窖内排热降温；外界气温低于 0℃时，可作为热源在窖内适当地积蓄热量。开机时虽然引起湿度降低，但关机以后只需 1~2h 垛间的相对湿度即可恢复到 95% 左右。当外界的最低气温持续高于 0℃时，应及时结束贮藏，并进行一次性出窖。该法贮藏的大白菜品质佳，其腐烂和损耗率均较低。

（6）运输　大白菜运输工具应清洁、卫生、无污染、无杂物，具备防晒、防雨、防冻和通风功能。运输方式可根据运输期间气温，选择常温、保温或冷藏运输方式。运输过程温度应保持在 0~3℃，确保空气流通。大白菜装卸，应摆放稳固、紧实、整齐，防止运输过程中松散碰撞。装卸及运输过程中，菜温波动不应大于 3℃。500km 以内的短途运输，可采取先将菜体预冷至 0~5℃，装入透明塑料袋，封口，再装入简易保温车，运输期限不超过 24h。500km 以上的长途运输，宜采用冷藏运输。控制箱内温度 0~3℃，相对湿度为 85%~90%，保持厢内空气流通。

1.2.2.7　菌菇类

菌菇类包括平菇、金针菇、杏鲍菇、海鲜菇等。

平菇（*Pleurotus ostreatus*），属伞菌目，口蘑科，侧耳属，又称糙皮侧耳、北风菌等。广泛分布于全球各地，主要生产国有中国、美国和荷兰，是人工大面积栽培的食用菌之一。平菇按色泽划分为深色种（黑色种）、浅色种、乳白色种和白色种四大品种类型。按照不同的种和品种对温度的要求不同，人们通常以子实体的分化和发育期的温度要求，把平菇属的种类划分为三型：一类为低温型子实体，其分化最高温度不超过22℃，最适宜温度在13~17℃。第二类为中温型子实体，其分化最高温度不超过28℃，最适宜的温度范围20~24℃，如凤尾菇、佛罗里达平菇、紫孢平菇。第三类为高温型子实体，其分化温度高达30℃以上，最适宜温度范围是24~28℃，如鲍鱼菇、红平菇。

金针菇［*Flammulina velutiper*（*Fr.*）*Sing*］，属伞菌目白磨科小火焰菌属。学名毛柄金钱菌，又称毛柄小火菇、构菌、朴菇、冬菇、朴菰、冻菌、金菇、智力菇等。因其菌柄细长，似金针菜，故称金针菇。金针菇在自然界广为分布，中国、日本、俄罗斯、欧洲、北美洲、澳大利亚等地均有分布。在中国北起黑龙江，南至云南，东起江苏，西至新疆均适合金针菇的生长。江苏灌南、河北、安阳、林州等。人工栽培的金针菇类型，按出菇的快慢、迟早，分为早生型和晚生型；按发生的温度可分为低温型和偏高温型；按子实体发生的多少，可以分为细密型（多柄）和粗稀型（少柄）。

杏鲍菇（*Pleurotus eryngii Quel.* 属真菌门，侧耳属），学名刺芹、侧耳。原产于非洲的北部、欧洲的南部以及中亚地区的高山、沙漠、草原中，在我国的西部部分省份也有分布。根据子实体形态特征，杏鲍菇菌株大致可分为五种类型：保龄球形、棍棒形、鼓槌状形、短柄形和菇盖灰黑色形，其中保龄球形和棍棒形在国内栽培中较为广泛。

海鲜菇［*Hypsizygus marmoreus*（*Peck*）*H.E.Bigelow*］，又称玉蕈、斑玉蕈和真姬菇，具有海蟹味，在日本称之为“蟹味菇”“海鲜菇”。隶属于白蘑科、玉蕈属，子实体中等至较大，是北温带一种优良的食用菌。中国主要在山西、河北、河南、山东、福建省小面积栽培，如今栽培的有浅灰色和纯白色两个品系，白色品系又称“白玉菇”“玉龙菇”。

（1）采收

①采收期的确定。当平菇菌盖基本展开但菌膜未破时，颜色由深灰色变为淡灰色或灰白色，菌盖边缘尚未完全展开、孢子即将弹射时，是平菇的最适收获期。这时采收的平菇，菇体肥厚，产量高且味道美。一般为整朵菇，菇片平整，边缘稍微内卷，孢子尚未弹射时的初熟期为最适宜采收期，适时分批采收，消除菇脚泥土和枯死幼菇，保持良好的商品性状。

一般当金针菇菌柄长15cm、菇盖直径0.5cm时采收最为适宜。采收的标准是菌盖轻微展开、内卷呈半球形，直径1~1.5cm，菇柄嫩白，长度为15~16cm时，商品价值最好。鲜销的金针菇应在菌盖6~7分开时采收，菇盖开伞和菇柄延长至20cm左右时，金针菇过分成熟，菇柄纤维化，柄基部变褐色，基部绒毛增加从而影响其商业价值。当菌柄长到 12~15cm，菌盖直径 0.8~1.2cm 内卷未开伞就应及时采收鲜销，脱水烘干和盐渍菇可适当推迟采收。

当杏鲍菇子实体逐渐长大，基部隆起而不松软、菌盖基本平展并中央下凹，边缘稍向下内卷、但尚未弹射孢子时及时采收。一般在现蕾后 15d 左右进行，采收标准为杏鲍菇的子实体在七成熟时较适宜，此时菇体外观致密有弹性，菌盖边缘内卷呈半球形，菌褶还没有形成，采收后不仅可以保持菇体白度，还可防止在贮运过程中菇体发黄而影响品质，或者按照客户的要求来采收。

海鲜菇一般从现蕾到采收需要 12d 左右，菌盖平展、孢子尚未弹射为采收适期。当菇柄长度达到 12~15cm，菌盖直径 1.5~2.5cm 时及时进行采收，防止纤维化老熟。

②采收方法。采收平菇时，要用左手按住培养料，右手握住菌柄，轻轻旋扭下。也可用刀子在菌柄基部紧贴料面处割下。采大朵留小朵，采收时将单个菇体向上捻动进行手摘，采摘时菇帽向外倾斜，不可直接从菌床上拔出。用左手手指夹紧菌托，右手撑刀切断菌托基部，然后将菇柄修理整齐，剪去过长菌柄，装篮时把菇柄朝上放在篮子中。在凉棚中将菇分好等级，把不适宜贮藏的开伞菇、病菇和有虫菇选出。

采收金针菇时，应戴洁净手套，一手按住栽培袋口，一手轻轻抓住子实体拔下，剪去菌柄基部所带的培养料部分，采收后要把培养料上散乱的小菇、死菇、腐根及老化的菌块全部清理干净。或稍左右摇动或旋转后，再成束拔下。若菇体丛密，与基质结合牢固，则应分成小束拔下，切忌牵动基质。采下的菌菇应整齐盛放在光滑的容器内，并及时清理、分装进塑料袋，封好袋口。

（2）预冷　平菇采后可采用真空预冷、冷风预冷、冷水预冷和碎冰预冷 4 种预冷方式对平菇进行预冷，试验结果表明：冷风预冷对平菇有良好的预冷效果。金针菇采摘温度在 0~15℃时，宜在采后 4h 内实施预冷，当采摘温度在 15~30℃时，宜在 2h 内实施预冷，当采摘温度超过 30℃时，宜在 1h 内实施预冷。可采用冷库冷却、强制冷风冷却、真空冷却等方式，预冷温度为 0~2℃，金针菇预冷至 0~2℃。

（3）分级　依据 GB/T 23189—2008《平菇》进行平菇等级的划分，具体参考表 1-45、表 1-46。同时参考 NY/T 2715—2015《平菇等级规格标准》。

表 1–45　平菇鲜品品质等级要求

项目	一级品	二级品	三级品
形态	菌盖肥厚、表面无萌生的菌丝，菌柄基部切削平整，干爽，无黏滑感	菌盖肥厚、表面无萌生的菌丝，菌柄基部切削良好，干爽，无黏滑感	菌盖、菌褶不发黑，菌柄基部切削允许有不规整存在
菌盖直径 /cm	3.0~5.0	5.0~10.0	＜ 3.0，＞ 10.0
色泽	具有平菇应有的色泽		
气味	具有平菇特有气味，无异味		
虫蛀菇 /%	不允许		＜ 1.0
霉烂菇	不允许		
杂质 /%	不允许	＜ 5.0	

表 1–46　平菇理化要求参考

项目	鲜品	干品
水分 /%	＜ 92.0	＜ 12.0
灰分（以干重计）/%	＜ 8.0	＜ 8.0

金针菇等级的划分：金针菇的分级，一级菌盖呈半圆球形，直径 0.5~1.3cm，柄长 14~15cm，整齐度 80% 以上，无褐根，无杂质。二级菌盖未开伞，呈半圆球形，直径 1.2~1.5cm，柄长 13~15cm，柄基部浅黄至浅褐色，有色长度不超过 1.5cm，无杂质。三级菌盖直径 1.5~2cm，柄长 10~15cm，柄基部黄褐色占 1/3，无杂质。

依据 DB35/504—2003《杏鲍菇》进行杏鲍菇等级的划分，具体参考表 1–47。

表 1–47　鲜杏鲍菇品质等级要求

项目	特级品	一级品	二级品
色泽	菌盖浅灰褐色、淡黄色，表面有丝状光泽；菌肉白色；菌褶白色或近白色；菌柄白色、近白色或淡黄色。		
形状	菌盖近圆形；菇柄似圆柱形、棒槌状		
气味	杏鲍菇特有的轻微杏仁香味、无异味		

续表

项目	特级品	一级品	二级品
残缺菇/[%(m/m)]	≤ 1.0		≤ 2.0
附着物/[%(m/m)]	≤ 0.3	≤ 0.5	≤ 1.0
异物	霉烂菇、虫体、毛发、塑料碎片、金属物、沙石等不允许混入		

注：附着物指附着在杏鲍菇产品中的培养料残渣等。

海鲜菇等级的划分：商品海鲜菇可分3个等级：一级菇，菌盖直径1.5~2.5cm，菌柄长度4~6cm；二级菇，菌盖直径2.6~3.5cm，菌柄长4~6cm；三级菇，菌盖直径3.6~4.5cm，菌柄长6cm以下。

（4）包装　同一包装袋或箱内的平菇应具有一致的等级、规格、品种和来源，包装内的产品可视部分应具有整个包装产品的代表性。包装不应对平菇造成损伤，包装内不得有异物。糙皮侧耳可采用塑料周转箱或聚苯乙烯包装箱，菇体顶部可用带气孔的聚乙烯、聚丙烯塑料膜或聚乙烯自粘保鲜膜覆盖保湿，包装箱内糙皮侧耳应水平紧密排放，但不应挤压，且摆放层次以单层为宜；白黄侧耳或肺形侧耳可采用塑料袋或内衬塑料薄膜袋的纸箱包装。包装材料应清洁、干燥、牢固、无污染、无毒、无异味、内壁无尖突物，无虫蛀、腐烂，霉变等。内包装用食品聚乙烯成型塑料袋密封，外包装材料应坚固、洁净、干燥、无破损、无异味、无毒、无害，包装箱（袋）的卫生指标应符合GB 4806.7—2016《食品安全国家标准　食品接触用塑料材料及制品》和GB/T 6543—2008《运输包装用单瓦楞纸箱和双瓦楞纸箱》的规定。

一般在金针菇含水量在13%以下时，即可取出，用线扎成小把，装入塑料袋内严密封存。包装有两种规格：一是2.5kg包装，采用保鲜薄膜袋，在15℃以下能保存5~7d，二是0.5kg包装，采用保鲜薄膜抽真气，在15℃以下能保存15d左右。预冷后的菇体装入内衬0.02~0.03mm厚的卫生指标符合GB 4806.7—2016《食品安全国家标准　食品接触用塑料材料及制品》规定的聚乙烯薄膜袋的包装箱，每袋装重不宜超过3kg，包装宜在2~6℃条件下进行。金针菇紧扎袋口。外包装（箱、筐）应牢固、干燥、清洁、无异味、无毒，便于装卸、贮藏和运输。

杏鲍菇的包装必须是同一等级，不允许混级包装。杏鲍菇的包装材料应符合国家卫生要求。包装袋内应附产品合格证。外包装（箱、筐）应牢固、干燥、清洁、无异味、无毒，便于装卸、仓储和运输。内包装材料卫生指标应符合GB 4806.7—2016《食品安全国家标准　食品接触用塑料材料及制品》规定。采收的鲜菇按菇体大小分级，用不锈钢刀具削去菇柄基部；然后用聚乙烯食品袋分装，每袋5kg；再将分装后的杏鲍菇装入专用纸箱，每箱4袋，净含量20kg。

海鲜菇采用150g托盘加真空袋抽真空，充 N_2 包装，150g塑料碗加保鲜膜包装，2500g低压聚乙烯袋抽空气包装。外包装用泡沫箱20kg装或用纸箱20kg装或真空包装，每袋2.5kg，内包装塑料膜应符合GB 4806.7—2016《食品安全国家标准　食品接触用塑料材料及制品》的规定。

（5）贮藏　新鲜菌菇含水量高，采后呼吸作用代谢旺盛，采收后难以在常温条件下进行长期的贮藏和运输，若贮运不当容易出现菇体褐变、自溶、腐烂，菇色褐变，菇体开伞、失水、纤维化等现象，极易腐烂变质。采收后的后熟作用主要表现在菌盖伸张、菌裙发育、菌柄伸长、纤维化、孢子形成与弹射等方面。常温下自然保鲜不超过2d，货架寿命短，组织幼嫩且没有表皮保护组织。

菌菇的贮藏方法通常有低温贮藏、气调贮藏、保鲜剂处理、辐照处理等。

①低温贮藏。平菇采后先去除杂质，放在塑料袋中（最好打几个孔），并扎紧袋口，然后放于3~4℃冷库中贮藏，可保鲜7~10d。或用塑料框装，同样温度下，空气相对湿度控制在80%~85%，平菇也可保鲜7d左右。鲜杏鲍菇可在1~6℃条件下进行贮藏，可保鲜3个月。海鲜菇在（4±2）℃，可贮藏20d左右，或常温保存，可贮藏7~9d。金针菇在−0.5℃条件下，结合智能呼吸膜包装可使金针菇贮藏期延长至30d左右。

②气调贮藏。平菇能耐高浓度 CO_2，使用普通聚乙烯塑料袋包装贮藏，也可达到气调贮藏的目的。用0.025mm厚聚乙烯薄膜做成0.5kg装贮藏袋，袋中 O_2 的含量能满足菇体呼吸的需要，供氧量在1%左右，袋内 CO_2 在24h内达到平衡为4%~5%。在袋内需放纸板盒以吸收冷凝水，室温下可保鲜7d。此法若保鲜时间过长，袋内 CO_2 浓度过高，会影响鲜菇的风味。平菇经漂洗分级后，沥干水分，用冷气冷却后分装于塑料袋内。调整袋内气体组分，使 O_2 浓度为1%左右，CO_2 浓度为2%~5%，在这种气调参数下，菇盖和菇柄生长极为缓慢，明显受到抑制，开伞很少，菇色洁白。这种贮藏方法，国外已应用于商业中。

将金针菇整理后装入塑料袋内，抽去袋内的空气，进行封口保鲜的效果也很好。一般用规格长：12~13cm，宽：20~26cm，厚0.3~0.5mm的聚丙烯塑料袋，或无孔聚乙烯塑料袋，每袋装鲜菇10g，抽净空气密封后放在1~8℃低温下贮藏，在1℃环境中可保鲜20d，7~8℃保鲜10d。或将金针菇装入聚乙烯加硅窗制成的保鲜袋中，在库温0~2℃条件下，可贮藏20d。

③保鲜剂处理。用甘油或明胶做涂膜支持稳定剂，将鲜菇在稳定剂中浸

3~5min，捞起沥干。以连二亚硫酸钠为脱氧剂，将1g连二亚硫酸钠和少量活性炭混合装于纸袋内，连同400g菇体一起装入高压聚乙烯塑料袋内，用线扎紧袋口，置17~20℃中保存，经6d贮藏，其色泽和鲜度不变。用于贮藏平菇的化学药品主要有0.1% $Na_2S_2O_5$、0.6% NaCl、4mg/L三十烷水溶液、50mg/L青鲜素水溶液、0.05mg $KMnO_4$水溶液、0.1mg草酸等。具体方法是：先将鲜平菇整理干净，放入药液中浸泡1~5min，然后捞出沥干水分，分装入0.03cm厚的塑料袋（聚乙烯）中，扎紧袋口进行贮藏。

将采收的金针菇经漂洗后，用0.1%~0.25% $Na_2S_2O_5$浸泡10~20min，捞出沥干后，用塑料袋包装密封，可贮存6~10d。或用0.2% NaCl加0.1% $CaCl_2$制成混合浸泡液，将刚采收整理好的金针菇浸泡上述混合液中，要求菇体浸入液面以下30min，捞出沥干水分，装入塑料袋，可保鲜数天。也可以用0.5%~1%食盐水浸15~30min后，捞出沥干，用塑料袋包装密封，在常温下保鲜3~5d。

④辐照贮藏。平菇去除杂质后，装入普通聚乙烯塑料袋中，用^{60}Co γ射线照射，剂量为1000Gy，然后置于0℃冷库中贮藏。贮藏1个月，商品品质良好。平菇经漂洗分级并沥干水分，装于多孔聚乙烯塑料袋内，用^{60}Co γ射线照射，使用剂量为2000~3000Gy。经照射的平菇水分蒸发少，失重率低，明显抑制了蘑菇的褐变和破膜、开伞。将照射的蘑菇放于室温（16~18℃）和相对湿度65%条件下可贮藏4~5d，若在低温贮藏时间更长。

1.2.3 蒙阴蜜桃跨境物流品控技术集成应用

蒙阴县位于山东省中南部，蒙山北麓，东汶河上游，是沂蒙山区的腹地，地处中纬度，属暖温带季风型大陆性气候，四季分明，气候条件非常适合果品生长，有明显的地域优势。近年来，蒙阴县充分发挥资源优势、区位优势，按照品种布局区域化、基地建设规模化、生产技术标准化、发展品种优良化的“四化”标准，积极引导果农实行无公害化生产。被评为“全国果品生产十强县”和“全国果品综合强县”之一，其中蜜桃面积65万亩，产量10.4亿kg，是全国蜜桃第一大县，被命名为“中国蜜桃之都”和“中国桃乡”，蒙阴蜜桃是农业部地理标志产品，注册了地理标志证明商标，品牌价值达35亿元。

但由于缺乏有效的物流品控技术，且蜜桃属于业内公认的保鲜难度大的果品之一，每年有大量蜜桃腐烂，造成巨大经济损失。因此，通过物流品控和监控追溯等技术，打通蒙阴县域地方农特产品流出渠道，解决蜜桃的出口瓶颈是解决当地农产品销路，提高农民收入的有效手段。针对蒙阴蜜桃电商销售新业态存在的问题，工程中心利用高精度移动贮运技术、品控包装技术、物联网技术和检验检测技术，为蒙阴蜜桃打造了一套完整的品控物流技术体系。形成产地收购、贮藏、干线物流、销地短贮，加当地配送快递多环节少主体的新型物流供应链模式。全程减少物权转移，减少环境变化，明确责任主体。

2015 年 6 月，工程中心与蒙阴万华食品有限公司合作开展蜜桃跨境出口迪拜的商业化尝试，蜜桃采收后，经预冷、包装，于 6 月 16 日完成货物的集装箱装载，集装箱经陆运至青岛港，于 18 日装入远洋货轮，经过近 20d 海运，7 月 10 日到达迪拜，蜜桃好果率超 95%，远远超过该企业此前传统物流模式 50% 的好果率，在迪拜当地两天时间便销售一空。同年，万华食品有限公司向迪拜出口蜜桃共计 6 批次 10 个集装箱，向新加坡出口蜜桃 11 批次 21 个集装箱，标志着蒙阴蜜桃跨境销售商业化实验获得成功。此后，又开拓了孟加拉国、泰国、坦桑尼亚、马来西亚、印度尼西亚和俄罗斯等“一带一路”国家市场。2015 年 11 月 16 日，《科技日报》以“一只桃子何以 30 天还能新鲜如初”为题，报道了工程中心为蒙阴蜜桃出口迪拜提供技术服务获得成功。截至 2017 年底，万华食品有限公司共出口 1200 个集装箱，累计出口蜜桃等水果 1.4 万余 t，累计利润增加 7000 余万元。为当地以蜜桃为代表的农产品销售提供了一个全新的商业化渠道，帮助农民实现增产增收，极大地提高了当地果农的种植热情。

1.2.3.1　跨境物流技术集成示范流程

蒙阴蜜桃跨境出口迪拜流程，如图 1–13 所示。

（1）采摘及收购　蜜桃的收购采用两种方式：一种是直接到集散市场上

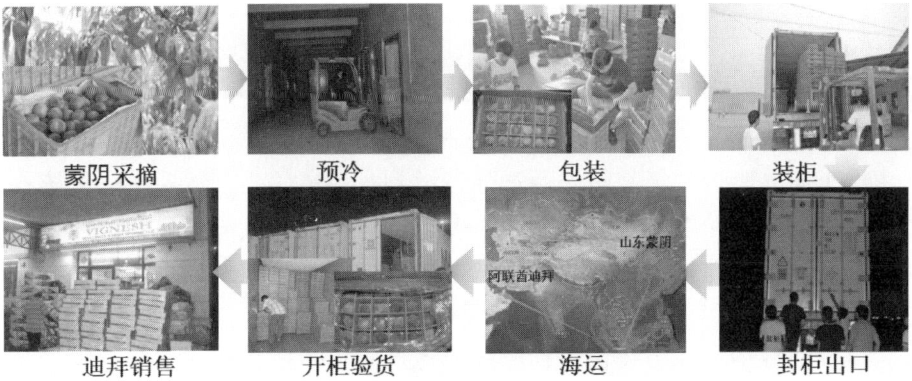

图 1–13　蒙阴蜜桃跨境出口迪拜流程

进行收购，现场进行分拣；另一种是到蜜桃种植基地，要求采摘人员根据需要进行采摘。两种方式都在露天环境下进行作业,蜜桃收满一车后再运到工厂。通常收购需要一整天的时间，蜜桃通常要到下午 6 点以后才能入库。

（2）预冷　预冷采用真空预冷车与冷库预冷相结合的方式，蜜桃运回厂区后立即入库进行预冷。

（3）包装　蜜桃在装集装箱当天出库进行包装，采用的外包装为五层瓦楞纸箱，每个纸箱内放一层蜜桃（24 个），果实之间用纸箱隔断分割。内包装为纳米自发气调包装袋，纳米袋是工程中心根据蜜桃呼吸作用与生理代谢特点进行研发设计，具有调节气体、保持水分、预防水雾凝聚、抑制腐烂等多种功能。（图 1–14）。

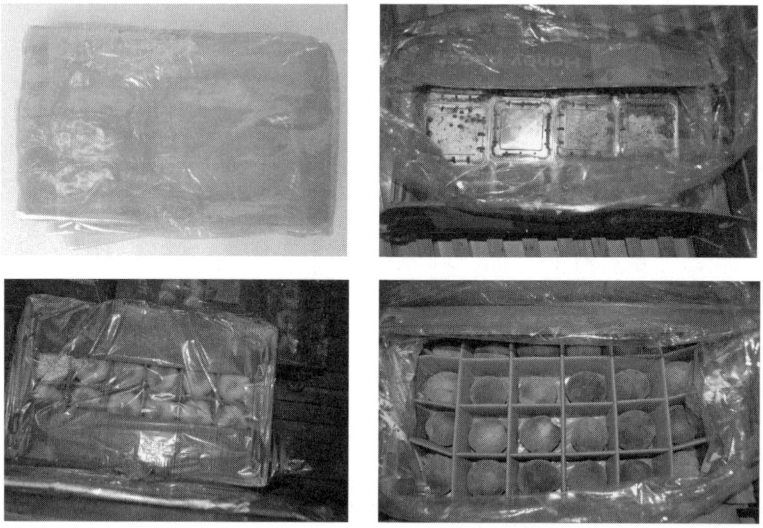

图 1–14　纳米自发气调保鲜包装

（4）装柜　所有蜜桃等产品包装好后，用叉车将托盘运到集装箱里，然后再通过人工方式进行码放。装柜期间，为避免冷凝器结霜制冷机组不开机。集装箱封箱后开启车载机组进行降温。

（5）海陆联运　集装箱先通过陆运运到青岛港码头，然后由码头统一进行调配吊装到货轮上，该过程需 2d；货轮离港经过 18d 海运后到达迪拜阿里港口；到港后由迪拜收货方到港口取货柜，然后运至迪拜当地批发市场，该过程需 2~3d。

（6）迪拜销售　集装箱运到迪拜当地批发市场后，连同半挂车底盘一同停放在市场，产品销售完后再将集装箱交还货代公司。

1.2.3.2 智慧物流环境监控技术

由于蜜桃属于典型的呼吸跃变型果实，因而对影响呼吸作用的CO_2、O_2和乙烯等多源气体的敏感度强烈，长途运输过程中易出现失水、失重、快速软化、果实腐烂、果肉褐变等影响品质的问题，增加了蜜桃的不耐贮藏和易腐性。随着冷链耦合保鲜剂或气调技术的加入，气体成分参数的监测受到越来越多的关注。传统的气体监测设备大多是有源性的，容易受到长途冷链运输环境的限制；并且存在存储容量小、功耗大、体积大以及成高的技术问题，不能实时、全面记录长途冷链物流运输过程中的多源性气体参数变化。为解决上述技术问题，专门研制了一套对蜜桃冷链物流环境信息采集的系统装置，包括微控制模块、存储模块、时钟模块、时间控制模块、传感器模块以及供电模块（图 1–15）。传感器模块包含温湿度传感器、O_2传感器、CO_2传感器以及乙烯传感器，传感器模块采集的信息通过存储或实时发送两种方式发送终端。

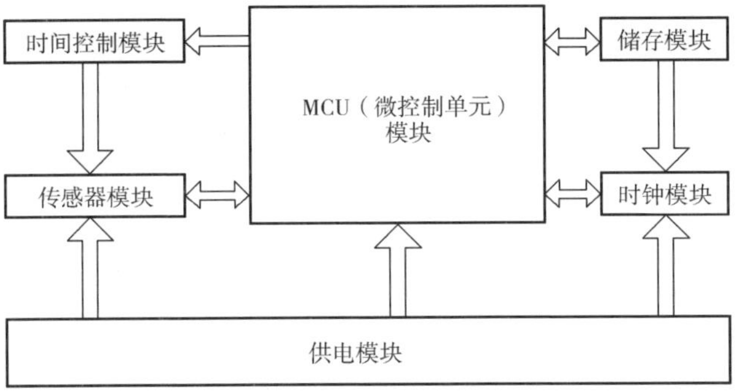

图 1–15 环境信息采集框架

图 1–16 采摘环境的温湿度采集

对蜜桃采摘环境的温湿度（图 1–16）、树上果实的内部温度（图 1–17）、冷库、纸箱内的温湿度和气体（图 1–18、图 1–19）、集装箱内的温湿度和气体（图 1–20）和集装箱外的温度（图 1–21）等信息进行了数据采集，其中气体包括对蜜桃品质影响较大的O_2、CO_2和乙烯，通过实时采集记录，可以全程监控蜜桃从采收到销售过程中的关键信息，以便进一步优化蜜桃跨境出口物流品控技术方案，并及时控制环境的变化引起的蜜桃品质的变化。

图 1–17　树上果实的内部温度

图 1–18　冷库内温湿度、气体数据采集

图 1–19　温湿度、气体采集设备安置

图 1–20　集装箱内温湿度、气体采集设备安置

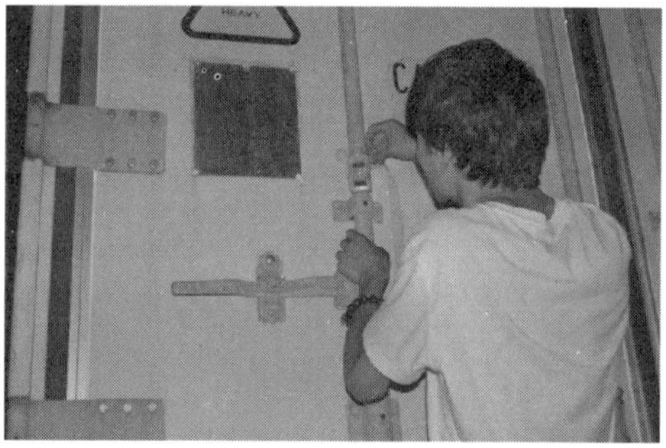

图 1–21　集装箱外部的温湿度采集

2 水产篇

随着我国经济的快速发展，居民消费水平的不断提高，人们对于水产品的需求量越来越大，更加关注所消费水产品的品种多样性和新鲜程度，对其内在品质及安全性的要求也越来越高，因此亟须建立水产品冷链物流服务规范，以使水产品冷链物流规范、快速发展。我国水产品消费量主要集中在辽宁、江苏、浙江、山东、海南和广东等沿海省份，西部地区由于受消费能力和传统饮食文化的影响，水产品消费尚处于较低水平。与消费地相比，水产品的产地更为集中，主要分布在沿海一带，为此，水产品的冷链物流路径主要是从沿海城市向沿海、内陆发达城市。我国水产品冷链构建属于处不行、片段性、分散性，水产品冷链更多的是集团性或者企业独自性的配置，离区域性、全国性的冷链网络还有比较大的差距。随着我国政府对食品安全的高度重视，水产品品种和产量的扩大，市场对水产品冷链物流的需求日益提高，冷链物流企业迎来了极好的发展机遇期。水产品物流由一系列创造时间价值、空间价值和加工价值的经济活动组成，现代水产品物流服务在外延上正在开拓，向上游扩展到市场调查与预测、采购与订单处理；向下游延伸至客户支持、配送、物流咨询、物流方案选择与规划等。

水产品的质量安全，直接关系到消费者的身心健康，如何提高水产品质量，防止水产品中出现威胁人体健康的因素，是亟须解决的问题。水产品流通环节是联系生产和消费的纽带，是水产品消费前的最后一个环节，控制好这一环节的质量与安全对于保证人民身体健康和生命安全尤为重要，对于确保我国水产品质量安全、保障消费者生命健康以及提升水产品国际竞争力具有重要意义。为推动水产品冷链物流产业发展的健康发展，本篇主要从水产品物流过程基础知识、工艺技术参数、品质控制策略等方面进行介绍，以期为相关从业人员或科研人员提供参考。

2.1 水产品冷链物流基础知识

2.1.1 水产品冷链物流

水产品在低温状态下从供应地向接收地的实体流动过程。根据实际需要，将运输、贮藏、装卸、搬运、包装、流通加工、配送、信息处理等基本功能实施有机结合。

水产品冷链物流主要分为鲜活、冰鲜和冷冻水产品冷链物流，其中鲜活水产品运输分为有水和无水运输两种模式，其中有水运输模式为在水产品原产地通过停食暂养后，捕捞转移至有水运输车，到达目的地后，转入水箱暂养销售（图 2–1）。

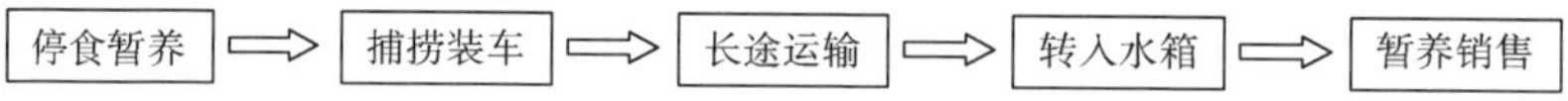

图 2–1　鲜活水产品有水物流流程

无水冷链物流模式为在水产品原产地通过低温驯化工艺，进入休眠状态；然后根据不同水产品选择对应的包装方式进行包装处理；通过专用鲜活水产品冷链物流运输车运达目的地后，使用梯度升温唤醒技术，将水产品唤醒至正常状态，暂养销售（图 2–2）。

图 2–2　鲜活水产品无水冷链物流流程

对于冰鲜水产品，在原产地捕捞后，通过前处理工艺（主要包括清洗，分级，包装，覆冰等操作），然后置于冷藏车中低温运输，温度控制 0~4℃，到达目的地后以覆冰的形式展示销售，由于冰鲜水产品的保质期短，一方面要严格控制运输时间，另一方面要严控控制销售时间，以保障冰鲜水产品的最佳品质（图 2–3）。

图 2–3　冰鲜水产品冷链物流流程

针对不同的冷冻水产品，选择不同的前处理工艺（包括清洗，分级，冻结，包冰衣，装箱等操作）；然后根据冷藏温度要求，一般为 –20℃，将冷冻完毕的水产品置于冷库中存放；根据销售计划订单，选择合适的冷藏运输车辆，运输过程中严格控制温度；到达目的地后置于冷柜中展示销售（图 2–4）。

图 2–4 冷冻水产品冷链物流流程

2.1.2 鲜活水产品运输

2.1.2.1 停食暂养

暂养又称蓄养，是指人们将捕获于天然水域或人工养殖中的水产生物转移至人工条件下进行停饵驯化保活，是鲜活鱼类运输前的必备环节，直接影响其运输时间长短。暂养环境条件因品类的基本生活习性、生理特征、运输方式等而异。在运输流通前，活鱼的暂养方式主要是停食暂养，通过排泄以减少其新陈代谢产物在体内的贮藏，从而降低整个流通过程中机体对水中 O_2 的消耗，降低或避免应激反应。待流通的鲜活鱼类，虽然已经停止喂食，但是仍然存在大量代谢产物的排泄，因此，对暂养水质的要求较高，而且要保证充足的溶氧量。暂养密度一般不宜过大，具体情况可根据暂养设施及时间确定，最佳暂养时间应高于 48h，但不宜过长。停食暂养是影响鲜活鱼类运输效率的主要影响因素之一，研究表明，罗氏沼虾停食暂养 24h 后运输成活率能够提高 17%。

2.1.2.2 装载

选用合适的起鱼、装箱方式，有利于提高贮运存活率。从暂养水体将鱼捞起再装入载鱼舱中，起鱼作业会导致鱼惊慌，离水时间过长会导致鱼体产生应激反应。因此，起鱼时操作要轻、要快。为了减少运输过程中车辆转弯、颠簸导致鱼体挤压、振动及相互摩擦，可将载鱼舱分隔成几个小舱。还需要依据鱼类特性，选择适宜的鱼水比。对于体型大的鳙而言，采用车斗起鱼、流水滑槽装车，可以有效地减少鱼体出血和擦伤，缩短鱼体缺氧时间，提高成活率。

2.1.2.3 运输配送

水产品运输是指用特定的设备和工具，将水产品从一个地点向另一个地点运送的物流活动，它是在不同地域范围内进行，通过这种移动创造水产品的空间效益，实现其使用价值，满足社会的不同需要。

水产品配送运输是指将水产品使用汽车或其他运输工具从供应点送至顾客手中的活动。水产品配送运输通常是一种短距离、小批量、高频率的运输形式，它以服务为目标，以尽可能满足客户要求为优先。如果单从运输的角度看，它是对干线运输的一种补充和完善，属于末端运输、支线运输，主要由汽车运输进行，具有城市轨道货运条件的可以采用轨道运输，对于跨城市的地区配送可以采用铁路运输进行，或者在河道水域通过船舶进行。配送运输过程中，水产品可能是从捕捞地或养殖地直接送至客户，也可能通过批发商、经销商或由配送中心、物流中心转送至客户手中。

2.1.2.4　卸载

水产品卸载是指将水产品从运输工具上卸下来的活动过程。卸货装置必须由易于清洁消毒的材料制成并保持干净。卸货时应避免造成水产品的污染，尤其要特别注意：①卸货操作应迅速；②立即将水产品放置到保护介质中以提供其必要的储藏温度条件，如必要要放在冰上。

2.1.2.5　待售暂养

水产品被捕上岸，即进入了商品流通，但至其被消费者食用有少则几小时多则十几天的时间差。在此期间水产品处于待售阶段。此外水产品在出售前经历了产地驯养，高密度运输，批发市场的囤养保活，超市和宾馆饭店的上架暂养等整个流通过程。在当前水产品暂养领域，暂养方式分为室内暂养和室外暂养，室内暂养方式有蓄水池暂养、暂养箱暂养等。室外暂养方式有活水舱暂养、活鱼笼暂养、网箱暂养等。

当前水产品待售阶段主要问题是如何有效保证水产品的品质以及新鲜度，保证水产品的品质良好和新鲜度良好的根本方法就是做好水产品的暂养。当暂养过程中存在盐度、温度、溶氧、氨氮等环境因素不适宜时，将导致水生动物组织受损，免疫力下降，严重的将导致活鲜水产品发生疾病甚至死亡。因此暂养过程中需要做到对水产品生存环境的勤检查、勤清理、勤观察，保持暂养水体的清洁，保持适宜的暂养温度，暂养密度。

2.1.3　水产品保鲜方式

2.1.3.1　冷藏保鲜

冷藏保鲜，是将宰杀并洗净的鱼体或经分割的鱼体置于洁净的冷却间，采用冷空气冷却鱼体并在 0~4℃高温冷库中进行储藏的一种保鲜方法。空气冷却一般在 −1~0℃的冷却间内进行，冷却间蒸发器可采用排管或者冷风机。在实际冷藏作业中，一般需要预先将冷却间环境温度降低并保持在 −1~0℃，将样品放入冷却间后需要继续用冷风冷却样品，将样品中心温度迅速降低至 0℃，再放入高温冷库储藏或者直接放在冷却间贮放。由于空气的对流传热系数小、冷却速度慢，不能大批量处理鱼货，而且长时间用冷风冷却鱼体，容易引起鱼体干耗和氧化。因此，冷藏保鲜可用于水产品加工厂原料的短时间贮放，也可用于分割加工的生鲜水产品或调理水产品的短时间贮藏保鲜。

2.1.3.2　冰温保鲜

冰温保鲜是日本山根昭美博士于1970年发现并发展起来的一种新的食品保鲜技术，冰温保鲜技术已被证明是保持生鲜水产品鲜度和品质的最好方法之一。所谓冰温是指0℃以下、冰点以上的温度区域，其温度介于冷藏和微冻之间。微冻是指冰点到–5℃、以–3℃为中心温度的温度区域，水产品部分冻结；而冰温保鲜的贮藏温度在冰点以上，水产品始终处于不冻结的鲜活状态。因此，冰温保鲜的突出优势在于既可避免因冻结而导致的一系列质构劣化现象，又能保持水产品的鲜活状态。

冰温保鲜是在0℃以下、冰点以上的温度区域进行贮藏的一种保鲜方法，也就是说冰温保鲜的贮藏温度范围（冰温温度区域）在0℃至冰点之间。鱼类肌肉组织含有蛋白质、脂肪、糖类和盐类等化学成分，其冰点一般在–0.9~–0.3℃。而目前冷库温度控制精度一般在±1.0℃以上，因此，需要对冰点进行调节、拓宽鱼肉的冰温区域，才能有效实现冰温保鲜。在鱼肉中添加适量的食盐、蔗糖、多聚磷酸盐等冰点调节剂，可降低鱼肉的冻结点、拓宽冰温区域，便于冰温贮藏期间的温度控制。生鲜调理水产品的冻结点一般在–2.0~–1.0℃，鱼糜制品的冻结点在–3.0~–1.0℃。

冰温保鲜对冷库的贮藏温度控制精度要求较高，贮藏过程中的温度波动不能太大，需要选用冷气分布均匀、储热性能良好的冷库，要求冰温保鲜库的温度控制精度在（±0.5~1.0）℃。在保鲜贮藏作业中，需要根据不同水产品的特性和冰点，选择合适的冰温贮藏温度，对于调理生鲜水产品和鱼糜制品而言，可分别选择（–1.0±0.5）℃和（–2.0±0.5）℃作为其冰温保鲜的温度。

在包装袋内充入CO_2，可以有效抑制适冷菌的生长，且CO_2浓度越高，抑菌能力越强，延长生鲜调理水产品货架期的作用越明显。充气包装时，一般要先抽真空、再充入气体并密封，如果只充入CO_2，则会因CO_2溶于水中而使密封后袋内产生真空，导致肌肉中汁液渗出、影响产品外观。因此，可将CO_2与N_2的比例控制在70%~75%：30%~25%。

2.1.3.3　微冻保鲜

微冻保鲜，是将水产品保藏在冰点以下（–3℃左右）的一种轻度冷冻或部分冷冻的保鲜方法，也称为过冷却或部分冷冻保鲜。在0~10℃的温度区域内，生长的微生物温度系数一般为5；而在0℃以下时，大多数微生物生长繁殖速度的温度系数在 1.5~2.5。微冻保鲜水产品的贮藏性，是冷藏保鲜的 2.0~2.5 倍；而且在微冻状态（–3~–2）℃下，鱼体内部分水分冻结，致使水分活度减低，细菌细胞汁液因部分冻结而浓缩，改变了其生理生化过程，大部分嗜冷菌的活动受到抑制。由此可见，微冻保鲜对微生物的抑制能力是冷藏的 4 倍，这就可使鱼类能在较长时间内保持鲜度而不发生腐败变质。微冻保鲜期因鱼种的不同而存在差异，一般为 20~27d，比冷藏保鲜期延长 1.5~2 倍。

不同品种鱼的冰点因其化学成分不同而存在一定差异，淡水鱼的冰点一般在 –0.7~–0.2℃。目前，各国所采用微冻温度一般在 –3~–2℃，而该温度范围正好处于最大冰晶生成温度带（–5~–1℃）。因此，采用快速冻节方式快速通过改温度带，是微冻保鲜需要采取的措施。近年来，我国学者对鲈、沙丁鱼、罗非鱼、鲫等微冻保鲜做了一些研究。结果表明，微冻可有效地抑制其细菌总数增长，维持较低的 T–VBN 和 K 值，延长鲜鱼的保鲜期。鱼类的微冻保鲜法主要有冰盐混合微冻法、鼓风冷却微冻法和低温盐水微冻法等三种类型，前两种方式适用于淡水鱼及其制品的微冻保鲜。

2.1.3.4　冷冻保鲜

采用冷藏保鲜、微冻保鲜技术，能在一定程度上抑制鱼体内酶的活性和细菌的生长，但贮藏保鲜期较短，一般只有 7~10d 和 15~20d。为了实现长期贮藏目标，就必须将鱼体温度降到 –18℃以下并在 –18℃以下温度贮藏，这类保鲜方法就是冻藏保鲜法。冻藏保鲜方法适用于所有水产品，既能用于保藏加工原料鱼，也可用于保藏初加工品和调理水产品。

冻结鱼品进入冷库冻藏时，应按品种、规格、等级和批号分开堆垛，堆垛要平稳，并且每垛都要标明品种、等级、数量、进库时间以及其他必要说明。垛底应垫有 0.2m 高的方木垫，垛与墙壁、天花板之间应保持 0.3~0.4m，距冷排管 0.4~0.5m、距风道口 0.3m，同品种垛与垛之间留有 0.2m 左右的空隙，以便冷空气流动循环，避免局部温度过高或过低。不同品种的冻鱼垛应保持较大的间隙，不小于 0.7m，以便于区分不同的品种。在冻藏室内应留有宽度 2m 左右的铲车通道，以便于货物进出。实际作业中，要保证货物先进先出。

冻藏鱼品的品质，主要取决于原料鱼品质、冻结前处理、包装、冻结方式以及冻结产品在流通过程中所经历的温度和时间等因素。冻藏温度对冻品品质的影响大于冻结速率。冻藏温度越低，鱼品品质会保持的越好，贮藏期就越长，而日常运转费用也会越高。对于大部分冻结食品来说，在 –18℃下贮藏不仅货架期可达 1 年，而且是最经济的。

水产品有以下三种冻结方式。

（1）吹风冻结　利用强制循环的流动冷空气使食品冻结的方法。盐水浸渍冻结，直接接触冻结将水产品浸在盐水里或向水产品喷淋盐水进行冻结。所用盐水是饱和的氯化钠溶液，冻前将其温度降至 -18℃，待水产品中心温度降至 -15℃时，冻结完毕。然后将水产品移出，迅速用清水洗淋，进行包装，冻藏。如采用浸在盐水里的冻结方法，则盐水是流动的，冻前应将水产品进行预冷。此法的优点是冻结速度快；缺点是容易损伤水产品的皮肤、鳞片，外观不佳，肉质口感偏咸，贮藏时脂肪加速氧化，与盐水接触的设备易腐蚀，盐水受血液、碎肉等的污染需经常更换。

（2）间接接触冻结　所用的盐水是氯化钙水溶液，通过搅拌器的强制作用，盐水在池内不断循环流动，并经过蒸发器受冷却，从而使池内盐水均处于低温状态，被冻的水产品，经洗涤，装入桶内，并浸于盐水池中进行冻结。因氯化钙盐水共晶点低，通常将其降至 -30~-20℃下进行冻结，冻水产品时间大约 6~8h。此法优点是冻结速度比空气冻结快，又避免了盐分渗入水产品；缺点是盐水接触的所有容器、设备都易受腐蚀作用。

（3）平板冻结　是借平板机的冻结平板同水产品直接接触换热的一种冻结方法。平板冻结机分为立式和卧式两种。卧式平板冻结机由包括压缩机在内的制冷系统和液压升降装置所组成。每台平板冻结机设有数块或十多块的冻结平板，也就是制冷系统中的蒸发器，平板后方或两侧装有供液和回气总管各一根，各块平板是用橡皮软管或不锈钢管连接，以便平板能上下移动。冻结时间大约 4~5h。立式平板冻结机结构与卧式平板机基本相似，但其平板是直立平行的，冻结时不采用鱼盘，而是散装倒入的。平板冻结法其优点是冻结速度快；缺点是卧式劳动强度大，还不能冻结大型鱼，立式虽能减轻劳动强度，但由于散装，水产品容易变形，影响外观。

2.1.3.5　气调保鲜

气调保鲜是以不同于大气组成或浓度的混合气体替换包装食品周围的空气，并在低温下贮藏，来抑制或减缓微生物生长和营养成分氧化变质，从而延长食品货架期的一种保鲜技术。国外的水产品气调包装技术应用比较成熟，用于包装的水产品种类也比较多，包括不同鱼种的鱼片和鱼块、虾类、贝类等。但在中国，水产品气调保鲜包装在商业上的应用还处于研究和起步阶段。因此，水产品气调包装技术在中国有广阔的发展前景，对其进行研究具有重要的理论意义和商业价值。关于水产品气调包装的研究很多，多数研究表明气调包装与低温结合可以显著延长水产品货架期。在冰温与高 CO_2 浓度气调结合条件下，鲑鱼的良好品质可保持长达3周。

气调包装中的混合气体通常由CO_2、O_2、N_2 3种或其中2种混合而成。气调包装中的气体主要通过抑制水产品中微生物生长繁殖、减少脂肪酸败等作用保持其新鲜度，延长其货架期。CO_2是水产品气调包装中起保鲜作用的主要气体，它对鱼类表面污染的细菌和真菌有抑制性，能够抑制或影响腐败微生物的生长。研究表明，25%~100%浓度的CO_2均可抑制水产品中微生物的活性，有利于保持水产品的品质。在一定范围内，气调包装中的CO_2含量越高其抑菌效果越好。O_2能够抑制厌氧菌生长，还能减少鲜鱼中三甲胺氧化物还原为三甲胺。但O_2的存在却有利于需氧微生物的生长和酶促反应的加快，还会引起高脂鱼类脂肪的氧化酸败。有研究发现，隔绝O_2能有效地减缓牡蛎蛋白质的变性及分解、pH的变化、游离氨基酸的生成和分解以及挥发性盐基氮含量的增加，延长牡蛎的贮藏期。有研究表明，用除氧剂将O_2除尽的空气包装比单纯的空气包装能减少康氏马鲛冷藏期间生物胺（组胺、腐胺和尸胺）的产生，能将其货价期从12d延长至20d。水产品的无O_2气调包装使需氧微生物的生长受到了抑制，但却产生了促进厌氧微生物生长的危险，如肉毒梭菌。N_2是一种无味气体，难溶于水和脂肪。由于N_2的稳定性、难溶性和不容易透过包装膜的性质，它在气调包装系统中主要用作充填气体，防止包装袋的瘪陷变形，使包装呈现饱满外观；同时用于置换包装袋内的空气和O_2等，以防止高脂鱼、贝类脂肪的氧化酸败和抑制需氧微生物的生长繁殖。

2.1.4 基于HACCP的水产品冷链物流品质安全控制

2.1.4.1 冷冻水产品冷链物流HACCP体系

目前冷冻水产品物流中还存在一些问题，如配送过程中，有的企业为了节省成本，关闭冷冻机，使食品温度不能得到良好的控制，食品腐蚀程度高，冷链物流配送环节过多，导致食品流通时间过长；各环节之间不能得到很好的连接，在搬运和装卸过程中，操作时间过长，尤其在夏季，对产品质量影响很大。终端冷冻冷藏设备不能达到食品所要求的温度，同时各类不同类型产品集中销售易于交叉感染。将HACCP质量管理体系理体系应用于冷冻水产品的冷链物流，能对从水产品捕捞到加工到销售的各个环节得到有效控制，可以降低食品安全潜在风险。表2–1为冷冻水产品冷链物流HACCP体系表。

表 2–1　冷冻水产品冷链物流 HACCP 体系

步骤	确定潜在的危害		潜在食品安全危害是否显著	做出判断的依据	对显著危害提出的预防措施	是否关键控制点
水产品捕捞	生物的	致病性	是	产地可能被微生物污染	从国际上认可的无污染的水域捕捞，入厂加工前进行检测	是
		寄生虫	是	生长过程中可能有寄生虫	–20 ℃以下冷藏 7d 可以全部杀死；消费者充分加热可以杀死寄生虫	否
	化学的		是	产品可能在原产地水域受到污染	从国际上认可的无污染的水域捕捞，入厂加工前进行检测	是
	重金属		是			是
	药物残留		是			是
	物理的：金属异物		是	产品可能在原产地水域受到污染	加工环节中金属探测工序可控制	否
清洗整理	生物的：致病菌污染		否			
	化学的：化学污染		否			
	物理的：无					
速冻加工	生物的：致病菌污染		是	温度达不到 –18 ℃，造成微生物繁殖，产品变质	定期维护速冻设备，专人每 30min 检测速冻温度，并保存记录	是
	化学的：无					
	物理的：是		是	加工中用刀可能造成刀尖折断，混入产品中	进行金属检测	是
冷冻运输	生物的：致病菌污染		是	冷藏温度不到 –18℃，造成微生物繁殖，产品变质	采用有制冷装置的冷藏车，在装运前将冷藏箱制冷到 –18℃以下，不同贮藏温度的产品分开	是
	化学的：无					
	物理的：无					
搬运和装卸	生物的：致病菌污染		是	装运时间过长，造成产品温度升高，微生物繁殖	在装运前先制冷，按规范操作进行装运，控制装运时间	是
	化学的：无					
	物理的：无					

2.1.4.2 鲜活水产品无水物流 HACCP 体系

水产品无水保活运输品质劣变及安全隐患的产生主要受养殖过程中水产品健康情况、冷驯化、包装、运输及目的地唤醒等各个环节的影响，这其中任何一个环节出现问题都会最终导致水产品的品质下降。目前在我国水产品无水保活运输技术尚未推广，因此需要将 HACCP 引入水产品无水保活运输过程，从水产品养殖品质、疾病防控、冷驯化、包装、运输及唤醒等各个环节的实际情况出发，监测这些过程中的关键控制点及其控制措施，从而提升水产品无水保活运输品质安全，消除安全隐患具有重要意义（表 2–2）。

表 2–2　水产品无水保活物流 HACCP 计划表

HACCP 工序	显著潜在危害	关键限值	监控措施	纠偏措施
药残检测	使用三无渔药、饲料导致的药物残留	药物残留量应符合《中华人民共和国农业部公告第 235 号》的规定要求；禁止使用《中华人民共和国农业部公告第 193 号》规定的禁用药和对人体具有直接或潜在危害的其他物质	查阅养殖场饲料、渔药使用记录	定期抽检水产品药残
健康鱼体筛选	带病、机械损伤等导致水产品体质差，运输过程中死亡率高	拟暂养鲜活水产品应选择无污染、大小均匀、体质健壮、无病、无伤、活力好的水产品，其品质应符合 GB 2733—2015《食品安全国家标准　鲜冻动物性水产品》的要求	随机挑选水产品，查看健康度	对于品质差的水产品放弃，用于冰温无水保活运输
冷驯化	驯化时间及速度不合理，导致水产品应激	降水温至 30~10℃的温度区间，其降温速率为每小时降温 3~5℃。降水温至 10~5℃的温度区间时，降温速率为每小时降温 0.5~2℃。降水温至 5~–2℃的温度区间，其降温速率为每小时降温 0.3~0.6℃。达到目的温度后水产品进入休眠状态	操作人员记录降温时间及每个时间点的水温	严格控制降温速度，确保水产品能够适应温度的变化，缓慢进入休眠状态
包装	充氧不足，导致运输过程中缺氧死亡	将水产品放入双层密封保温箱后，将 O_2 细管插入保温箱侧面底部的充氧孔内，打开 O_2 瓶阀门，对保温箱内部进行充氧 5~20s	检测保温箱密闭性	如发现运输袋漏气，及时更换运输袋并重新充氧包装封口

续表

HACCP 工序	显著潜在危害	关键限值	监控措施	纠偏措施
运输	运输车内温度及湿度控制不稳定导致水产品在运输过程中唤醒，跳动导致机械损伤甚至死亡	运输车能够控制环境温度及湿度并实时监测	相关人员实时监测运输环境温度、湿度	当检测环境温度、湿度波动较大时，查找原因并确保运输要求温度湿度
唤醒	唤醒过程温度回升过快，导致应激	唤醒池或唤醒桶与运输温度≤3℃，温度缓慢回升	检测唤醒池或唤醒桶温度	如唤醒池或唤醒桶温度过高，进行进一步降温至要求后再将水产品置于水中进行唤醒，如唤醒过程中升温过快导致应激，通过温度降低及抗应激药物使用，缓解应激
暂养	水质控制不佳导致水产品体质下降，甚至死亡	升温至较低生存温度并控制水温保持平衡，相差应不超过5℃。在暂养期间，应保持开动水泵循环过滤水质和开动充气机增氧。在暂养到销售期间，禁止使用任何国家禁用渔药，同时，禁止投料喂养	检测水温、水质，不投饵及使用药物	发现体质开始变差的水产品，提前进行销售处理

2.2 水产品冷链物流实用技术

2.2.1 鲜活水产品

2.2.1.1 有水运输

目前，我国活鱼运输主要采用传统有水运输和无水运输两种方法。原理大致相同，都是降低鱼的代谢强度并改善运输水体的水质来提高运输效率。方法有所不同，传统有水运输应用物理化学麻醉法和降温为主。

（1）停食暂养与拉网锻炼　根据运输计划，选择体质健壮的鱼苗、鱼种，做好鱼体锻炼工作。

（2）水箱加水　装鱼前先要将运鱼的汽车水箱装水，所用水最好采用地下硬水，一般水箱加水40~50cm深。夏天运输时，加地下井水时最好再加1/5左右养殖池的原水，以免使水箱水体和原池塘水体差异过大。装完鱼后要求水箱内水面基本上接近箱顶，这样可使汽车在运输过程中减少水体震荡，从而减少鱼体损伤。

（3）装鱼　装鱼操作时不要动作过大，以免鱼体受伤。长途运输时，一般要在运输前1~2d就要对所运输的鱼停止投饵，使消化道排空，避免在运输过程中污染水质。

（4）开设增氧设备　装鱼过程中，如果装在水箱中的鱼有浮头情况，这时就要打开充氧开关。充氧量的大小，以保证水箱底部的塑料软管气孔都能均匀往外散发气泡为宜。如果装鱼多时，可根据情况适当增大充氧量。装完鱼后，要把顶盖固定好。

（5）长途运输途中管理　运输途中主要检查充氧设施是否完好，现在大部分运输车都把O_2瓶的压力表装在驾驶室内，如果一个O_2瓶没有O_2，就可及时发现，马上转换到另一个O_2瓶上。经常进行长途运输的一般都把多个O_2瓶连在一起，这样可以避免O_2管子在每个O_2瓶间多次转换。在进行长途运输时最好每隔3h左右，到车顶上检查一下，以免发生意外情况。

（6）销地暂养与销售　运达目的地后，将活鱼转入暂养水箱，调整合适的温度，暂养销售。

2.2.1.2　无水运输

水产品无水保活物流技术集“暂养—梯度降温—诱导休眠—无水包装—低温贮藏—唤醒”全过程品控工艺、智能信息化及配套装备为一体。该技术可使水产品存活时间长达60~81h，存活率达98%以上，成本低，自动化程度高，易于操作，能实现大批量的输送。配套装备与产品则严格按照工艺流程设计生产，主要包括低温驯化/唤醒箱、天然植物源休眠诱导剂、无水保活运输车、无水保活运输垫、无水运输箱等，有效地构成物流载体，从而实现水产品无水保活流通全程高效、绿色、低碳。通过对水产品无水活运工艺技术及其配套装备与产品的革新，提高了成活率，增加了运输量，延长了成活时间，从而大幅提升了水产品商业价值。该项目促进了生鲜农产品冷链物流行业的全面革新，降低了物流成本，提高了经济效益，保障了产品质量。冷链物流环节简介如下。

（1）产地驯化　驯化的水产品应体质健壮，无病，无伤，无污染，其品质应符合GB/T 24861—2010《水产品流通管理技术规范》的规定；驯化的水产品通过 GB/T 30891—2014《水产品抽样规范》进行抽样检测；驯化使用的水质符合 GB 11607—1989《渔业水质标准》，使用的人造冰符合 SC/T 9001—1984《人造冰》；

驯化操作步骤：在驯化车间对水产品梯度降温休眠驯化步骤，梯度降温是降至 5~-2℃的温度区间，降温梯度与降温速率之间的对应关系是：

降温至 30~10℃的温度区间其降温速率为每小时降温 3~5℃；

降温至 10~5℃的温度区间时降温速率为每小时降温 0.5~2℃；

降温至 5~-2℃的温度区间其降温速率为每小时降温 0.3~0.6℃。

驯化车间由过滤器、水泵、控温箱、驯化池通过管道依次串联连接，水泵与控温箱之间并联有紫外消毒器，控温箱电连接有调控仪，调控仪的另一端电连接有气泵，气泵位于驯化池外，气泵的另一端连接有通向驯化池内部的管道，管道的另一端连接有曝气器；驯化池内有地漏，地漏通过管道与过滤器相连接，暂养池内部还有带阀门的排水管道。

（2）产地包装　包装车间内，水产品由驯化车间通过传送带输送至包装车间的包装架上，再转移至包装车间内的保温箱里，充入混合气体包装后由传送带输送至中转站内的冷链运输车上，由冷链运输车将水产品运送至目的地或转运机场航空运输（图 2–5）。

①航空运输包装：包装的基本要求、包装材料、包装容器、包装方法参照 GB/T 26544—2011《水产品航空运输包装通用要求》；

②常规冷藏车运输包装：包装的基本要求、包装材料、包装容器、包装方法参照 GB/T 26544—2011《水产品航空运输包装通用要求》，其中包装容器可使用专用包装箱或选择性使用瓦楞纸箱。

③无水运输专用车辆包装：将无水运输车提前将车厢内温度降低至水产品驯化温度并充入 O_2，将水产品装入无水运输托盘后转入无水运输车，堆码完毕后，车厢密封充入混合气体，驾驶室开启监控系统。

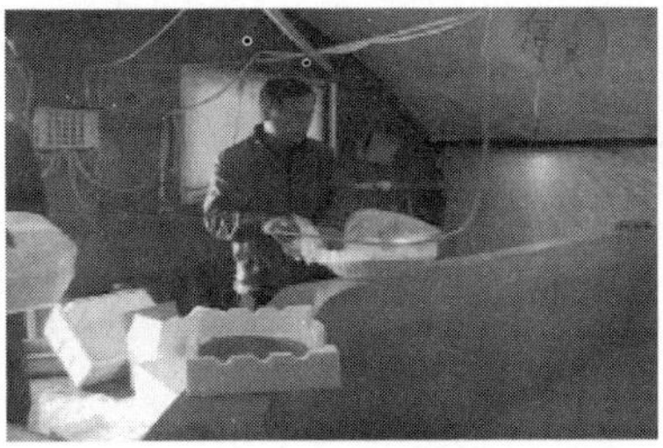

图 2–5　水产品无水运输包装作业

（3）长途运输　根据水产品品类、运输量、运输距离及成本选择合适的运输方式，根据不同的水产品控制运输过程中环境温度波动≤ 3℃。

运输工具应洁净、无毒、无异味、无污染，符合卫生要求。长途运输过程中所涉及的贮运设备等应符合 SC/T 6041—2007《水产品保鲜储运设备安全技术条件》。

（4）销地唤醒　水产品到达目的地后，转入提前调好温度的唤醒池或唤醒桶内（温度同运输温度一致），对水产品梯度升温唤醒步骤：

升温至 –2~5℃的温度区间，每小时升温 0.8~1.5℃；

升温至 5~10℃温度区间，每小时升温 1.5~3℃；

升温至 10~30℃的温度区间，每小时升温 3~5℃。

（5）销地暂养　水产品唤醒后，转入暂养池，暂养池具备控温、过滤及消毒等功能，暂养待售。

暂养环境及经销商要求等符合 SC/T 3108—2011《鲜活青鱼、草鱼、鲢、鳙、鲤》及 SB/T 10524—2009《鲜活对虾购销规范》。

2.2.2　冰冻水产品

水产品冷冻加工指为了保鲜，将海水、淡水养殖或捕捞的鱼类、虾类、甲壳类、贝类等水生动物进行的经过捕捞，预处理，装盘，冷冻，运输及销售等全程冷冻加工的活动。

2.2.2.1　冰冻鱼类

根据不同的原料鱼，选择相应的前处理工艺，处理完毕后转入冷库进行冷冻贮藏，根据销售计划进行运输配送进入销售流程。

（1）前处理　原料鱼→洗净→分级装盘→冻结→脱盘→包冰衣→套塑料袋→装箱→冷藏（鱼体装盘要求鱼背面向外，整齐排列，分有 1、2、3、10kg 四种，用塑料袋薄膜进行内包装后，再以瓦楞纸箱为外包装，冻结温度为 –24℃，冷藏温度为 –20℃）

（2）冷冻贮藏　冷库消毒→分批次分区域低温贮藏（冷藏温度为 –20℃），提前做好冷库设备检修，贮藏期间专人定时检测冷库温度，严格防止因设备故障等导致库温大幅波动。不同批次及等级的带鱼分区域摆放，便于货物进出库。

（3）运输、配送　冷藏车厢内部清洗消毒，根据箱内降温时间，开启制冷压缩机组，达到运输温度后，将待运输货物码入车厢。运输过程中，实时监控车厢内部温度情况，到达目的地后，调整冷库或冷柜温度同车厢温度一致，将冷冻产品转移至冷库或冷柜存放。

（4）销售　冷柜或货架展示销售，从加工冷藏至销售全过程控制低温冷链。

2.2.2.2　冰冻虾类

根据对虾加工标准要求，收购合格的对虾，预处理后，转入冷库贮藏，根据销售计划进行运输配送进入销售流程。

（1）对虾加工工艺标准　色泽：虾体呈鲜虾自然色；肌肉：紧密有弹性，气味：正常无异味，体表：虾体完整，带有鳃肉，允许节间松弛，允许有愈合后的伤疤，不允许有软壳虾；允许虾尾有轻微黑变，不允许有黑斑、红变虾，自然斑点不限；允许颈肉因虾头感染呈轻微异色（不包括变质红色）；虾体清洁，允许串清水，不允许串血水和有严重的寄生虫类的病虾。

（2）冻对虾加工工艺流程　原料虾进加工厂后，立即进行清洗去杂物。按对虾的大小不同定规格挑选分级。可用规格为（60 × 40 × 10）cm 的加工对虾大盘进行摆盘，先将每只加工盘底层用塑料纸衬好，将经过清洗后的虾有间隔地一条一条理直摆在塑料纸上，第一层摆好后再衬上塑料纸摆第二层，一个大盘可摆 3~4 层。将摆盘成型的去头虾进行全面检查，合格后进库速冻。对已速冻的单条冻虾，按 16~20、21~25、26~30 规格分别以每袋净重 1000g，31~40 每袋净重 300g、41~50 每袋净重 500g 为称重单位进行称重。将称重后的冻对虾分别放入漏水的容器中包冰衣。按规格将对虾装入相应尺寸的塑料袋中，排去袋内的空气后用封口机封口，装入纸箱。

（3）单条冻加工对虾库温　速冻库温度在 −25℃以下，要求在 14h 内成品中心温度在 −15℃以下；冷藏库温度保持在 −10℃以下。

（4）包装　对速冻后的袋装对虾进行厂级检验，分级包装。

对虾规格为 16~20、26~30 的使用（42.5 × 25.5）cm、厚度为 0.06mm 的塑料袋，每箱装 10 袋，箱内上、下各放一块单面楞纸板，中间用单面楞纸板隔开，每箱净重 10kg。31~40 对虾用规格为（25 × 15.5）cm，厚度为 0.06mm 的塑料袋，每箱装 32 袋，中间用单面楞纸板隔开，每箱净重 9.6kg。41~50 规格对虾用（30 × 26）cm，厚度为 0.06mm 塑料袋，每箱装 20 袋，中间用单面楞纸板隔开，每箱净重 10kg。

外包装可用传统的（39 × 30 × 22）cm 包装箱，在无头对虾前加刷“单”字，质量在原质量上改刷为 1 × 10、0.3 × 32、0.5 × 20 字样即可。

外包装箱上下面用专用胶袋封口，再用打包带打两条扣紧。

规格、数码厂号方法与传统冰冻加工对虾方法相同。

（5）产品检验、运输、销售　单条冻对虾产品，在出厂前须经国家商检部门统一检查验收，出具有效的产品检验合格证后方可出厂销售。在运输过程中，必须用清洁卫生的冷藏车或保温车运输，冻品中心温度不得高于 -8℃。

2.2.2.3　冰冻蟹类

捕获的蟹用海水冲洗附在蟹体上的泥沙污物，除去盖、螯、内脏后，切成两段，用海水洗涤干净，沥干，装入托盘，装盘的量分为 1、2、3kg，待蟹体温度达到 -24℃时即可脱盘操作，包冰衣后装入聚乙烯塑料薄膜袋内，在 -20℃冷库中冷藏。

（1）包装　在纸箱外涂刷清晰的标志，应注明：产品名称，生产厂名、商标、生产日期（或生产批号）、规格、等级、净含量、保存期和执行标准及贮运图示标志等。每只产品用 2 根橡皮筋分别套扎在游泳足的座节基部和螯足的掌节分叉带棘处，套上两圈，扎成梭状。冻结后外套一个食品用聚乙薄膜袋，并将袋口折转拧好。外包装采用纸箱，内用瓦楞纸板分层衬垫，纸箱封口严密，外用塑料袋打包。箱内应附上产品合格证。产品套袋及外加包装均应在低温房间或控温房间内进行。

（2）运输　本产品应在冷链中流通，必须使用冷藏车、船运输，装卸时不允许烈日暴晒，运输过程实时监控车厢内温度波动情况，各交接环节过程中产品中心温度升高不得超过 3℃。

（3）检验　以相同条件下生产的同一等级、同一规格包装的总产量作为一个检验批。每批抽取的样本以箱为单位，100 箱以内者随机抽样 2 箱，100 箱以上者每增加 100 箱增加抽样 1 箱，增加数量不足 100 箱者也增加抽样 1 箱。试样从抽样箱中随机抽取，进行感官和中心温度检验的样品均不得少于 10 只；进行规格检验的样品不得少于 20 只；净含量检验的样品不得少于 2 箱。被抽样品中规格不符的样品超过 10%或有 2 项以上（含 2 项）不符合要求，判为该批产品不合格；仅有 1 项不符合要求允许加倍抽检一次，若仍不符合要求，则判为该批产品不合格。

（4）冷藏　到达目的地后，调整冷库或冷柜温度同车厢温度一致，将冷冻产品转移至冷库或冷柜存放。产品存放于低温、洁净、无毒、无异味、无污染的环境。

2.2.3　冰鲜水产品

冰鲜技术是基于低温保藏原理上的一种保鲜技术，即用机制冰或天然冰将食品的温度降低到接近冰的融点以维持其细胞的活体状态，可以很好地保持食品的原有风味和营养，在水产品的贮运、销售等环节应用十分广泛。其保鲜期的长短与水产品的种类、用冰前的鲜度、用冰量以及保藏方法等有关。

2.2.3.1 冰鲜鱼类

牙鲆鱼，又称比目鱼，是名贵的海产品，具有极高的营养价值。通过冰鲜处理后，在最短的时间内运达消费者手中，可以较好地保持风味。

（1）原料收购 应用备有水箱的收购船在海上收购刚摘网的，体重在1kg以上的鲜活牙鲆鱼。注意水箱内不可装鱼过多，以保证牙鲆鱼的成活，到港时已死亡的鱼不可加工冰鲜鱼。

（2）预处理 先用带网罩的捞子将活鱼从水箱中捞出放在苇席或木板上，用脚轻踩住鱼尾，注意尽量少让鱼体扭动拍打以减少皮下痕血。将牙鲆鱼无眼侧向上平铺在工作台上，用剪刀顺鱼腹剪开一条3~4cm长的口子，用手掏出内脏，注意尽量使切口减短和保留鱼籽。鲜活牙鲆鱼体表有一层透明的黏液。它对鱼体有保护作用，在加工过程中要尽量保留，切不可用刷子用力洗刷，只把鱼体放入冰水中轻轻漂洗一下血迹和污物即可。为了防止腹内积存血水，可以将鱼头向下用手轻理一下鱼腹，以挤出腹腔滞留的血水。

（3）称重、包装 为了适应轻便而又保温的空运要求，冰鲜牙鲆鱼一般外面采用优质牛皮瓦楞纸箱。里面采用无毒塑料泡沫箱的双层包装，再加上尼龙塑料布及免水胶带等多层包裹封闭，使之达到保温和防渗漏的包装要求。

牙鲆鱼包装前先将一层大尼龙塑料布铺入塑料泡沫箱内，把称好的鱼按有眼侧向上，尾交叉平摆在箱内。将鱼用塑料布包裹好，在上面均匀撒上一层干净碎冰，然后盖上塑料泡沫箱盖，用防水胶带粘住箱子缝隙，还要在泡沫箱外包裹上一层塑料布，最后装入外包装牛皮纸箱内，将外包装打好封条放入 -4℃的保鲜库暂存待运。

（4）运输 短途运输，将冰鲜鱼置于碎冰上，控制运输车箱内温度0~4℃，在最短的时间内运达销售或消费地点。

长途运输，由于长途运输耗时长，对于冰鲜鱼优先选择空运，以保证产品品质。一般要根据估产数量预定飞机货仓，按飞机航班的启航时间安排好生产和运输。一定要做到人等鱼、车等货，周密地组织运筹好人力、物力，使收购、生产运输一条龙紧密相连，并由专人负责办理报关、检验等必要手续，尽量缩短生产运输周期，使包装好的冰鲜牙鲆鱼立即送入就近机场，保证在24h内空运出境。

（5）销售 置于碎冰或冰水环境下批发或零售。

2.2.3.2 冰鲜虾类

对虾壳薄体肥、肉质鲜嫩且营养价值高，深受国内外市场欢迎，水分及蛋白质含量高、内源酶活力强，在运输、加工及贮藏过程中极易受微生物侵袭，造成虾体自溶、腐败加速，因此南美白对虾在捕捞后不易贮藏、商品货架期相对较短。通过冰鲜虾处理，贮运技术的应用，可以有效提升对虾品质。

（1）捕捞　尽量采用地笼网诱捕，少用拉网起捕，以免对虾受伤和产生应激反应。要根据虾的大小选用合适的网具，起到捕大留小的目的。捕捞前一天应停食或减少投饲量，切忌为增加上市虾的体重而大量投喂精料。

（2）前处理　清洗→分级→冷却→浸泡保鲜液→称重→检验→装箱→打包入库→待运。清洗时为尽量减少虾体损伤，塑料箱或鱼筐应轻轻地在冰水中旋转摇动，冰水变脏后应及时更换；要求一层冰一层虾、薄冰薄虾，冰块分布要均匀，不能脱冰，使对虾得到迅速、均匀、充分而完全的冷却。鱼箱底部应有排水孔，以便融冰水流出。

（3）运输　冷藏车箱内部消毒→预冷→装车→运输→目的地装卸→待售。运输过程控制车厢内温度 0~2℃。

（4）销售　置于碎冰或冰水环境下批发或零售。

冰鲜虾出口，从起捕、加工、运输，直至销售的各个环节都应使虾体保持低温状态,防止发生脱冰现象；应尽量缩短从起捕至销售的周期。周期越短，鲜度越好。各环节要紧密衔接，避免出现订了舱位没有货或有货赶不上航班的情况。要正确估计养殖池虾产量和捞捕时间，选择最合理的运销路线，缩短运输时间，保持鲜度，以免影响售价。

2.2.4 水产品无水活运技术集成应用

水产品活体运输是水产品倒池、引种和供应等环节市场活动过程中的一种鲜活流通方式。采用有水运输方式对鲜活水产品进行运输、配送、中转一直都是其唯一的物流模式。但有水运输存在成本高、成活率低、运输量少、运输时间短等诸多不足，是制约我国鲜活水产品流通市场发展的重要因素。传统的水产品有水物流方式，不易于开展干线运输、快递及配送业务，采用新型的无水物流方式代替有水物流，实现终端销售流通是电商发展的必经之路。水产品无水保活物流技术是无污染、安全、优质和高效的绿色保活流通技术，正成为今后新电商模式下水产品活体物流的发展方向。水产品无水保活物流技术的应用将提高水产品运输效率，降低物流损耗，降低成本，为水产养殖企业、零售商、配套装备生产商等带来巨大效益，提升鲜活水产品物流行业的技术水平，经济效益和社会效益显著。

近年来，在山东省科技发展计划项目《水产品冰温无水保活运输关键技术研究》（项目编号 2011GNC11302）与国家“十二五”科技支撑计划项目《淡水水产品保活保鲜冷链物流关键技术研究》(项目编号 2012BAD38B03)资助下，工程中心水产品物流集成技术创新团队集成冷驯化结合天然植物源休眠诱导剂、无水气调包装和目的地“唤醒”三大核心技术，先后开展了泥鳅、大菱鲆、牙鲆、半滑舌鳎、大西洋鲑、波士顿龙虾、黄颡鱼、鲟鱼、鲫鱼、鲤鱼等无水保活试验和生物学机制探索。确定了试验鱼“冷驯化”、贮运及“唤醒”过程的关键技术参数，开发出了天然植物源休眠诱导剂，并建立了无水保活物流技术流程。经专家验收鉴定一致认为其达到国内领先水平（鲁科成鉴字 2013 第 1132 号）。该项成果以冷链技术、物流信息技术“休眠”及“唤醒”技术为依托，通过技术的集成和成果推广，大大降低了物流过程中的产品损耗，提高了物流间接经济效益，促进了水产品冷链运输和市场配套销售体系的优化和发展。因此，在运输业、包装业、销售业和运输设备制造业等方面，该技术都将产生较大的拉动作用，带动创造较高的经济效益。

2014 年 7 月 26 日，纽约时报杂志 *The New York Times Magazine*“以中国低温业十个里程碑（Ten Landmarks of the Chinese Cryosphere）”为标题报道了该项技术科研人员在水产品无水保活运输技术领域所取得的相关研究成果。同年 11 月 25 日的科技日报以“72 小时活鱼运输成为现实”为标题进行了报道。

2.2.4.1　无水活运技术集成

水产品无水保活物流技术是通过冷驯化、天然植物源诱导休眠剂方式促使各种水产品进入休眠状态，利用温控、气调处理进行无水保活运输，待到达目的地时，以梯度升温“唤醒”方式解除休眠，依靠冷驯化 / “唤醒”装备、天然植物源诱导休眠剂产品、智能无水运输车、配送箱、运输盒等装备完成，从而实现水产品无水物流新模式。该项技术是一种绿色环保、无污染、安全、优质和高效的新型活体流通方式。随着人们对鲜活水产品消费需求的日益剧增以及物流行业的快速发展，在新型电子商务模式下，水产品无水保活物流技术的产生与应用打破了传统有水保活物流的束缚，顺应了新型活体销售流通模式的创新。

（1）休眠　休眠是冷血动物的重要特征之一，自然条件下多属季节性反应，是抗御逆境的一种方式。其是活鱼无水运输的前提，同时也是无水包装前的重要环节。对冷血动物而言，均存在一个区分生死的生态冰温，或称为临界温度。将活鱼停食暂养 48h 后，采用缓慢降温方式（速率为 0.2~3℃ /h）将水温降至其生态冰温，从而致使活鱼进入休眠状态。当鱼体休眠时，其呼吸速率明显降低，新陈代谢几乎降至零，基本无任何活动行为，仅受到强烈刺激时才产生缓慢的应激反应。

在生态冰温（临界温度）基础上，引入了“冷驯化”这个新概念，并将其应用于活鱼无水运输试验中。冷驯化最早源于植物学，研究于低温长期作用下对不同植物的影响。从活鱼冷链运输意义上讲，冷驯化即将水温降低至不同鱼类生态冰温时，并在此温度范围内停食暂养。冷驯化程度直接影响无水保活时间，适度冷驯化能有效地延长保活时间及成活率。休眠的主要作用是减少包装、装载和运输过程中产生的强烈应激，从而实现活鱼无水冷链物流。

（2）包装　待活鱼进入休眠状态或冷驯化后即可从暂养池中打捞出进行无水包装。活鱼无水包装是一种特殊的包装方式，区别于普通包装的主要特征在于其充入混合气体密封封口。由于在无水状态下，活鱼对环境中 O_2 吸收利用率大大降低，所以应保证鱼体正常呼吸代谢。

无水包装材料主要包括塑料薄膜袋、橡胶袋、无水运输垫、泡沫箱、聚苯乙烯箱等。目前，无水保活运输方式主要是将休眠鱼体装入专用无水运输盒或垫，放入塑料薄膜袋、橡胶袋或泡沫箱等密闭容器中充入纯氧密封。无水包装是实现活鱼运输的重要环节之一，是维持运输的先决条件。有效地包装结合必备的运输环境才能形成完整的流通路径。

（3）无水微环境　有水活鱼运输过程中，水温、水质、溶氧、代谢物和密度等是影响其运输时间及存活率的重要因素，而对无水运输而言，包装箱以及车厢内微环境情况是影响运输效率的关键。微环境主要包括厢内大气温度以及波动范围、内部湿度、内部实际震动情况等。

将已包装完成的活鱼转移至车厢内，调节控制车厢内部温度在各种品类冰温范围，并控制温度波动范围在0.3~1.0℃。车厢内部湿度的控制主要是依靠加湿器实现；在内部结构设计与布置时，则应考虑震动因素，采取防震动措施，降低鱼体损伤或死亡。与有水运输相比，虽然其影响因素较少，但要求精准控制，无论对装备还是工艺技术均提出更高要求。目前，由于对无水微环境控制精准度不够，并未广泛应用，仅适用于少数品类。根据技术需求改进完善运输装备，才能提高无水微环境调控精准度，最终实现各种水产品无水活运。

（4）“唤醒”　“唤醒”又称复活，即将休眠状态下的活鱼转入暂养池内（水温为生态冰温范围），通过梯度升温方式使其恢复正常游动状态。“唤醒”是活鱼运输到达目的地后展开的关键操作流程，其关键控制要点在于初始水温与升温速率。初始水温调控主要依据活鱼品类及其生态冰温范围，在长期的试验中，发现初始水温稍偏高于生态冰温可降低应激，加速“唤醒”。若初始水温未调节准确，偏离实际“唤醒”温度较大则导致鱼体不适，甚至降低复活率。升温速率需根据活鱼品类不同而适当调控，其升温过程速率调节复杂。聂小宝等对相关鱼类进行了“唤醒”试验，表明梯度升温与升温速率之间的对应关系是：升温至 –2~5℃的温度区间，升温速率 0.8~1.5℃ /h；升温至 5~10℃温度区间，升温速率 1.5~3℃ /h；升温至 10~30℃的温度区间，升温速率 3~5℃ /h。

2.2.4.2　无水活运核心产品

立足于水产品物流行业需求，开发了一系列水产品无水保活物流集成技术的配套产品，如冷驯化 / “唤醒”系统、植物源诱导剂、水产品无水运输车、无水配送包装等。

（1）冷驯化 / “唤醒”系统　冷驯化 / “唤醒”系统包括硬件设备冷驯化 / “唤醒”箱（图 2–6）和控制软件两部分（图 2–7），硬件包括运输箱体内部的水箱和设备箱。运输箱的上部分为冷驯化 / “唤醒”水箱，下部分为设备箱；水箱顶部放置供水过滤装置，过滤杂质后自动流入水箱；设备箱内部布置制冷系统、循环水泵、蓄

图 2–6　冷驯化 / “唤醒”箱

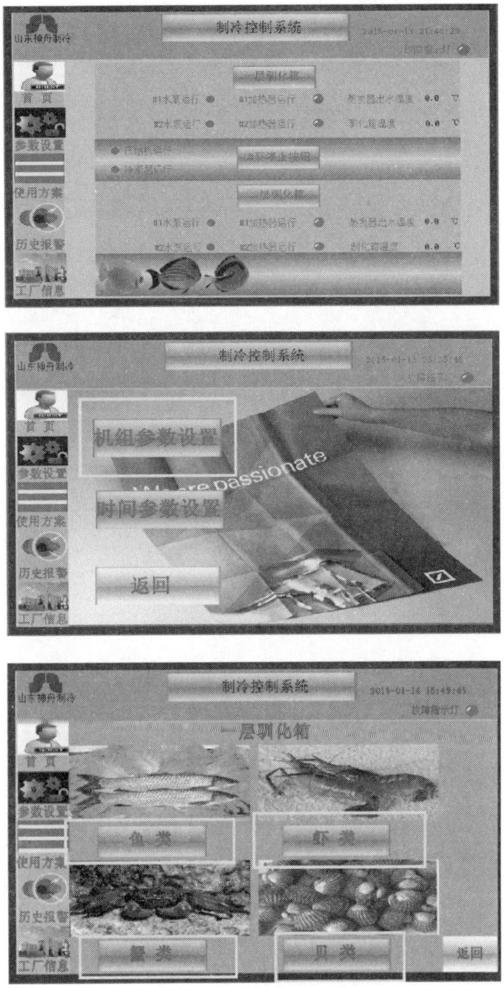

图 2–7　控制系统界面

水箱、过滤器及 PLC 控制系统。根据不同的水产品选择对应的冷驯化及“唤醒”程序，可以使水产品进行休眠或唤醒状态。

（2）天然植物源休眠诱导剂　通过对醉鱼草和厚果崖豆藤中麻醉 / 休眠诱导物质的结构与性质研究，采用现代制药技术对复方有效成分或活性部位进行分离纯化，制得了纯天然植物源麻醉 / 休眠诱导产品，本产品有效规避了水产品药物使用残留风险；由于该药材本身就是天然的中草药,对环境的无污染，具有显著的生态效益和社会效益。图 2–8 为纯天然植物源麻醉 / 休眠诱导产品及工业化流程。

（3）水产品无水保活运输车　工程中心改装的水产品无水保活运输车（图 2–9）集气调操控系统、喷雾操控系统、温度操控系统于一体，智能化、信息化程度高，各微环境参数均可通过控制面板触屏调节；可运输的产品种类多，广泛实用于各类水产品；各项系统设备完善，运输平稳，安全性高，运输量大。主要用于干线运输或同城配送。

（4）无水配送包装产品　主要包括智能化待运（冷驯化）与待售（“唤醒”）暂养装备、无水保活运输箱（桶）、无水运输盒等，见图 2–10。

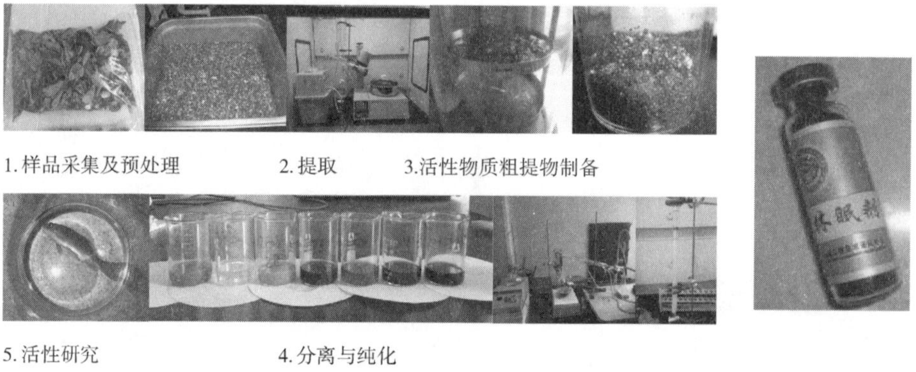

图 2–8　纯天然植物源麻醉 / 休眠诱导产品及工业化流程

图 2–9　水产品无水保活运输车

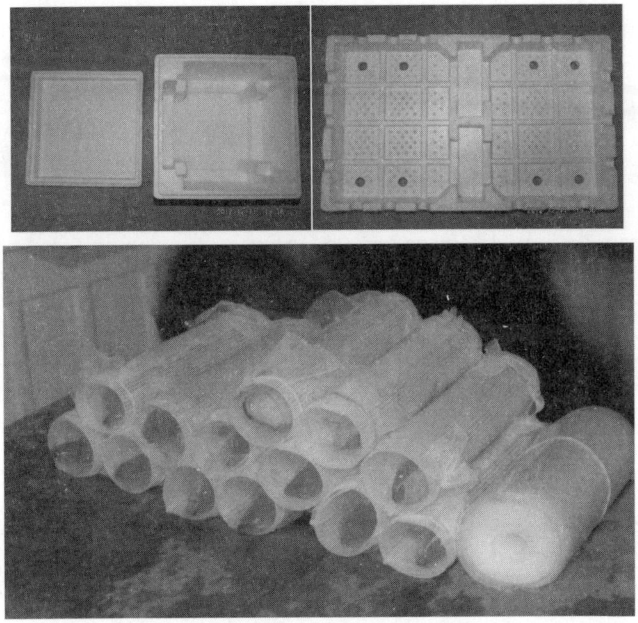

图 2-10 水产品无水配送包装装置

2.2.4.3 水产品无水保活物流集成技术商业化应用

工程中心与重点实验室水产团队通过近几年科研攻关，获得了大量实验数据，并围绕水产品无水保活物流集成技术的商业化推广进行了大胆尝试，先后从陆空联运、快速运输等物流途径进行了示范应用，效果显著，为后期的商业化推广奠定了基础。

（1）大菱鲆和半滑舌鳎无水保活陆空联运 2014 年 12 月 12 日至 16 日期间，在新疆奔腾生物有限公司协作下，成功实现了大菱鲆和半滑舌鳎无水保活陆空联运中试运输试验。本次运输试验横跨我国山东至新疆，从山东青岛通用水产养殖有限公司对大菱鲆进行程序化梯度降温，将进入休眠状态的大菱鲆无水陆运至青岛机场，然后空运至乌鲁木齐机场，最后陆运至新疆乌鲁木齐红楼大酒店，全部成功复活。另外，在山东昌邑水产公司将半滑舌鳎经梯度降温后无水陆运至济南机场，然后空运至新疆乌鲁木齐，运输至新疆乌鲁木齐红楼大酒店，全部成功复活（图 2-11 和图 2-12）。

（2）黄颡鱼无水保活陆空联运 2016 年 1 月 21~24 日，完成了鲜活黄颡鱼的无水保活陆空联运中试试验，成功实现了淡水鱼无水活运技术的示范应用。

本次中试试验采用自主研发的结构简单、操作方便、成本低廉的包装将鲜活黄颡鱼通过陆空联运方式从安徽六安运至北京。2016 年 1 月 21 日，在六

1.大菱鲆养殖基地冷驯化　2.无水包装　济南 ⟶ 新疆

3.新疆机场接站　4.乌鲁木齐酒店唤醒　5.乌鲁木齐酒店暂养

图 2-11　大菱鲆无水保活陆空联运

1.半滑舌鳎养殖基地冷驯化　2.无水包装　济南 ⟶ 新疆

3.济南机场货运　4.乌鲁木齐酒店唤醒　5.乌鲁木齐酒店暂养

图 2-12　半滑舌鳎无水保活陆空联运

安华润科技养殖有限公司对黄颡鱼进行冷驯化结合天然植物源诱导休眠剂诱导其进入休眠状态，2016 年 1 月 22 日凌晨 4 点进行无水包装，并于上午 7 点 40 分陆运至合肥新桥国际机场货运站，空运至北京首都机场，由杭州农翠贸易有限公司北京办事处人员负责接站，陆运至该公司北京暂养基地进行："唤醒"复活，成活率高达 95% 以上。本次中试试验首次实现了鲜活淡水鱼类无水活运技术的陆空联运，进一步推动了鲜活鱼类无水保活运输技术的市场化应用（图 2-13）。

（3）黄颡鱼无水保活快递物流　2016 年 2 月 28 日至 3 月 3 日期间，完成了鲜活黄颡鱼的无水保活快递中试试验，这是国内外首次在快递业务上进行的大胆探索，在不远的将来，活鱼快递有望成为现实。2 月 28 日，在六安华润科技养殖有限公司对黄颡鱼进行冷驯化结合天然植物源诱导休眠剂诱导

图 2-13　黄颡鱼无水保活陆空联运

其进入休眠状态，3 月 1 日凌晨 6 点进行无水包装，并于上午 7 点 36 分用皮卡车运至顺丰速运（合肥高新区国光山水间营业点），3 月 3 日上午 10 点快递到达国家农产品现代物流工程技术研究水产品温控暂养实验室进行“唤醒”复活，全程总共耗时 51 h，成活率高达 93.9% 以上（图 2-14）。

随着生鲜电商的不断发展，目前，多数农产品已经实现了 O2O 的商业模式，但是在鲜活鱼类产品中至今尚未实现，主要是受到快递技术、成本等方面的制约。本次中试试验采用自主研发的无水保活技术与配套包装解决了活鱼快递存在的技术问题，在国内外尚属首次。

图 2-14　黄颡鱼无水保活快递运输

3 畜禽肉篇

肉类营养丰富，是人类食物蛋白质的重要来源，也是微生物生长繁殖的良好基质。健康动物的血液和肌肉通常是无菌的，动物宰后，由于血液循环停止，吞噬细胞的作用停止，动物表面滋生的微生物就会沿着血管进入肉的内层，并进而深入到肌肉组织，造成肉的腐败变质。肉类生产、流通和消费过程中，任何不适当的操作都可能造成其腐败变质，从而危害消费者的身体健康。冷藏或冷冻是抑制肉中微生物生长繁殖的重要手段之一。肉类冷链就是指在屠宰、分割加工、包装、贮藏、运输、销售，直至最终消费过程中，使肉保持在 0~4℃的冷藏条件或 −30~−20℃的冷冻条件所需要的，包括车间冷却、冷藏间贮存、冷藏车运输、批发或零售等中间周转冷库或冰柜临时贮存、以及家庭冰箱贮存等全程温度控制体系。

目前，美国、加拿大等发达国家已形成完整的肉类冷链物流体系。我国肉类产品冷链物流发展仍处于起步阶段，各环节均发展不全面，规模化、系统化的冷链物流体系尚未形成，因此冷链化程度较低，各环节缺乏系统、规范、连贯运作，出现“断链”现象。肉制品的屠宰、加工、运输过程一般可以保证在低温环境下进行，但由于设施设备和成本等方面的原因，装卸搬运及食品零售终端经常会产生冷链中断的现象，例如，白条肉配送到各个门店后的加工过程均是在常温环境下进行，最长时间可能长达 10h，对肉的品质产生了严重影响。此外，在装卸搬运过程中，也大部分不能保证低温环境操作。而且第三方物流公司或是商超配送中心，供应商对于运输途中温度要求不是十分严格，因此，送货过程可能不是全程冷链运输。在各大超市或者品牌专卖店里的低温展示柜，待销售的冷却肉会受到低温柜里环境的污染。因此，行业普遍存在产品难保存，运距短，损耗大，流通成本高，易出现安全隐患等问题，这严重阻碍了产品深购远销的实现。

为规范畜禽肉类冷链物流操作流程，保证产品物流质量安全。本篇主要介绍了肉类冷链物流的相关知识，针对肉类物流过程的各环节，提出了肉品质量的具体实用技术和控制参数，为相关企业、从业人员或科研人员提供技术参考。

3.1 畜禽肉类冷链物流基础知识

3.1.1 宰后肉的生物化学变化

屠宰后的畜禽肉，在一定温度下放置一定时间，会发生一系列的生物化学变化，即死后僵直、解僵、成熟、自溶、腐败等变化。

3.1.1.1 死后僵直

刚屠宰后的肉呈中性或弱碱性（pH 为 7.0~7.2），肉质松软，并有很高的持水性；但经过几小时后，肌肉即会变得僵硬和收缩，失去柔软的特性，缺乏汁液，失去肉特有的风味，这种现象称为“死后僵直”。屠宰后的肉尸，随着血液和 O_2 供应的停止，肌肉组织内的正常代谢中断，肌肉随之失去生命的特征。此时，肉内糖原在无氧条件下分解产生乳酸，致使肉的 pH 下降，由刚屠宰的弱碱性很快变为酸性。当乳酸生成到一定界限时，分解糖原的酶类逐渐失去活力，而无机磷酸化酶的活性大大增强，开始促使三磷酸腺苷（ATP）迅速分解，形成磷酸，因而 pH 可以继续下降直至 5.4，一般肉类在 pH 为 5.4~6.7 时即僵硬。

3.1.1.2 解僵、成熟

死后僵直达到顶点并保持一段时间后，肌肉将再行逐渐软化，解除僵直状态，并在以后的一段时间内持续嫩化。这种由于肌肉中自行分解酶的作用，使僵直的肉变为柔嫩多汁并具有芳香味的过程，称为解僵成熟。解僵成熟的过程称为“排酸”，成熟肉又称为“排酸肉”，成熟肉的 pH 在 5.7~6.8。

肉的成熟过程中，随着肉中的酸类不断增加，凝胶状态的蛋白质长期处于酸性条件下，因而引起肌纤凝蛋白和肌纤溶蛋白的酸性溶解，蛋白质又重新变为溶胶状的肌凝蛋白和肌溶蛋白，部分蛋白质分解为氨基酸等，成为水溶性的物质，使僵直的肉变得柔软而多汁。ATP 分解，产生游离的亚黄嘌呤。

由于成熟过程实际上是在酶作用下自身组织的分解过程，所以肉的成熟过程与温度有关，温度高则成熟时间短，温度低时将延缓成熟过程。如在 0℃时，一般牛肉需经 10~14d 成熟，5℃时需 7~8d，10℃时需 4~5d，15℃时需 2~3d，29℃时只需几个小时即可成熟。可见，调节肉的温度就能改变和控制肉成熟所需的时间，成熟方法也就分为低温成熟和高温成熟。但是用提高温度的办法促进肉的成熟是有危险的，因为不适宜的温度也会促进微生物的生长繁殖。

3.1.1.3 自溶

成熟后的肉仍在不断地发生变化，肌肉组织成分解，致使肉的鲜度下降、风味消失，这时即进入了肉的自溶阶段。

肉在成熟过程中，因为糖原分解为乳酸，使 pH 下降，肉呈酸性，酸性环境不利于腐败菌生长，但酵母菌和霉菌易繁殖，并分泌出蛋白酶，使其活力增强，造成蛋白质进一步分解，产生氨和挥发性盐基氮等。其分解产物中有的具有碱性，能中和肌肉中的乳酸，使肌肉中的 pH 上升，趋于碱性，为腐败微生物的繁殖创造了有利条件，此时，肉的弹性逐渐消失，肉质变软，肉的边缘显出棕褐色。同时，肉的脂肪也开始分解，产生轻微的酸败气味，使其贮藏性降低。因此，自溶阶段的肉应尽快加工食用，不宜再做贮藏。

自溶是承接或伴随着成熟过程进行的，两者之间很难划出界限；自溶和后续的腐败之间也无绝对界限。自溶和腐败的主要区别在于自溶过程只分解蛋白质至可溶性氮与氨基酸为止，即分解至某种程度达到平衡状态时就不再分解了。

3.1.1.4 腐败

自溶阶段进一步发展，微生物的作用逐步加剧，肉中营养物质被分解成各种低级产物，这种肉因外界因素作用而产生大量人体所不需要物质的现象，称为肉的腐败。肉的腐败主要包括蛋白质的腐败、脂肪的酸败和糖的发酵几种作用。

肉在成熟和自溶阶段的分解产物，为腐败微生物的生长、繁殖提供了良好的营养物质。随着时间的推移，微生物大量繁殖，必然导致肉更加旺盛和复杂的分解过程。此时,蛋白质不仅被分解成氨基酸。而且使氨基酸发生脱氨，生成氨和相应的酮酸；使氨基酸脱去羧基，生成相应的胺类等更低级的产物。在蛋白质、氨基酸的分解代谢产物中，酰胺、尸胺、腐胺、组胺和吲哚等对人体有毒，而吲哚、甲基吲哚、甲胺、硫化氢等则具恶臭，是肉类腐败臭味之所在。

微生物对脂肪的作用则表现在两类酶促反应：一类是由其自身所分泌的脂肪酶分解脂肪，产生游离的脂肪酸和甘油；另一类则是由氧化酶通过 β- 氧化作用,氧化脂肪酸。这些反应的某些产物常被认为是酸败气味和滋味的来源。但是，肉和肉制品中严重的酸败问题不是由微生物所引起，而是空气中的 O_2 在光线、温度以及金属离子作用下氧化的结果。

糖类是许多微生物优先利用作为其生长的能源。好气性微生物在肉表面生长，通常把糖完全氧化生成 CO_2 和水。如果 O_2 的供应受阻或其他原因氧化不完全时，则有一定程度的有机酸积累，肉的酸味即可由此而来。

肉发生腐败的外观特征主要表现为色泽由鲜红、暗红变成暗褐甚至黑绿，失去光泽而显得污浊，表面发黏，气味发生恶化。其中肉的表面发粘是微生物作用发生腐败的主要标志，也是评定肉质变化的重要依据。

3.1.2 冷却肉、热鲜肉与冷冻肉

冷却肉，又称冷鲜肉、排酸肉、冰鲜肉，是指严格执行兽医检疫制度，对屠宰后的胴体迅速进行冷却处理，使胴体温度（以后腿肉中心为测量点）在 24h 内降为 0~4℃，并在后续加工、流通和销售过程中始终保持 0~4℃范围内的生鲜肉。因为在加工前经过了预冷排酸，使肉完成“成熟”的过程，该过程也称“冷却排酸”。所以冷鲜肉看起来比较湿润，摸起来柔软有弹性，加工起来易入味，口感滑腻鲜嫩，冷鲜肉在 −2~5℃温度下可保存 7d 左右。冷却肉与热鲜肉和冷冻肉相比具有卫生条件好、风味佳、感官特性好和营养价值高的优点尽管冷却肉与热鲜肉、冷冻肉相比较，具有许多不可超越的优点。

热鲜肉，畜禽屠宰后，屠体的肌肉内部在组织酶和外界微生物的作用下，发生一系列生化变化，动物刚屠宰后，肉温还没有散失，柔软具有较小的弹性，这种处于生鲜状态、尚未失去生前体温的肉称作热鲜肉。热鲜肉通常为凌晨宰杀，清早上市，不经过任何降温处理。虽然在屠宰加工后已经卫生检验合格，但在从加工到零售的过程中，热鲜肉不免要受到空气、昆虫、运输车和包装等多方面污染，而且在这些过程中肉的温度较高，细菌容易大量增殖，无法保证肉的食用安全性。如农贸市场上销售的肉就是热鲜肉。

冷冻肉，是宰后的肉先放入 −28℃以下的冷库中冻结，使其中心温度低于 −15℃然后在 −18℃环境下保藏，并以冻结状态销售的肉。从细菌学的角度来说，当肉被冷冻至 −18℃后，绝大多数微生物的生长繁殖受到抑制，比较安全卫生。但是，肉内水分在冻结过程中，体积会增长 9% 左右，大量冰晶的形成，会造成细胞的破裂，组织结构遭到一定程度的破坏，解冻时组织细胞中汁液析出，导致营养成分的流失，并且风味也会明显下降。超市内放在冷冻柜内销售的肉就是冷冻肉。

3.1.3 肉品冷链物流

根据 WB/T 1059—2016《肉与肉制品冷链物流作业规范》规定，肉品冷链物流是指肉与肉制品在温度控制的物流网从供应地向接收地实体流动过程。根据实际需要，将运输、仓储、配送、交接等基本功能实施有机结合（图 3−1）。

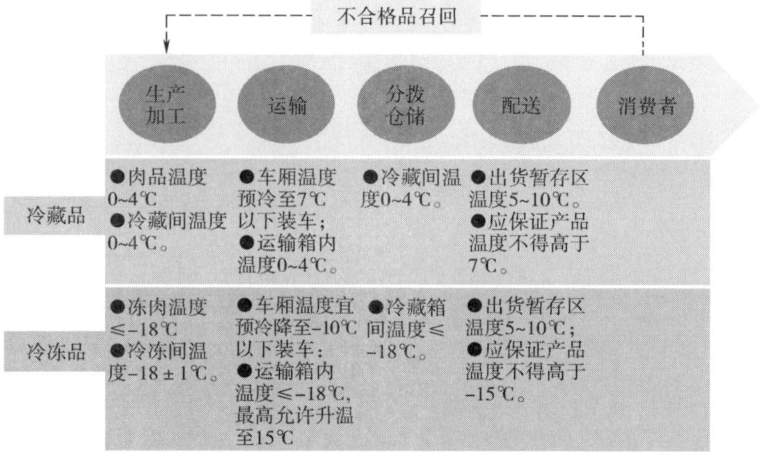

图 3-1　肉品冷链物流流程

3.1.4　肉品冷却的目的

肉类冷却的目的，在于迅速排除肉体内部的热量，降低肉体深层的温度，并在肉的表面形成一层干燥膜，干燥膜可以延缓微生物的生长繁殖，延长肉的保藏期，并且能够减缓肉体内部水分的蒸发。冷却过程中，在肉中内源酶的作用下，完成肉的僵直、解僵、成熟，即肉的排酸过程，使肉变得柔软、多汁、富有肉香味和弹性。此外，冷却也是冻结的准备阶段，对于整胴体或半胴体的冻结，由于肉层厚度较厚，若用一次冻结（即不经过冷却，直接冻结），常是表面迅速冻结，而内层的热量不易散发，从而使肉的深层产生“变黑”等不良现象，影响成品品质。同时一次冻结，因温度差过大，肉体表面水分的蒸发压力相应增大，引起水分的大量蒸发，从而影响肉体的质量和质量变化，除小块肉及副产品之外，一般均先冷却，然后再冻结。当然在国内一些肉类加工企业中，也有采用不经过冷却进行一次冻结的方法。

3.1.5　肉品冷冻的目的

肉的冻结温度通常为 -20~-18℃，在这样的低温下大部分水分结冰，有效地抑制了微生物的生长发育和肉中各种化学反应，使肉更耐贮藏，其贮藏期为冷却肉的 5~50 倍。冷却肉由于贮藏温度在肉的冰点以上，微生物和酶的活动只受到部分抑制，冷藏期短。当肉在 0℃以下冷藏时，随着冻藏温度的降低，温度降到 -10℃以下时，冻肉则相当于中等水分食品。大多数细菌在此水分活度（A_w）下不能生长繁殖。当温度下降到 -30℃时，肉的 A_w 在 0.75 以下，霉菌和酵母的活动出受到抑制。所以冻藏能有效地延长贮藏期，防止肉品品质下降，在肉类加工中得以广泛应用。

3.1.6 物流过程中肉的品质劣变

肉在物流过程中虽处于低温条件下，但仍会发生一系列变化，影响其品质。冷藏条件下的肉，由于水分没有结冰，微生物和酶的活动还在进行，所以易发生干耗，表面发黏、发霉、变色等，甚至产生不愉快的气味。各种肉经冻结和冻藏后，都会发生一些物理和化学变化，肉的品质受到影响。冻结肉的功能特性不如鲜肉，长期冻藏可使肉的功能特性显著降低。

3.1.6.1 酶的作用

屠宰后的猪肉由于肌肉中酶和微生物的作用，有一个僵硬、成熟、自溶、腐败的变化过程，而成熟阶段的肉是食用最佳阶段。屠宰后的猪肉等成熟过程在不同的温度条件下，大约在 24~48h。超过这个时间，即进入自溶阶段，这是肉类变质的开始。

3.1.6.2 微生物的繁殖

健康动物的血液和肌肉通常是无菌的，肉类的腐败实际上是由外界污染的微生物在其表面繁殖所致。表面微生物沿血管进入肉的内层，并进而深入到肌肉组织。在适宜条件下，浸入肉中的微生物大量繁殖，以各种各样的方式对肉作用，产生许多对人体有害、甚至使人中毒的代谢产物。当微生物繁殖到某一程度时，就分泌出蛋白酶，分解蛋白质，产生的低分子成分，又促使各种微生物大量繁殖，于是肉就腐败。肉的腐败除使蛋白质和脂肪等发生一系列变化外，肉的外观也发生明显的改变。色泽由鲜红、暗红变成暗褐甚至墨绿，失去光泽而显得污浊，表面发黏，并会产生腐败臭气，甚至长霉，腐败的肉完全失去了加工和食用的价值。

冷却肉中常发现的腐败性嗜冷菌中有：假单胞菌属、莫拉菌属、不动杆菌属、气单胞菌属、肠肝菌属、葡萄球菌属、乳杆菌属、热死环丝菌等。冷却肉中常发现的致病菌有：小肠结肠炎耶尔森菌、肉毒梭菌芽孢杆菌、产气荚膜梭状芽孢杆菌、沙门菌、金黄色葡萄球菌、弯曲杆菌属等。

3.1.6.3 氧化作用

冷却肉在加工、流通和贮藏过程中，不可避免地受到温度、光、射线、O_2、水分和催化剂等外界环境的影响。这些因素会使肉本身的脂肪发生氧化，形成醛、醇、酮等化合物。肉氧化后表面呈现苍白、暗淡无光泽，失去了原有肉品应具有的色调，脂肪苍白或局部呈淡黄色。肌肉无光泽，在其断面的表层或原切检的刀口部位呈黄褐色或砖红色。肌肉松弛，弹性失常，指压后的凹陷不能完全恢复。肉品的氧化会降低肉的嫩度和风味，减少多汁性，质地变差，产生哈喇味味，甚至有可能产生致癌性的成分。氧化的发生与肉的结构、油脂成分、光线、微量元素、周围温度、O_2 等都有关系。

脂肪氧化大致可分为两大类型：酶促氧化和自然氧化。酶促氧化是脂肪水解产生的游离饱和脂肪酸在酶的催化下氧化成有异味的酮酸和甲基酮的过程。这些酶既有肉品组织自身的，也有肉中微生物产生的。脂肪的自然氧化，是其中的不饱和脂肪酸在空气中被 O_2 作用而发生的一系列反应。氧化产物进一步分解生成低级脂肪酸和酮，并伴有恶劣的臭味。脂肪的自然氧化是大多数肉类变质的主要原因。

3.1.6.4　干耗

肉在冻结、冻藏和解冻期间都会发生脱水现象。对于未包装的肉，在冻结过程中，肉中水分大约减少 0.5%~2%，快速冻结可减少水分蒸发，在冻藏期间质量也会减少。冻藏期间空气流速小，温度尽量保持不变，有利于减少水分蒸发。

3.1.6.5　冻结烧

在冻藏期间由于肉表层冰晶的升华，形成较多的微细孔洞，增加了脂肪与空气中 O_2 的接触机会，最终导致冻肉产生酸败味，肉表面发生黄褐色变化，表层组织结构粗糙，这就是所谓的冻结烧。冻结烧与肉的种类和冻藏温度高低有密切关系。禽肉脂肪稳定性差，易发生冻结烧。猪肉脂肪在 -8℃下贮藏 6 个月，表面有明显的酸败味，且呈黄色，而在 -18℃下贮藏 12 个月也无冻结烧发生。采用聚乙烯塑料薄膜密封包装隔绝 O_2，可有效地防止冻结烧。

3.1.6.6　重结晶

冻藏期间冻肉中冰晶的大小和形状会发生变化。特别是冷冻库内的温度高于 -18℃，且温度波动情况下，微细的冰晶不断减少或消失，形成较大冰晶。实际上，冰晶的生长是不可避免的。经过几个月的冻藏，由于冰晶生长的原因，肌纤维受到机械损伤，组织结构受到破坏，解冻时引起大量肉汁流失，肉的品质下降。

3.1.6.7　冷收缩

主要是在牛、羊肉上发生，它是宰杀后在短时间进行快速冷却时肌肉产生强烈收缩的结果。这种肉在成熟时不能充分软化。研究表明，冷收缩多发生在宰杀后 10h，肉温降到 8℃以下时出现。

3.1.7 肉类品质劣变常用的控制技术

3.1.7.1 低温保鲜

冷藏和冷冻是目前最常见的肉类保鲜技术。低温贮藏可以减慢微生物物质代谢中的各种生化反应，从而抑制微生物的生长繁殖，延缓肉内各化学成分之间的反应速度，降低酶活力。例如，当温度降到 -18℃时，除少数嗜冷菌外，大多数细菌都已停止发育。单纯的冷藏技术只能短时间保持肉的新鲜度，而冷冻造成肉的组织结构损伤、汁液流失。冰温保鲜技术保留了传统的冷藏和冻藏优点，又有效地维护了食品的新鲜度和风味等。

3.1.7.2 包装技术

目前我国传统生鲜肉在贮藏、运输、销售等环节中以暴露在空气中为主，尽管 0~4℃低温一定程度上抑制微生物的生长，但易使冷却肉受到二次污染，其安全和品质得不到有利控制，再加之我国肉类冷链物流尚处于起步阶段，包装技术落后，致使冷却肉颜色稳定性差，汁液流失严重，严重缩短了冷却肉的货架期。

一般而言，包装后的冷却肉可以有效地避免二次污染，也能不同程度地抑制微生物的繁殖，从而保持肉品良好的色泽，减少脂肪氧化和减缓因干燥引起的肉品干耗现象。冷却肉的包装主要有托盘包装、真空包装和气调包装。

（1）托盘包装　托盘包装是超市最为常见的冷却肉包装形式，是将分割好的肉放在聚苯乙烯塑料托盘中，然后采用具有自黏性的聚乙烯塑料拉伸薄膜进行拉伸包装将其包裹，并放置在 0~4℃的冷柜中销售。托盘包装简单、实用且成本较低，但由于此包装不阻隔空气，冷却肉的保质期并不长，结合低温条件，一般能够贮藏 7d 左右。

（2）真空包装　真空包装采用阻隔性能较好的包装材料，除去包装袋内的空气，经过密封使包装袋内的食品与外界隔绝。在整个贮存过程中，由于 O_2 残留逐渐耗尽和 CO_2 的积累，抑制了好气性微生物的生长，乳酸菌不断增殖成为主要优势菌。同时，乳酸菌的代谢产物乳酸、H_2O_2 及其他抑菌产物又可进一步抑制其他菌的生长，从而延长了产品的贮存期。真空包装保质期长，运输方便，包装费用适中。但因真空包装时，鲜肉缺氧，肉色呈无害的淡紫色，会使消费者误认为该肉品不新鲜，影响商品销售。但是如果拆除包装后，冷却肉遇 O_2 又迅速恢复成鲜红的颜色，因此真空包装一般用于贮存时间较长而又要求高品质的酒店及一些大卖场等。

（3）气调包装　在鲜肉保存过程中，气调包装的使用可以抑制微生物生长和酶促腐败，减少受压及液体渗出，保持色泽，延长货架期，提升食品价值。

气调包装作为鲜肉的一种理想且有效的包装方式，在国外已经得到了普遍应用，然而在我国还处在研究及小范围运用的阶段。气调包装常用的气体有 O_2、CO_2 和 N_2。O_2 的作用是维持氧合肌红蛋白，使肉色鲜艳，并能抑制厌氧细菌的生长，但也为许多有害菌创造了良好的环境；CO_2 抑制细菌和真菌的生长，尤其是细菌繁殖的早期，也能抑制酶的活力，霉菌、极毛杆菌和无色杆菌等需氧菌对 CO_2 高度敏感而被抑制，CO_2 对酵母菌的抑制作用不大，对乳酸菌等厌氧菌无抑制作用，对乳酸菌等厌氧菌无抑制作用，研究表明用 100% CO_2 的气调包装的羔羊肉，有明显的延长贮藏期的效果，对假单胞菌有明显的抑制作用，而乳酸菌成为优势菌；N_2 是一种惰性填充气体，不影响肉的色泽，能防止氧化酸败、霉菌的生长和寄生虫害，防止由于 CO_2 大量溶于肉中而导致的包装坍塌。

3.1.7.3　保鲜剂处理

肉类常用的保鲜剂包括化学保鲜剂和生物保鲜剂，其中生物保鲜剂根据来源又分为植物源生物保鲜剂、动物源生物保鲜剂和微生物源生物保鲜剂。

（1）化学保鲜剂　化学保鲜剂是一类能通过喷施、浸渍或涂抹的方式将化学药剂应用到原料的表面，从而杀死或抑制环境中、原料表面或内部的微生物，同时对环境中的气体成分进行调节，从而达到保鲜的效果的化学品。冷却肉上批准应用的化学保鲜剂主要有有机酸及其盐类、臭氧和 ClO_2。

（2）生物保鲜剂　生物保鲜剂是从植物、动物或微生物体内提取而来的活性物质，在人体内可以分解成各种营养物质，对人体健康几乎无影响，安全性好，是目前国内外食品保鲜广泛采用的方式。植物源生物保鲜剂主要包括茶多酚、丁香、大蒜素等。动物源生物保鲜剂主要有昆虫抗菌肽、壳聚糖、鱼精蛋白等。微生物源生物保鲜剂主要有溶菌酶、乳酸链球菌素、聚赖氨酸、纳他霉素、曲酸等。

3.1.7.4　抗氧化剂处理

按照抗氧化剂的来源可分为人工合成抗氧化剂和天然抗氧化剂。虽然人工合成抗氧剂有很多优点，但是若使用不当，会给摄入者的健康带来危害；已经有研究发现，使用过量的 2，6– 二叔丁基 –4– 甲基苯酚（BHT）和丁基羟基茴香醚（BHA），会增大动物的肝脏，甚至有致癌的可能性。而天然抗氧剂安全性高、无毒副作用，抗氧化能力强，还具有防腐保鲜的特点，因此越来越受到人们的青睐；国外的肉类产业正在使用天然抗氧化剂来延长产品的货架期；2010 年，欧盟允许天然抗氧化剂可作为新的食品添加剂添加到原料中。天然抗氧化剂的种类繁多，按照结构类型可分为：单宁、黄酮、维生素、含氮化合物、醌、植酸等。

3.1.7.5 辐照技术

辐照技术是利用原子能射线的照射能进行杀菌的一种发展很快的新技术，它能使细胞分子产生诱导辐射，干扰微生物遗传物质的代谢，破坏细胞内膜，引起酶系统的紊乱和功能的破坏，造成细胞的修复机制受到损伤，另一方面，在辐射能的作用下，可以促使水分子离子化，使细胞的生物活性物质钝化，损伤细胞。大量现存的试验证明，小剂量照射处理，可以将大部分寄生在其中的细菌及各种害虫杀死。然而这与照射剂量呈正相关，剂量过大能加速食品的衰老变色，剂量过小又起不到灭菌保鲜的效果，但因剂量难以控制，故目前要想广泛的推广应用还存在很大的困难。

3.1.8 冻结速度与肉品质量的关系

3.1.8.1 冻结速度与冰结晶的关系

冻结对肉品质量的影响主要与冰结晶有关。动物组织的水分存在于细胞内或细胞间隙，以游离态或结合态存在。在冻结过程中，当温度降低到食品的冻结点时，那些和亲水胶体结合较弱或存在于低浓度部分中的水分，主要是处于细胞间隙内的水分，就会首先形成冰晶体。这样冰晶体附近的溶液浓度增加，与细胞内汁液形成的渗透压力差；同时由于水结成冰，体积膨胀，对细胞会产生挤压作用；再者由于细胞内汁液的蒸气压大于冰晶体的蒸气压，使得细胞内的水分子不断地向细胞外转移，并聚集在细胞间隙内的冰晶体周围。这样存在于细胞间隙内的冰晶体就不断增大。

如果缓慢冻结，冰晶首先在细胞外的间隙中产生，而此时细胞内的水分仍以液相形式存在。由于同温度下水的蒸气压大于冰的蒸气压，在蒸气压差的作用下，细胞内的水分透过细胞膜向细胞外的冰结晶移动，使大部分水冻结于细胞间隙内，形成大冰晶，并且数量少，分布不均匀。由于肉品冻结过程中因细胞汁液浓缩，引起蛋白质冻结变性，保水能力降低，使细胞膜的透水性增加。缓慢冻结过程中，因晶核形成量少，冰晶生长速度快，所以生成大冰晶。水变成冰体积要增大 9% 左右，大冰晶对细胞膜产生的张力更大，使细胞破裂，组织结构受到损伤，解冻时大量汁液流出，致使肉品品质明显下降。

如果快速冻结，细胞内、外几乎同时达到形成冰晶的温度条件，组织内冰层推进的速度也大于水分移动的速度，肉中冰晶的分布接近冻前肉中液态水分布的状态，形成的冰结晶数量多，体积小，细胞内与细胞间都有冰晶形成。

这样的冰结晶对细胞的机械损伤轻，解冻时汁液流失少，可以较好地保持肉的品质和营养成分。因此，肉品一定要快速冻结。冻结速度与冰结晶形状之间的关系见表3-1。

表3-1　肉的冻结速度与冰结晶形状之间的关系

冻结速度通过0~-5℃的时间	冰结晶				冰层推进速度 I/（cm/h）冰移动速度 w/（cm/h）
	位置	形状	大小/直径 × 长度	数量	
数秒	细胞内	针状	（1~5）μm×（5~10）μm	无数	$I >> w$
1.5min	细胞内	杆状	（0~20）μm×（20~500）μm	多数	$I > w$
40min	细胞内	柱状	（50~100）μm×100μm以上	少数	$I < w$
90min	细胞内细胞外	块粒状	（50~200）μm×200μm以上	少数	$I << w$

3.1.8.2　冻结速度与蛋白质变性

肌肉蛋白质尤其是肌球蛋白在-3~-2℃温度范围内变性速度最快。快速冻结时，肉在此温度范围内停留时间很短，肌球蛋白的变性程度很轻。

3.1.8.3　冻结速度与膨胀压

水在4℃时的质量体积最小，如果把4℃时的单位质量的水的体积定义为1，当高于或低于4℃时单位质量的水的体积都要增大。当0℃的水变成同温度的冰时，其体积会增大到4℃时水的1.09倍，增大9%。结冰后随着温度的下降，冰的体积虽然也有所收缩，但是微乎其微，只有几万分之一。即使温度降低至-185℃时，也远比4℃时水的体积要大得多办，所以含水分多的食品冻结时体积会膨胀。如牛肉的含水量为70%，水分冻结率为95%，则牛肉的冻结膨胀率为：0.7×0.95×0.09=0.06或6%

肉冻结时表面水分首先冻结成冰，然后冰层逐渐向内部延伸。当内部的水分冻结膨胀时会受到外部冻结层的阻碍，于是产生内压，即冻结膨胀压。膨胀压会引起肉细胞结构的损伤。肉的尺寸越大，冻结速度越快，肉内外层温差越大，肉品内部的膨胀压就越大。液氮冻结肉时，肉品发生龟裂就是由膨胀压引起的。因此，冻结速度过快也有不利的一面。

3.1.8.4　冻结速度与微生物和酶

冻结速度快，可以很快抑制肉中的微生物和酶的作用，有利于保存肉的质量。所以，人们总是希望肉的冻结速度尽可能地快，并千方百计地改进冻结装置，以期加快冻结速度。

3.1.9 基于HACCP的冷却肉加工与冷链物流品质安全控制

冷却肉品质劣变及安全隐患的产生主要由加工和物流过程微生物繁殖引起，而温度偏高和波动是造成微生物繁殖的重要原因，目前在我国冷却肉加工和物流过程的温度监控常被忽略。因此需要将HACCP引入冷却肉加工与物流过程（表3-2），从冷却猪肉冷链加工与物流实际情况出发，测试生猪屠宰、冷却、分割、包装、配送到销售等各环节的微生物污染和温度分布，建立基于微生物危害的冷链加工与物流过程关键控制点及其控制措施，完善减菌措施和实时动态监控关键控制点，从而提高冷却肉品质，消除安全隐患具有重要意义。

表3-2　冷却肉冷链加工与物流HACCP计划表

CCP工序	显著潜在危害	关键限值	监控措施	纠偏措施
冲洗	水的卫生状况，冲洗不彻底胴体带菌，冲洗污水回溅	水的菌落总数 ≤ 100CFU/mL，每100mL水中大肠菌群（MPN/100mL）不得检出；胴体表面应 ≤ 1×10^4CFU/cm^2，有机酸冲洗则应 ≤ 1×10^3CFU/cm^2	操作人员目测水的清洁度，温度计测水温，水压	定期检测水的微生物含量；控制水温、水压（0.3~0.6MPa）；可采用浓度为1.5%~2.0%乳酸溶液喷淋减菌
快速预冷	胴体体热及非低温环境加快微生物生长	胴体修整称重后，快速进入-15℃以下预冷间，保持1.5~2h，胴体表面温度降至-2℃左右，后腿中心温度在16~25℃；屠宰到入库＜1h	卫检人员记录每批胴体入库和出库时间，记录测量冷库温度和后腿中心温度	控制预冷温度和时间，确保胴体温度在合格范围，过度预冷将视为冷冻肉
冷却排酸	胴体体热及非低温环境加快微生物生长，胴体间隙小造成交叉污染	预冷后快速进入冷却排酸间，保持库内温度-1~4℃，20~22h，后腿中心温度 ≤ 4℃	卫检人员检查每批胴体入库出库时间，测试冷库和后腿中心温度	如胴体中心温度未能到达，则延长冷却时间，确保后腿中心温度在4℃以下才能出库分割；调整胴体间隔为3~5cm；检查制冷设备和制冷效果，定期除霜
分割剔骨	分割人员手、操作台及刀具造成交叉污染，操作间温度高加快微生物生长	传输带、案板、刀具和肉表面无可视污物和残渣，分割间环境温度应 ≤ 12℃，后腿中心温度 ≤ 4℃，肉表面菌落总数＜5×10^4CFU/cm^2，每头分割时间＜30min	分割工人目测肉块表面污物，管理人员监督员工定时洗手消毒和清洁案板刀具，记录室内和肉的温度	增加员工洗手和消毒次数，分割期间定时清洁所用器具，采用有效的抑菌剂；修去胴体淤血及不必要的杂物

续表

CCP 工序	显著潜在危害	关键限值	监控措施	纠偏措施
包装	包装材料污染，室温高加快微生物生长	包装间环境温度应≤ 10℃，包装时间＜ 30min；肉表面菌落总数＜ 5×104CFU/cm^2，肉温≤ 4℃	包装材料使用前进行紫外杀菌，员工注意操作卫生	包装材料应符合 GB4806.7—2016《食品安全国家标准 食品接触用塑料材料及制品》规定，监督员工定时吸收消毒和清洁包装台面；记录和监控室内温度，每批分割肉包装前进行微生物检验
冷藏	微生物生长繁殖	贮存库温度应在 -1~4℃，相对湿度 85%~90%；贮藏时间应≤ 24h；产品温度应保持在 0~4℃	记录温度，调试和检测制冷设备	采用有效的制冷设备严格控制温度，定期除霜；库内保持清洁、通风，定期消毒
冷链运输	微生物生长繁殖，交叉污染	装运前产品温度应在 0~4℃，装货前车厢温度预冷至 10℃甚至更低；运输过程车厢温度应在 0~4℃，温度波动不能超过 7℃；保温短途运输＜ 4h，制冷长途运输＜ 24h	记录车厢温度，调试和检测车厢制冷设备，记录出货和到货时间	运输过程应符合 GB/T 20799—2016《食品安全国家标准 肉和肉制品经营卫生规范》要求，使用制冷效果良好、车厢内具有实时温控设备的冷藏车，或采用保温箱蓄冷剂维持所需低温
冷链销售	微生物生长繁殖，交叉污染	从入库到食用保质期一共 5d，货架温度控制在 0~4℃，销售时间应≤ 48h	记录出入货架的时间，目测肉色和污物、嗅闻异味等感官评价	严格控制货架温度在 0~4℃，减少温度波动，定期除霜；肉块摊平，减少堆叠；超过保质期不得销售；临近到期的降价销售；改善货架卫生

3.2 畜禽肉类冷链物流实用技术

3.2.1 肉的冷却

冷却即冷却排酸，指畜禽经屠宰、修整、检验和分级后，立即送入冷库。在一定的温度（0~4℃）、湿度（70%~80%）和风速下放置 24~72h。冷却后胴体表面温度降至 -2℃左右，中心温度约 4℃，屠宰到入库＜ 1h。放置 24h，进行排酸处理，pH 由偏碱性变为中性或微酸性，肉体内的蛋白质降解为氨基酸，使之达到肉质鲜美，水分适宜，品质上佳的要求。在冷却温度控制下，酶活性和大多数微生物生长受到抑制，肉毒杆菌和金黄色葡萄球菌等病原不分泌毒素，避免了肉质腐败，确保了冷却肉的安全卫生。肉体在冷库冷却间平行轨道上按“品”字形排列，保持间距 3~5cm，以保证空气的均匀流通。

不同等级种类的肉类应分开冷藏，以使全库胴体能在相近时间内冷却完毕。产品冷却过程汇总，尽量缩短进入冷却间的停留时间，整个冷却过程不要超过 24h。

3.2.1.1　冷却的条件

（1）空气温度　肉类在冷却过程中，虽然其冰点为 -1℃左右，但它却能将至 -10~-6℃，使肉体短时间内处于冰点及过冷温度之间的条件下，不致发生冻结。因此冷却间在未进料前，应先降至 -4℃左右，进料结束后，可以使库温维持在 0℃左右，而不会过高，随后的整个冷却过程中，维持在 -1~0℃。如温度过低有引起冻结的可能，温度高则会延缓冷却速度。

（2）空气相对湿度　水分是助长微生物活动的因素之一，因此空气湿度越大，微生物活动能力越强，尤其是霉菌。过高的湿度无法使肉体表面形成一层良好的干燥膜。湿度太低，重量损耗太多，所以选择空气相对湿度时应从多方面综合考虑。

在整个冷却过程中，初始阶段冷却介质与冷却物体间的温差越大，则冷却速度越快，表面水分的蒸发量在开始的 1/4 时间内，约占总干缩量的 1/2。因此，空气相对湿度也可分两个阶段：在前一阶段（最初 1/4 冷却时间），以维持在 95% 以上为宜，即相对湿度越高越好，以尽量减少水分蒸发，由于时间较短（约 6~8h），微生物不至于大量繁殖；在后一阶段（约占 3/4 冷却时间），则维持在 90%~95%，在临近结束时则在 90% 左右。这样既能使胴体表面尽快地结成干燥膜，而又不会过分干缩。

（3）空气流动速度　由于空气的热容量很小，不及水的 1/4，因此对热量的接受能力很弱。同时因其导热系数小，故在空气中冷却速度缓慢。所以在其他参数不变的情况下，只有增加空气流速来达到冷却速度的目的。静止空气放热系数为 12.54~33.44kJ/（m^2·h·℃）。空气流速为 2m/s，则放热系数可增加到 52.25。但过强的空气流速，会大大增加肉表面干缩和耗电量，冷却速度却增加不大。因此在冷却过程中以不超过 2m/s 为合适，一般采用 0.5m/s 左右，或每小时 10~15 个冷库容积。

3.2.1.2　冷却的方法

冷却方法有空气冷却、水冷却、冰冷却和真空冷却等。我国主要采用空气冷却法。

进肉之前，冷却间温度降至 -4℃左右。进行冷却时，把经过冷晾的胴体沿吊轨推入冷却间，胴体间距保持 3~5cm，以利于空气循环和较快散热，当胴体最厚部位中心温度达到 0~4℃时，冷却过程即可完成。一般冷却条件下，牛半片胴体的冷却时间为 48h，猪半片胴体为 24h 左右，羊半片胴体约为 18h。

国外流行两段法对肉类进行快速冷却，前后两阶段分别采用不同的温度和风速。

第一阶段，温度为 –15~–10℃，空气流速为 1.5~3m/s，冷却 1~4h，这一阶段肉体的平均焓值大约为 40kJ/kg，使肉体表面形成一层冰壳，既减少了干耗，又加快了冷却过程（冰的热导率是水的 4 倍）。

第二阶段，库温为 –1℃左右，空气流速为 0.5~1.5m/s，冷却 10~15h，使表面温度逐渐升高而内部温度逐渐降低，使肉体温度平衡，直到热中心温度达到 4℃止。采用该方法冷却的肉，色、香、味、嫩度俱佳，既缩短了冷却时间又可减少 40%~50% 的干耗。

3.2.2 肉的冷冻

将肉的温度降低到 –18℃以下，肉中的绝大部分水分（80% 以上）形成冰结晶。该过程称为肉的冷冻，又称为冻结。肉类在 –18℃下可以贮藏 4~6 个月，在 –23℃下可贮藏 8~12 个月。

3.2.2.1 静止空气冷冻法

空气是传导的媒介，家庭冰箱的冷冻室均以静止空气冻结的方法进行冷冻，肉冻结很慢。静止空气冻结的温度范围为 –30~–10℃。

3.2.2.2 板式冷冻法

板式冷冻法热传导的媒介是空气和金属板。肉品装盘或直接与冷冻室中的金属板架接触。板式冷冻室温度通常为 –30~–10℃，一般适用于薄片的肉品，如肉排、肉片，以及肉饼等的冷冻。冻结速率比静止空气法稍快。

3.2.2.3 冷风式速冻法

冷风式速冻是工业生产中最普遍使用的方法，是在冷冻室或隧道装有风扇以供应快速流动的冷空气急速冷冻，热转移的媒介是空气。此法热的转移速率比静止空气要增加很多，且冻结速度也显著。但空气流速增加了冷冻成本以及未包装肉品的冻伤。冷风式速冻条件一般为空气流速在 760m/min，温度 –30℃。

3.2.2.4 流体浸渍和喷雾冻结法

流体浸渍和喷雾是商业上用来冷冻禽肉最普遍的方法，一些其他肉类和鱼类也利用此法冷冻。此法热量转移迅速，稍慢于风冷或速冻，供冷冻用的流体必须无毒性，成本低，且具有低黏性，低冻结点以及高热传导性特点。

一般常用液态氮、食盐溶液、甘油、甘油醇和丙烯醇等。

3.2.3 包装

冷藏肉与肉制品的运输包装与标志应符合 GB/T 24616—2009《冷藏食品物流包装、标志、运输和保存》中相关规定。冷冻肉与肉制品的运输包装与标志应符合 GB/T 24617—2009《冷冻食品物流包装、标志、运输和储存》中相关规定。进入食品零售市场销售的肉与肉制品宜进行预包装，包装标识应符合 GB 7718—2011《食品安全国家标准　预包装食品标签通则》的要求。存放肉与肉制品外包装应有明显标识，以识别货物批次等。散装、预包装肉品应使用符合 GB/T 5737—1995《食品塑料周转箱》要求的塑料周转箱，箱底不得直接接触产品，底层应加垫板。

欧美大多以 80% O_2+20% CO_2 方式零售包装，其货架期为 4~6d。英国在 1970 年即有两种专利，气体混合比例为 70%~90% O_2 与 10%~30% CO_2 或 50%~70% O_2 与 30%~50% CO_2，而一般多用 80% O_2 与 20% CO_2，具有 8~14d 的鲜红色效果。陈东杰等研究了不同包装下冷却肉品质的变化，发现气调包装（65% CO_2 + 35% O_2）可以抑制细菌的生长和脂肪氧化，延长货架期。

3.2.4 仓储

冷藏的肉与肉制品入库时温度 0~4℃，冷藏间温度 0~4℃；冷冻肉品温度 −18℃以下，冷冻间温度（−18 ± 1）℃。

3.2.4.1 冷藏

经过冷却的肉类，一般放在 −1~1℃的冷藏间（或排酸库），一方面可以完成肉的成熟（或排酸），另一方面达到短期贮藏的目的。冷藏期间温度要保持相对稳定，以不超出上述范围为宜。进肉或出肉时温度不得超过 3℃，相对湿度保持在 90% 左右，空气流速保持自然循环。冷却肉的贮藏期见表 3–3。

表 3–3　肉的贮藏条件和贮藏期

品名	温度 /℃	相对湿度 /%	贮藏期 /d
牛肉	−1.5~0	90	28~35
小牛肉	−1~0	90	7~21
羊肉	−1~0	85~90	7~14
猪肉	−1.5~0	85~90	7~14
全净膛鸡	0	85~90	7~11

3.2.4.2 冻藏

将冷冻后的肉贮藏于一定的温度、湿度的低温库中，在尽量保持肉品品质的前提下贮藏一定的时间，就是冻藏。冻藏条件的好坏直接关系到冷藏肉的品质和贮藏期长短。

（1）温度 从理论上讲，冻藏温度越低，肉品质量保持得就越好，保存期限也就越长，但成本也随之增大。对肉而言，-18℃是比较经济合理的冻藏温度。近年来，水产品的冻藏温度有下降的趋势，原因是，水产品的组织纤维细嫩，蛋白质易变性，脂肪中不饱和脂肪酸含量高，易发生氧化。冷库中温度的稳定也很重要，温度的波动应控制在 ±2℃范围内，否则会促进小冰晶消失和大冰晶长大，加剧冰晶对肉的机械损伤作用。

（2）湿度 在 -18℃的低温下，湿度对微生物的生长繁殖影响很微小，从减少肉品干耗考虑，空气湿度越大越好，一般控制在 95%~98%。

（3）空气流速 在空气自然对流情况下，流速为 0.05~0.15m/s，空气流动性差，温、湿度分布不均匀，但肉的干耗小。多用于无包装的肉食品。在强制对流的冷藏库中，空气流速一般控制在 0.2~0.3m/s，最大不能超过 0.5m/s，其特点是温、湿度分布均匀，肉品干耗大。对于冷藏酮体而言，一般没有包装，冷藏库多用空气自然对流方法，如要用冷风机强制对流，要避免冷风机吹出的空气正对胴体。

3.2.4.3 仓储管理

肉品到货时，应对其运输方式及运输过程的温度记录、运输时间等质量控制状况进行重点检查和记录，到货冷冻肉温度高于 -15℃或高于双方约定的最高接受温度时，冷藏肉品高于 7℃或高于双方约定的最高接受温度时，收货方应及时通知货主，双方按合同约定协商处理。经检验合格的肉与肉制品才能入库贮藏，并依据进货信息和随货清单做好记录。冷藏、冷冻肉品贮藏作业应分别符合 GB/T 24616—2009《冷藏食品物流包装、标志、运输和贮藏》、GB/T 24617—2009《冷冻食品物流包装、标志、运输和贮藏》的规定，理应符合 WB/T 1059—2016《肉与肉制品冷链物流作业规范》的规定。肉品堆码应按照分区、分类、按生产批次和温度等进行管理。垫板应与地面距离 ≥ 10cm，应与库墙距离 ≤ 30cm，距离排管 ≤ 30cm，距离风道 ≤ 30cm，距离库体顶板 ≤ 20cm，堆放高度以纸箱受压不变形为宜。散装货物堆放高度不宜高于冷风机下端部位。冷库温度波动幅度不应超过 ±1℃；在肉与肉制品出入库时，库房温度升高不应超过 3℃。冷库温度记录间隔时间不应超过 2h/ 次，温度偏离设定范围时，应采取纠正行动。

3.2.5 运输配送

应根据肉与肉制品的类型、特性、运输季节、运输距离的要求选择不同的运输工具和配送线路。装车前，保持车辆清洁卫生，运输车辆每次使用前应进行消毒，消毒液应符合相关规定；装载时冷冻肉与肉制品温度应达到 -15℃或达到双方约定的收货温度，同时装车前，车厢温度宜预冷至 -10℃；冷藏肉与肉制品的车厢温度应预冷至 7℃以下时方可装运。

装车过程宜使用物流工具，确保在较短时间内装车完毕。散装生、熟肉品，易串味肉品等不能混装于同一托盘、同一车辆，含有独立包装的预包装肉与肉制品可采用物理隔离等方法装载于同一车辆内。装车完成后，根据肉品运输要求，设置车厢的制冷温度，确认制冷机组正常运转后，依指定路线配送。运输过程制冷系统应保持正常运转状态，全程温度应控制在指定的温度范围内。冷藏设备的温度记录间隔时间不应超过 1h/ 次。冷藏设备温度偏离设定范围持续 1h，应采取纠正行动。冷藏肉与肉制品运输作业应符合 GB/T 24616—2009《冷藏食品物流包装、标志、运输和贮藏》中的相关规定，冷冻肉与肉制品运输作业应符合 GB/T 24617—2009《冷冻食品物流包装、标志、运输和贮藏》中的相关规定。冷藏肉与肉制品在运输过程中厢体内温度应保持 0~4℃，产品中心温度应保持在 0~7℃；冷冻肉品在运输过程中厢体内温度保持 -18℃以下，最高允许升温到 -15℃。产品中心温度保持 -15℃或更低的温度。

3.2.6 销售

宜配备适用于肉品销售温度要求的展示式冷藏柜。存放冷藏肉品的展示式冷藏柜柜内温度应保持在 0~4℃；存放冷冻肉品的展示式冷藏柜柜内温度应保持在≤ -15℃。在展示式冷藏柜内码放销售的肉品应遵守展示式冷藏柜冷藏的使用要求，非预包装的肉品不宜在展示式冷藏柜内销售。展示式冷藏柜柜内应设有易读取的精确的温度计，温度测点应设在回风口的标记线处或柜内空气温度的最高线。产品质量不合格的肉与肉制品应及时下架。

参考文献

［1］毕乃亮，韩尧堂．臭氧用于葡萄贮藏的试验研究［J］．落叶果树，1990，3：4~6.

［2］曹涤环．柑橘常用的几种贮藏方法［J］．果农之友，2013（11）：29~31.

［3］常世敏，李汉臣，生吉萍．不同因素对采后冬枣转红指数的影响［J］．河北果树，2004（5）：4~6.

［4］陈昌福．我国水产养殖动物病害防治研究的主要成就与当前存在的问题［J］．饲料工业，2007，28（10）：1~3.

［5］陈超．鲜活水产品进货及库存问题研究—以鲜到家海鲜为例［J］．经营管理者，2016，111.

［6］陈存坤，王文生，董成虎，等．冷库内不同风速及不同包装对富士苹果降温速率的影响［J］．山西农业科学，2015，43（10）：1321~1325.

［7］陈东杰，张玉华，姜沛宏，等．不同包装条件下冷却肉品质变化及腐败菌相研究［J］．食品工业科技，2017，38（13）：281~291.

［8］陈锋．不同保鲜剂及其复配对水蜜桃保鲜效果研究［D］．西南大学，2010.

［9］陈金凤．陈金凤．自发气调和超高压在竹笋保鲜中的应用［D］．浙江大学，2011.

［10］陈蓝荪．水产品物流及其在中国的发展［J］．中国流通经济，2006，20（1）：13~16.

［11］陈雷，秦智伟．甜瓜采后生理和贮藏保鲜研究进展．北方园艺，1996，6：24~27.

［12］陈锐亮，杨振德，赖家业，等．枇杷贮藏保鲜研究［J］．中国南方果树，2002，31（5）：28~30.

［13］陈晓凤．物联网技术在水产品冷链物流中的应用［J］．物流工程与管理，2011，33（12）：59~61.

［14］陈盈．不同处理方法对绿竹笋保鲜效果的影响研究［D］．浙江农林大学，2012.

[15] 邓子牛．柑橘商品化处理及贮藏保鲜［J］．湖南农业，2015（06）：36~37.
[16] 窦同心，孟祥春，张爱玉，等．不同菠萝品种杀菌剂和褐变抑制剂对鲜切菠萝贮藏品质的影响［J］．农产品加工·学刊，2011（4）：12~15.
[17] 杜华兵，孙蕾，刘元铅，等．冬枣气调保鲜试验初报［J］．山东林业科技，2004，155（6）：29~30.
[18] 鄂晓雪，柳建华，王融，等．真空预冷处理提高草莓与蟠桃的冷藏品质［J］．上海理工大学学报 2014，1：75~80.
[19] 冯海红，易建勇，毕金峰，等．高静压处理对绿芦笋生理特性及贮藏品质的影响［J］．食品科学，2016，37（22）：224~229.
[20] 冯江月，张玉星．纳米 SiOx- 壳聚糖复合涂膜对黄冠梨保鲜效应的研究［C］．梨科研与生产进展（五），2011.
[21] 冯先橘，陈友清，王海琴．杨梅采后主要生理变化和保鲜技术研究进展(综述)［J］.2004，21（3）：26~30.
[22] 冯志哲．水产品冷冻工艺学［M］．中国农业出版社，1997.
[23] 付坦，鲁晓翔．冬枣冰温保鲜技术的研究［D］．天津商业大学，2013，29~46.
[24] 高晗，孙俊良，高愿军，等．气调包装对鲜切莲藕保鲜效果研究［J］．食品科学，2008，29（10）：612~614.
[25] 高康．湿敏型保鲜纸箱对草莓保鲜效果的研究［J］．包装与食品机械，2013（6）：24~28.
[26] 高哲，韩涛，李红卫，等. 钙和水杨酸处理对冬枣采后品质的影响［J］．食品科学，2007，28（6）：336~339.
[27] 弓德强，谷会，张鲁斌，等．不同采收期对杧果常温贮藏品质的影响［J］．中国农学通报，2012，28（13）：200~203.
[28] 关军锋．黄冠梨采后商品化处理与贮藏保鲜关键技术［J］．保鲜与加工，2013，13（5）：59~61.
[29] 郭叶，刘力，王亚萍．“徐香”猕猴桃贮藏期间生理品质研究［D］．杭州：浙江农林大学，2013：21~29.
[30] 韩佳伟，赵春江，杨信廷，等．送风风速对苹果差压预冷性能的影响［J］．农业机械学报，2015，46（15）：280~289.
[31] 郝丹．基于 HACCP 监测的冷冻水产品冷链物流研究［J］．市场周刊，2009（2）：82~83.

［32］郝永菲，王愈．黄冠梨采后运输特性及销地适宜贮藏条件的研究［D］．山西农业大学，2015，28~26.
［33］何成武．金针菇采后生理及贮藏技术研究［D］．山西农业大学，2013.
［34］何萌，王丹，马越，等．不同清洗处理对鲜切莲藕贮藏期褐变的影响［J］．食品科学，2014（18）：214~218.
［35］何志刚，李维新，林晓姿，等．贮藏温度及气体成分对枇杷的保鲜效果［J］．果树学报，2004，21（5）：438~442.
［36］何志刚，魏勤，胡昌泉，等．枇杷果盒装低温贮鲜技术初探［J］．福建果树，1997，1：24~25.
［37］贺永洲．子姜贮藏期主要致病菌分离鉴定和几种精油对其抑制效果的研究［D］．四川农业大学，2013.
［38］候雪倩．陕西苹果贮藏、运输及销售包装调研［D］．西北农林科技大学，2016.
［39］胡建萍．甜瓜采后生理和贮藏保鲜研究进展［J］．甘肃科技，2005，21（7）：181~182，204.
［40］胡晓艳，乔勇进，王海宏，等．1-MCP 处理对沪产冬枣生理及保鲜效果的影响［J］．经济林研究，2010，12（4）：24~29.
［41］胡亚东，杨兴丽．水产品冷链物流发展浅议［J］．河南水产，2011（1）：41~43.
［42］黄利刚，李慧娜，张亮，等．冰温贮藏对莲藕品质的影响［J］．华中农业大学学报，2008，27（2）：317~320.
［43］黄锡志．不同采收季节栽培绿芦笋品质性状比较研究［D］．浙江大学，2002.
［44］黄永红，孙鹤宁，鲁墨深．自动冷库葡萄贮藏保鲜技术［J］．山东林业科技，2005，2：57
［45］贾德翠，王仁才，涂洪强，等．不同预冷处理对猕猴桃果实冷藏效果的影响［J］．湖南农业大学学报（自然科学版），2008，3（3）：314~316.
［46］姜莎，刘颖，刘宝林，等．草莓真空预冷及冷藏实验研究［J］．制冷技术，2012，32（1）：39~41，45.
［47］蒋跃明，傅家瑞．荔枝果实采后生理及贮运保鲜技术研究进展［J］．亚热带植物通讯，2009，29（3）：64~70.
［48］孔秋莲，修德仁，胡文玉，章丽丽．葡萄贮藏中 SO_2 伤害与膜脂过氧化的关系［J］．果树学报，2008（03）：322~326.

[49] 寇晓红，王文生，吴彩娥，等．鲜枣冷藏过程中生理生化变化的研究［J］．中国农业科学，2000，33（6）：44~49.

[50] 李红卫，韩涛，李丽萍，等.ABA、GA3 处理对冬枣采后果肉活性氧代谢的影响［J］．园艺学报，2005，32（5）：793~797.

[51] 李华江，王文生，董成虎，等．臭氧与保鲜剂处理对巨峰葡萄保鲜效果的影响［J］．保鲜与加工，2009，6：21~24.

[52] 李健，王友升，曹建康，等．冷水预冷对杧果贮藏品质的影响［J］．食品科学，2012（16）：314~317.

[53] 李梅，王贵禧，梁丽松，等.1– 甲基环丙烯处理对西洋梨常温贮藏的保鲜效果［J］．农业工程学报，2009，25（12）：345~350.

[54] 李日旺，黄国弟，苏美花，等．我国杧果产业现状与发展策略［J］．南方农业学报，2013，44（5）：875~878.

[55] 李珊，朱毅，傅达奇，等．壳聚糖涂膜藕带褐变的隔氧控制［J］．食品科学，2013，34（20）：291~296.

[56] 李素清，陈真华，丁捷，等．鲜切蒜薹复合保鲜剂的配方优化及其保鲜作用［J］．食品工业科技，2014，35（24）：326~331.

[57] 李伟立．几种水产品的保鲜活运输［J］．特种经济动植物，2005，8（12）：1~11.

[58] 李文生，王宝刚，冯晓元，等．利用气调箱保鲜草莓的研究［J］．北方园艺，2009，1：208~210.

[59] 李文香，王士奎，樊铭聪，等.3 种不同贮藏方式对平菇保鲜品质的影响［J］．中国农学通报，2015，31（26）：84~89.

[60] 李文香，张憨，陶菲，等．真空预冷终温对草莓短期保鲜贮藏的影响［J］．食品与生物技术学报，2006，4：72~76.

[61] 李喜宏，王秀丽，张利，等．鲜切蒜薹货架期 MAP 保鲜效果研究［J］．食品科技，2010（8）：79~83.

[62] 李翔宇．热处理对桃采后保鲜效果及机理研究［D］．甘肃农业大学，2007.

[63] 李晓军，阴启忠，徐颖，等．各种药剂防治枣果浆烂病对比试验［J］．河北果树，2004，（4）：13~15.

[64] 李雪萍，陈维信．番木瓜采后生理及品质控制研究综述［J］．中国农学通报，2005，21（3）：211~214.

[65] 李雪枝，郑铁松，战旭梅．不同浓度 1–MCP 对草莓保鲜效果的研究［J］．

食品科学，2006，11：513~516.
[66] 刘翠云 . 气调包装莲藕及其胀袋原因的分析 [D] . 华中农业大学，2009.
[67] 刘凤珍，王强 . 草莓差压通风预冷过程中影响参数的研究 [J] . 制冷学报，2001，4：49~53.
[68] 刘海金 . 马铃薯贮藏期间品质变化及涂膜保鲜效果的研究 [D] . 内蒙古农业大学，2013.
[69] 刘嘉俊 . 海藻酸钠保鲜杧果的研究 [J] . 现代食品科技，2009，25（6）：650~652.
[70] 刘萌，姜齐永，郭风军，等 . 白芦笋 EMAP 贮藏保鲜技术研究 [J] . 中国蔬菜，2011，1（8）：90~95.
[71] 刘然然，阎瑞香，王欣，等 . 短波紫外线处理对“玫瑰香”葡萄采后褐变及相关酶活性的影响 [J] . 北方园艺，2012（10）：12~15.
[72] 刘寿春，赵春江，杨信廷，等 . 猪肉冷链加工与物流微生物危害分析与控制 [J] . 食品科技，2012，37（5）：103~108.
[73] 刘洋，高明杰，何威明，等 . 世界马铃薯生产发展基本态势及特点 [J] . 中国农学通报，2014，30（20）：78~86.
[74] 刘源，王锡昌，罗殷 . 冰鲜法对黄鳍金枪鱼片品质的影响 [J] . 食品科学，2010，31（2）：273~276.
[75] 鲁周民，吴万兴，张忠良，等 . 不同低温条件对枇杷的保鲜效果研究 [J] . 制冷学报，2004（3）：15~18.
[76] 罗庆 . 不同品种莲藕的风味特性及加工稳定性研究 [D] . 武汉轻工大学，2015.
[77] 罗自生，徐晓玲，严碧芳 . 热处理对轻度加工竹笋品质和生理的影响 [J] . 农业机械学报，2008，39（1）：64~67.
[78] 罗自生，叶轻飚，李栋栋 . 纳米二氧化钛改性 LDPE 薄膜包装对草莓品质的影响 [J] . 现代食品科技，2013（10）：2340~2344.
[79] 马海霞，李来好，杨贤庆，等 . 水产品微冻保鲜技术的研究进展 [J] . 食品工业科技，2009（4）：340~344.
[80] 米红波 . 鲫鱼和中国对虾的无水保活及冰温保鲜技术研究 [D] . 浙江大学，2014.
[81] 聂小宝，张玉晗，孙小迪，等 . 活鱼运输的关键技术及其工艺方法 [J] . 渔业现代化，2014，41（4）：34~39.
[82] 聂小宝，章艳，张长峰，等 . 水产品低温保活运输研究进展 [J] . 食品

研究与开发，2012，33（12）：218~223.
[83] 皮钰珍，王乐乐，王淑琴 . 金铃大枣果实酒化的研究［J］. 食品科技，2011，36（2）：35~38.
[84] 秦丹，石雪晖，胡亚平，林亲录 . 葡萄采后贮藏保鲜研究进展［J］. 保鲜与加工，2006（01）：9~12.
[85] 邱苗 . 壳聚糖对绿芦笋保鲜和抑菌机理的研究［D］. 浙江工商大学，2013.
[86] 屈红霞,唐友林,谭兴杰,等 . 低温打蜡对贮藏菠萝黑心病控制的作用[J]. 广西植物，2000，20（1）：83~87.
[87] 施俊凤，薛梦林，王春生，等 . 甜樱桃采后生理特性与保鲜技术的研究现状与进展［J］. 保鲜与加工，2009，6：7~10.
[88] 苏光耀，王向阳 .1~ 甲基环丙烯和低温保鲜芦笋研究［J］. 食品研究与开发，2006，27（6）：153~155.
[89] 苏明明，孙兴权，杨春光，等 . 渔用麻醉剂 MS–222、丁香酚在鲜活水产品运输中的应用及检测方法研究进展［J］. 食品安全质量检测学报，2015（1）：25~29.
[90] 随国良 . 子姜贮藏保鲜技术的研究［D］. 四川农业大学，2013.
[91] 孙炳新，孙海娟，何晓慧，等 .1– 戊基环丙烯与 1–MCP 处理对杧果低温贮藏品质的影响［J］. 中国食品学报，2014，14（2）：171~179.
[92] 孙亚男，赵淑芳，李文香，等 . 不同预冷方式及贮藏温度对采后平菇保鲜效果的影响［J］. 包装与食品机械，2015，33（4）：15~19.
[93] 王辰，张平，张哲，等 . 不同预冷时间对葡萄贮藏期生理生化品质的影响［J］. 食品工业，2016，37（4）：19~23
[94] 王辰 . 葡萄贮藏期果实褐变现象及影响因素研究［D］. 天津商业大学，2016.
[95] 王海宏 . 白玉枇杷采后生理特性及贮藏技术的研究［D］. 南京：南京农业大学，2007.
[96] 王挥 . 采后热处理对杧果贮藏特性影响及机理的研究［D］. 广西大学，2012.
[97] 王建国，姜兴印，张鹏 . 纳他霉素对冬枣浆胞病菌的毒力及保鲜生理效应研究［J］. 农药学学报，2006，8（4）：313~318.
[98] 王亮，王慧芳，王春生 . 气调指标对冬枣果实呼吸、相对电导率、叶绿素含量及果皮色泽的影响［J］. 果树学报，2007，24（4）：487~491.

[99] 王敏，张连斌，张继澍．采后钙处理对冬枣生理和贮藏品质影响的研究[J]．中国食品学报，2004，4（2）：78~82.
[100] 王如福．鲜枣耐贮性的影响因素及调控机理的研究［ D ］．北京：中国农业大学，2002.
[101] 王瑞花．柑橘的贮藏保鲜［ J ］．新农村，2014（11）：32~33.
[102] 王守经，于子厚，孙守义，等．辐照生姜的贮藏性状研究［ J ］．核农学报，2004，18（1）：26~29.
[103] 王亚萍，梁丽松，王贵禧，等．不同减压强度对冬枣贮藏品质变化的影响［ J ］．食品科学，2007，28（2）：335~338.
[104] 王阳光，倪凯．速冻方式对梭子蟹贮藏理化指标和品质的影响［ J ］．南方水产科学，2008，4（4）：42~48.
[105] 王政奇．枇杷气调冷藏保鲜的研究［ J ］．福建热作科技，2005，30（2）：8~9.
[106] 王志海．磁化玻璃钢活鱼运输箱［ J ］．农业装备与车辆工程，1996（5）.
[107] 魏峰，侯祥保，孙家宁，等．海鲜菇工厂化生产的操作规程［ J ］.2015，23（1）：50~53.
[108] 温明霞，石学根，聂振朋，等．温州蜜柑贮藏期枯水生理特征研究［ J ］．中国果树，2012（5）：23~26.
[109] 吴稼乐，孔庆源，陈坚，等．水产品冷链物流中三项指标的构建——冷链物流流通率、冷链运输率和损失率［ J ］．中国渔业经济，2008，26（5）：66~71.
[110] 吴锦程，陈伟健，卢海霞.GA3 对冷藏枇杷果实木质化的影响［ J ］．西北农林科技人学学报（然科学版），2008，36（9）：138~144.
[111] 吴琼，詹位梨．海鲜菇工厂化高产优质栽培技术［ J ］．福建农业科技，2013，9：49~51.
[112] 武杰，朱飞．臭氧处理对不同成熟度葡萄保鲜效果［ J ］．食品工业科技，2012，33（11）：359~362.
[113] 向世杰，秦文．气调贮藏及 1-MCP 保鲜处理“大五星”枇杷果实上的应用研究［ D ］．四川农业大学，2012：12~29.
[114] 项丽霞．热处理，半胱氨酸，赤霉素，真空处理对莲藕品质及表皮褐变的影响［ D ］．武汉：华中农业大学，2006.
[115] 肖丽霞．绿竹笋采前品质相关影响因素和采后生理特性研究［ D ］．中国农业大学，2005.

［116］谢国芳，王瑞，吴颖，等.1-MCP 结合 PE 包装对“贵长”猕猴桃低温贮藏品质的影响［J］. 保鲜与加工，2016，16（4）：30~35
［117］徐吉祥，钟桂兴，彭珊珊 . 复合保鲜涂膜在平菇保藏中的应用［J］. 食品研究与开发 .2010，31（5）：164~167.
［118］徐盘英，马丽，勾起洪，等 . 水产病害发生特点与防治对策［J］. 科学养鱼，2002（8）：42~43.
［119］许金蓉，周明全，何建军等 . 莲藕不同部位的酶活性研究［J］. 湖北农业科学，2005，3：89~90
［120］薛梦林，张继澍，张平，等. 减压对冬枣采后生理生化变化的影响［J］. 中国农业科学，2003，36（2）：196~200.
［121］严灿 . 草莓采后全程冷链保鲜技术研究［D］. 上海海洋大学，2016.
［122］杨明，王日葵 . 柑橘贮藏保鲜研究进展［J］. 农产品加工：学刊，2011（9）：104~107.
［123］姚俊森 . 绿竹笋的保鲜与加工［D］. 福建农林大学，2008.
［124］姚昕，秦文 .“大五星”枇杷采后生理特性及贮藏保鲜技术的研究［D］. 四川农业大学，2005：23~36.
［125］弋顺超 . 白芦笋采后生理及保鲜技术研究［D］. 西北农林科技大学，2007.
［126］应海盛，俞树彪 . 舟山水产品冷链物流系统建设问题探讨［J］. 中国渔业经济，2010（6）：132~138.
［127］于怀智，聂小宝，黄宝生 . 水产品冷链无水保活运输技术研究与应用［J］. 物流技术与应用，2016（14）：84~86.
［128］余学军，窦可，章兆福，等 . 不同保鲜预处理对绿竹笋呼吸速率的影响［J］. 浙江农业大学学报，2007，24（4）：424~427.
［129］郁志芳，赵友兴 . 鲜切莲藕酶促褐变底物的分析确定［J］. 食品科学，2002，23（4）：41~44.
［130］袁学军，戴玉淑，王海霞 . 鲜姜贮藏技术［J］. 中国农村科技，2000（5）：38~38.
［131］曾凯芳 . 套袋、SA 和 INA 对杧果（*Mangifera indica* L.）果实采后抗病性和品质的影响［D］. 中国农业大学，2005.
［132］曾庆祝 . 安全优质水产品贮藏与运输指南［M］. 农业出版社，2005.
［133］曾文谨 . 杧果贮藏保鲜研究［D］. 广西大学，2008.
［134］张成林，管崇武，张宇雷 . 鲜活水产品主要运输方式及发展建议［J］.

中国水产，2016（11）：106~108.
［135］张桂,李俊英,魏娣,等．冬枣保鲜技术的研究［J］. 北方园艺,2002,(1)：53~55.
［136］张军,秦培鹏．“红地球”葡萄贮藏过程中果梗新鲜度影响因子研究［J］. 北方园艺，2012，8：163~165.
［137］张鲁斌,贾志伟,谷会．适宜1–MCP处理保持采后菠萝常温贮藏品质［J］. 农业工程学报，2016（4）：290~295.
［138］张曼，李喜宏，李伟丽，等 .1~MCP 对低温胁迫下鲜姜的生理调控效果［J］. 食品科学，2012，33（18）：303~306.
［139］张庆春．采后柠檬酸与苹果酸处理对马铃薯块茎干腐病的抑制及其机理［D］. 甘肃农业大学，2009.
［140］张玮，饶景萍，李孔文，等．低温冷藏下的冬枣某些生理指标变化和保鲜效应［J］. 植物生理学通讯，2006，42（2）：221~224.
［141］张小栓，邢少华，傅泽田，等．水产品冷链物流技术现状、发展趋势及对策研究［J］. 渔业现代化，2011，38（3）：45~49.
［142］张晓平,任小林 .NO 处理对猕猴桃果实贮藏性及叶绿素含量的影响［D］. 杨凌：西北农林科技大学，2007：18~28.
［143］张晓宇，王春生，赵桂芳，等．桃果实采后生理研究及贮藏保鲜技术应用进展［J］. 食品科学，2008，24（5）：117~120.
［144］张永库．水产动物疾病常用药物［J］. 黑龙江水产，2013（6）：38~42.
［145］张玉晗，谢晶．鱼贝类生态冰温无水活运研究进展［J］. 渔业现代化，2017，44（2）：38~42.
［146］赵思明，黄汉英，熊善柏，等．淡水鱼低温保活运输装置：CN102812918A［P］.2012.
［147］赵彦莉，张华云，修德仁，等．不同气体成分对意大利葡萄贮藏中乙醇、乙醛含量的影响［J］. 果树学报，2003，6：459~462.
［148］郑俊峰．草莓果实采后处理与保鲜技术研究进展［J］. 漳州职业技术学院学报，2014（4）：25~29.
［149］郑俊峰．草莓果实采后处理与保鲜技术研究进展［J］. 漳州职业技术学院学报，2014，16（04）：25~29.
［150］郑永华，李三玉，席屿芳．高氧对枇杷果实贮藏期间呼吸速率和多酚氧化酶活性及品质［J］. 植物生理学通讯，2000，36（4）：318~320.
［151］郑永华，苏新国，易云波 .SO_2 对枇杷冷藏效果的影响［J］. 南京农业

大学学报，2000，23（2）：89~92.
[152] 仲德.海鲜菇工厂化栽培技术[J].现代农业科技，2013，6：95，103.
[153] 周敏，杨月，方国珊，等.超声波结合涂膜技术对剥壳竹笋保鲜效果的影响[J].食品工业科技，2013，34（8）：326~330.
[154] 钟曼茜，从心黎，张史青，等.黄皮精油－壳聚糖复合涂膜对番木瓜果实常温贮藏品质及生理的影响[J].食品工业科技，2017，38（12）：297~301.
[155] 马华青，张琦，安娜，等.乙醇熏蒸对番木瓜采后品质和生理指标的影响[J].食品工业科技，2017，38（11）：314~317，323.
[156] 周先艳，龚琪，李菊湘，等.柑橘采后生理及病害研究进展[J].保鲜与加工，2016（1）：91~96.
[157] 周晓琳.蒜薹采后腐烂安全控制及品质保持技术研究[D].山东农业大学，2012.
[158] 周雄祥.莲藕气调贮藏保鲜技术研究[D].华中农业大学，2008.
[159] 周绪宝.冬枣采后黑腐病害及防治技术的研究[D].北京：中国人民大学，2003.
[160] 祝美云，党建磊，魏征，等.壳聚糖复合涂膜保鲜鲜切莲藕的研究[J].食品与机械，2010，（1）：145~147.
[161] 宗亦臣，王贵禧，冯双庆.气调贮藏过程中冬枣果实的几种生理变化[J].林业科学研究，2005，18（3）：292~295.
[162] Brown B I. Ginger storage in acidified sodium metabisulphite solutions [J]. International Journal of Food Science & Technology，1972，7（2）：153~162.
[163] Cattin P. Waterless storage and transport of live aquatic animals [J]. 2008.
[164] Chen PH，Wu GB，Li CF. Effect of modified atmosphere packaging on respiration and quality attributes of loquat fruit during cold storage [J]. Transactions of the CSAE，2003，19（5）：147-151.
[165] Deng Y，Wu Y，Li Y. Changes in firmness，cell wall composition and cell wall hydrolases of grapes stored in high oxygen atmospheres. [J]. Food Research International，2005，38（7）：769-776.
[166] Ding CK，Chachin K，Ueda Y，et al. Effects of high concentration on browning injury and phenolic metabolism in loquat fruits [J]. Journal of the

Japanese Society for Horicultural Science, 1999, 68 (2): 275-282.

[167] Kim C B, Kim Y J. WATERLESS THERMOELECTRIC CONTAINER SYSTEM FOR LIVE FISH TRANSPORT: WO, WO 2002056677 A1 [P]. 2002.

[168] Mahmoudi E. Evaluation of citrus cultivars susceptibility to leaf spot disease caused by Alternaria alternata under in vitro conditions. [J]. Journal of Research in Agricultural Science, 2010.

[169] Salunkhe D K, Desai B B. Postharvest biotechnology of fruits [J].CRC Press, Boca Raton, Fla, USA, 1984.

[170] Sánchez-Gonz á lez L, Pastor C, Vargas M, et al. Effect of hydroxypropylmethylcellulose and chitosan coatings with and without bergamot essential oil on quality and safety of cold-stored grapes [J]. Postharvest Biology & Technology, 2011, 60 (1): 57-63.

[171] Turbin V A, Voloshin I A. Storage of table grape varieties in controlled gaseous atmosphere [J]. Vinodelie I Vinogradarstvo Sssr, 1984.

[172] Tzortzakis N, Singleton I, Barnes J. Deployment of low-level ozone-enrichment for the preservation of chilled fresh produce [J]. Postharvest Biology & Technology, 2007, 43 (2): 261-270.

[173] Yun D, Ying W, Li Y. Effects of high CO and low O atmospheres on the berry drop of 'Kyoho' grapes [J]. Food Chemistry, 2007, 100 (2): 768-773.

跋

农产品物流是满足人们对食物多样化、高质量需求的重要途径，也是农业现代化的重要特征。随着我国农业战略性的结构调整，农产品各品类的生产更趋于区域化，而流通则更趋全球化。在供给侧改革冷链物流 + 物联网新模式下，对农产品特别是鲜活农产品产后物流技术与配套装备提出了更高要求。相对于美国等发达国家，我国尚未建立完善的农产品物流体系，我国食品业中食品物流理论与关键技术和装备研究及供应链管理认识不足，造成每年因品质劣变和腐败损耗导致的物流损失达数千亿元，也是我国某些鲜活农产品终端售价居高不下的主要原因。目前大部分的物流企业，由于资金紧张和重视程度不够，忽视了对人才的教育和培训，从而影响了企业整体管理水平和物流技术水平的系统集成与应用，也影响了流通服务质量。

食品物流学是食品科学、物流科学和管理学的综合学科。从 20 世纪 90 年代起，我国开始有少数高校设置物流管理本科专业。随着我国经济的快速发展，物流专业出现了较快发展势头，但是目前我国物流人才培养相关教材缺乏，且现有教材也还没有真正进入以培养较强实践应用能力为主的体系中，教材内容反映不出技术应用能力强、知识面较宽、素质高等特点。《农产品冷链物流技术原理与实践》从果蔬物流技术、水产品物流技术和畜禽肉物流技术三个部分系统讲解相关基础知识、物流体系等内容，并针对不同鲜活农产品冷链物流链条的具体环节阐明具体关键技术要点。该著作可为我国鲜活农产品冷链物流科技人才的培养提供参考，也可面向实践型本科和职业技术教育的物流管理、物流设备专业的学生。

浙江大学

孙崇德

2018 年 3 月 12 日